南海岛礁渔业资源丛书

西沙群岛
珊瑚礁鱼类图谱

Xisha Qundao Shanhujiao Yulei Tupu

王 腾 刘 永 李纯厚
肖雅元 黄晓华 陈作志 等／著

中国农业出版社
北 京

图书在版编目（CIP）数据

西沙群岛珊瑚礁鱼类图谱 / 王腾等著. -- 北京 ：
中国农业出版社，2024.10. -- ISBN 978-7-109-32252-3

Ⅰ．Q959.408-64

中国国家版本馆CIP数据核字第2024BX1133号

西沙群岛珊瑚礁鱼类图谱
XISHA QUNDAO SHANHUJIAO YULEI TUPU

中国农业出版社出版

地址：北京市朝阳区麦子店街18号楼

邮编：100125

责任编辑：杨晓改 李文文 林维潘　　文字编辑：代国庆

版式设计：艺天传媒　　责任校对：吴丽婷　　责任印刷：王 宏

印刷：鸿博昊天科技有限公司

版次：2024年10月第1版

印次：2024年10月北京第1次印刷

发行：新华书店北京发行所

开本：880mm×1230mm　1/16

印张：26

字数：823千字

定价：398.00元

著者名单

王　腾　　刘　永　　李纯厚　　肖雅元　　黄晓华

陈作志　　张成龙　　刘华雪　　马振华　　赵金发

黄应邦　　陈生熬　　张　洁　　黄　海　　谢宏宇

康志鹏　　刘　玉　　吴　鹏　　邹　剑　　林　琳

徐姗楠　　于洋飞　　石　娟　　明俊超　　孙志伟

FOREWORD
前　言

西沙群岛（15°46′—17°80′N，111°11′—112°54′E）是中国南海四大群岛之一，由永乐群岛和宣德群岛组成，包含22个岛礁、7个沙洲、11个水下礁石和浅滩，位于全球生物多样性最高的"珊瑚三角区"北缘，海域面积约50万km²，陆地总面积约10km²，海岸线长518km。西沙群岛为热带海洋季风性气候，其接受太阳辐射量大，表层水温（SST）为29.4~30.5℃，盐度较高，普遍在33.4‰以上，透明度在15~30 m之间。西沙群岛拥有极高的生物多样性和丰富的生物资源，是中国南海最古老和最珍贵的珊瑚礁，属于典型的热带离岸珊瑚礁系统。

珊瑚礁生态系统因其高的生物多样性和生态经济价值而备受关注，1/3的海洋鱼类分布在其中，为约600万渔民提供了就业机会，为数亿人提供了直接的食物来源，并维护了沿海区域的生态安全。此外，珊瑚礁生态系统还在海洋物质循环和能量流动中扮演着关键角色，为提升海洋环境的自我调节能力做出了重要贡献。近几十年来，在气候变化和人类活动的影响下，全球的珊瑚礁均出现了不同程度的退化现象，同时珊瑚礁鱼类群落结构和功能组成也发生了显著变化，使其原有的生态功能减弱或丧失。

珊瑚礁鱼类是维持珊瑚礁生态系统健康的关键物种。功能多样的珊瑚礁鱼类群落对珊瑚的分布和丰度有一定的控制作用。其中，植食性鱼类被认为在珊瑚礁生态系统中扮演着非常重要的角色。鹦嘴鱼通过抑制竞争性藻类的生长来促进新生珊瑚的补充，从而维持珊瑚的活力与繁荣。杂食性鱼类由于其食物来源较为广泛，具有更强的环境适应能力。蝴蝶鱼因其取食习性和与珊瑚礁栖息地的密切关系而被视为珊瑚礁生态系统健康状况的生物指示器。肉食性鱼类则是珊瑚礁生态系统中的顶级捕食者，对其他鱼类以及珊瑚捕食者具有一定的控制作用。例如，波纹唇鱼（*Cheilinus undulatus*）等多种鱼类通过捕食长棘海星（*Acanthaster planci*）来控制其数量，从而对珊瑚礁的保护起到重要作用。

研究团队于 2018 年开始，已连续 6 年对西沙群岛鱼类资源进行监测和调查，获取了 25 000 多尾鱼类样本，并拍摄 12 000 多张照片和 600 多段视频，最终形成了本书。本书共记录西沙群岛珊瑚礁鱼类 12 目 51 科 357 种，描述了这些鱼类的别名、形态特征、分布范围和生态习性等，并提供了丰富的鱼类标本照和水下生态照，充实了珊瑚礁鱼类的研究资料，是目前西沙珊瑚礁鱼类最全的图册。

本书不仅是一本适合潜水爱好者及普通大众的参考书，也可以作为科研人员的分类、鉴定图鉴。本书在编撰过程中重点参考了台湾鱼类资料库，在此进行特别说明。

本书得到了海南省自然科学基金（323MS124，322CXTD530，322MS153）、国家重点研发计划课题（2018YFD0900803，2022YFC3102001，2022YFC3103605，2022FY100602）、西沙岛礁渔业生态系统海南省野外科学观测研究站、广东省科技计划项目（2019B121201001）、广东省基础与应用基础研究重大项目课题（2019B030302004-05）、农业财政专项(NHZX2024)、2023 年海南热带海洋学院水产南繁联合开放课题（2023SCNFKF06）、中国水产科学研究院基本科研业务费项目（2023TD16，2024RC03）、中国水产科学研究院南海水产研究所中央级公益性科研院所基本科研业务费专项资金项目（2021SD04，2019TS28，2024RC13）等项目的资助。同时本书也得到了三沙市海洋和渔业局及三沙市其他有关部门的大力支持，在此进行特别感谢。

最后，尽管我们已经尽力确保本图谱的准确性和完整性，但难免会存在一些不妥之处。因此，我们欢迎读者对本图谱中可能存在的不足之处提出指正和建议。您的反馈对我们不仅是一种宝贵的贡献，也将有助于我们不断改进和完善本图谱，使其更加准确可靠。

编者

2024 年 3 月

CONTENTS
目 录

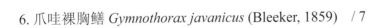

天竺鲷科 Apogonidae / 79

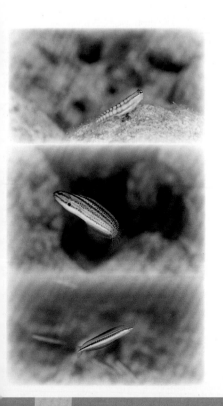

鳚科 Blenniidae / 86

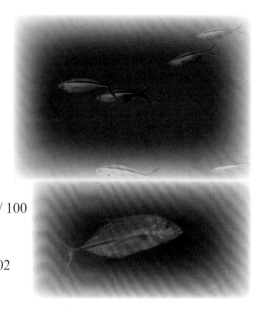

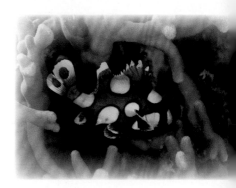

裸颊鲷科 Lethrinidae / 190

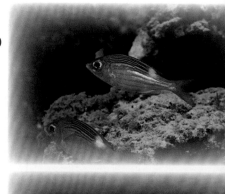

笛鲷科 Lutjanidae / 201

拟雀鲷科 Pseudochromidae / 277

大眼鲷科 Priacanthidae / 278

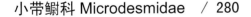

小带鳚科 Microdesmidae / 280

篮子鱼科 Siganidae / 331

魣科 Sphyraenidae / 338

鯻科 Terapontidae / 340

镰鱼科 Zanclidae / 341

一、鳗鲡目
Anguilliformes

1. 日本康吉鳗
***Conger japonicus* Bleeker, 1879**

【英文名】beach conger

【别　名】糯米鳗、穴子鳗、臭腥鳗、海鳗、沙鳗、黑鳗、乌鳗

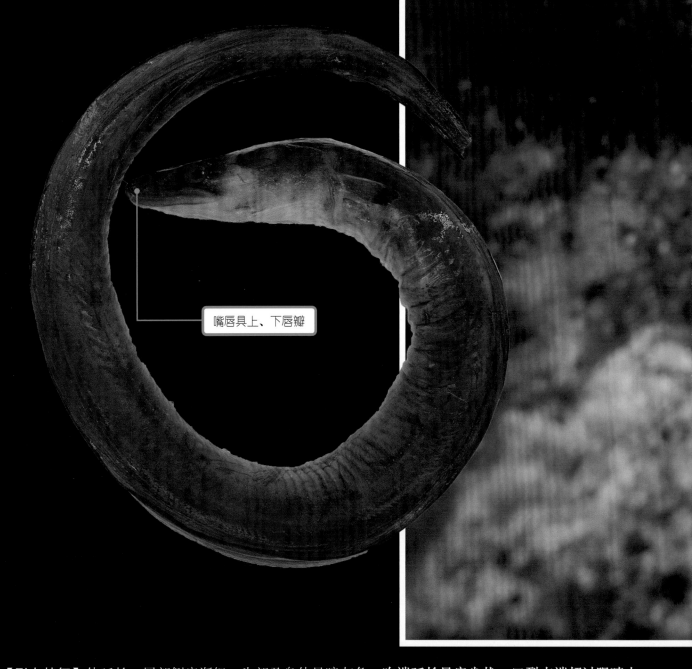

嘴唇具上、下唇瓣

【形态特征】体延长，尾部侧扁渐细，头部及身体呈暗灰色。**吻端延长呈扁尖状，口裂末端超过眼睛水平中点，但未到达眼睛后缘，上颚略长于下颚，吻长大于眼直径，嘴唇具上、下唇瓣。**鳃孔略为圆弧状，位于身体侧边中点之下方。前鼻孔为短管状，靠近吻端，后鼻孔为圆形，位于眼睛垂直中点水平线之上方。背鳍起点到达胸鳍末端或是后方；奇鳍具有黑色边缘，鳍条分节；胸鳍发达，位于体高中点，胸鳍基部上缘高于眼睛上缘水平线。尾端柔软，易弯折，尾部末端鳍条延长。最大全长 140cm。

【分布范围】分布于西太平洋海域，包括日本、朝鲜半岛和中国。我国主要分布于渤海、黄海、东海和南海海域。

【生态习性】主要栖息于浅海岩礁区及沙泥底水域。分布水深为 1~140m。

2. 云纹海鳝

Echidna nebulosa (Ahl, 1789)

【英文名】starry moray
【别　名】钱鳗、薯鳗、虎鳗、糯鳗、节仔鳗、蠘仔鳗

前、后鼻管及眼虹彩均为鲜黄色

【形态特征】体延长而呈圆柱状，尾部侧扁。吻部短且呈白色。仅具臼状齿，无犬齿，随着鱼龄增加，牙齿渐变钝，齿的列数亦随鱼龄而有变异。**前、后鼻管及眼虹彩均为鲜黄色。体色斑纹多有变异，但底色通常为白色或黄色**。最大全长 100cm。

【分布范围】广泛分布于印度洋—太平洋海域，也发现于东南大西洋海域。我国主要分布于东海和南海海域。

【生态习性】幼鱼喜欢栖息于珊瑚岩礁的潮池中，成鱼则迁徙到亚潮带的水层。分布水深为 1~48m。

3. 白缘裸胸鳝

Gymnothorax albimarginatus (Temminck & Schlegel, 1846)

【英文名】whitemargin moray

【别　名】钱鳗、薯鳗、虎鳗、白边裸胸鲭

海鳝科 Muraenidae

吻较短，且较不弯曲

背鳍起点在鳃孔前

【形态特征】体延长而呈圆柱状，尾部侧扁。**吻较短，且较不弯曲**。背鳍与臀鳍发育正常，前者起点在鳃孔以前，后鼻孔为短管状，或者边缘平坦无突出。尾长较头及躯干略长或相等。体一致呈灰褐色至茶褐色，背鳍及臀鳍具白缘。最大全长 89cm。

【分布范围】分布于西太平洋海域，包括夏威夷群岛、日本和中国。我国主要分布于东海和南海海域。

【生态习性】主要栖息于较深的沿岸水域。分布水深为 6~180m。

4. 豆点裸胸鳝

Gymnothorax favagineus Bloch & Schneider, 1801

【英文名】laced moray
【别　名】黑斑裸胸鳝、钱鳗、薯鳗、虎鳗、糯鳗、大点花、花点仔、花鳗

头部斑点密度较高

体表具许多圆黑斑点

【形态特征】体延长而呈圆柱状，尾部侧扁。吻圆；上、下颌略呈钩状。牙尖；上、下颌齿单列，颌间齿单列，锄骨齿在大型个体上由前向后由单列逐渐变为双列。**体色由白色、灰白至灰褐色；体表具许多圆黑斑点**，斑点直径随着鱼体成长并不显著地增大，而是斑点数量增加；**头部斑点密度较高，且常形成类似蜂巢状的斑纹**。斑点数量和斑点间隔有相当大的变异。最大全长300cm。

【分布范围】广泛分布于印度洋—西太平洋之间的温暖海域，包括南非、阿曼、马尔代夫、印度尼西亚、日本、菲律宾及红海、大堡礁等海域。我国主要分布于东海和南海海域。

【生态习性】主要栖息于浅海珊瑚、岩礁的洞穴及隙缝中。分布水深为1~50m。

5. 细斑裸胸鳝
Gymnothorax fimbriatus (Bennett, 1832)

【英文名】fimbriated moray
【别　名】钱鳗、薯鳗、虎鳗、糯鳗、花鳗、青头子、缝斑裸胸鳝

上、下颌较为尖长，且略呈弯钩状。
颌齿单列，尖牙状；锄骨齿亦为单列

体侧具许多黑斑块，沿
头尾方向排成 3~5 列

【形态特征】体延长而呈圆柱状，尾部侧扁。**上、下颌较为尖长，且略呈弯钩状。颌齿单列，尖牙状；锄骨齿亦为单列。**背鳍、臀鳍边缘颜色较淡；背鳍、臀鳍上常具有黑色缝状斑纹。鱼体体色为黄白至淡褐色，**体侧具许多黑斑块，沿头尾方向排成 3~5 列。**最大全长 93.4cm。

【分布范围】分布于印度洋—太平洋海域，西起马达加斯加，东至社会群岛，北至日本南部，南至澳大利亚等海域。我国主要分布于东海和南海海域。

【生态习性】主要栖息于珊瑚礁潮间带的潮池中。分布水深为 7~50m。

6. 爪哇裸胸鳝

***Gymnothorax javanicus* (Bleeker, 1859)**

【英文名】giant moray

【别　名】钱鳗、薯鳗、虎鳗、糯鳗

鳃孔

上、下颌尖长，略呈钩状

体侧具3~4列黑色大斑，
间隔以淡褐色网状条纹

【形态特征】体延长而呈圆柱状，尾部侧扁。上、下颌尖长，略呈钩状；颌齿单列，锄骨齿 1~2 列。头上半部具许多碎黑斑点，体侧具 3~4 列黑色大斑，间隔以淡褐色网状条纹，鳃孔及其周围为黑色。最大全长 300cm。

【分布范围】分布于印度洋—太平洋海域，西起红海、非洲东部，东至马克萨斯群岛及皮特凯恩群岛，北至夏威夷群岛及日本，南至新喀里多尼亚。我国主要分布于东海和南海海域。

【生态习性】主要栖息于浅海珊瑚、岩礁的洞穴及隙缝中。分布水深为 0~50m。

7. 斑点裸胸鳝

Gymnothorax meleagris (Shaw, 1795)

【英文名】turkey moray

【别　名】钱鳗、薯鳗、虎鳗、糍鳗、米鳗、硩砧鳗

鳃孔

尾端为白色

【形态特征】体延长而呈圆柱状，尾部侧扁。上、下颌尖长，略呈钩状；上颌齿3列。鳃孔为黑色，尾端为白色。口内皮肤为白色，身体底色深棕略带紫色，身体上满布深褐色边的小黄白点。最大全长120cm。

上、下颌尖长，略呈钩状

【分布范围】分布于印度洋—太平洋海域，西起红海、非洲东部，东至马克萨斯群岛，北至日本，南至澳大利亚等海域。我国主要分布于东海和南海海域。

【生态习性】主要栖息于珊瑚礁茂盛的潟湖或沿岸礁区。分布水深为1~51m。

8. 花斑裸胸鳝

Gymnothorax pictus (Ahl, 1789)

【英文名】paintspotted moray
【别　名】钱鳗、薯鳗、虎鳗

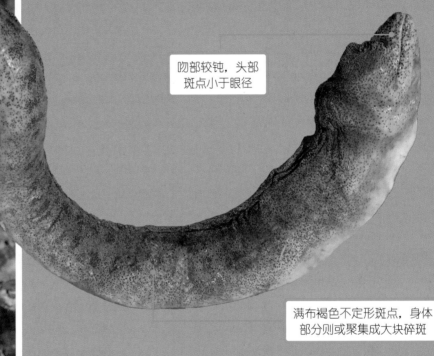

吻部较钝，头部斑点小于眼径

满布褐色不定形斑点，身体部分则或聚集成大块碎斑

上颌齿3列，口内皮肤为白色

【形态特征】体较为延长。**吻部较钝。**牙齿呈圆锥状，锄骨齿2排。成鱼体底色为白色，其上**满布褐色不定形斑点，头部斑点小于眼径，身体部分则或聚集成大块碎斑**；幼鱼体底色为白色，其上布有眼径大小的"C"形黑斑，不规则地排成若干纵列，腹部前较白。最大全长140cm。

【分布范围】分布于印度洋—太平洋海域，西起非洲东部，东至加拉帕戈斯群岛，北至日本南部，南至澳大利亚等海域。我国主要分布于东海和南海海域。

【生态习性】主要栖息于沿岸珊瑚、岩礁隙缝中。分布水深为5~100m。

9. 鞍斑裸胸鳝

Gymnothorax rueppellii (McClelland, 1844)

【英文名】banded moray
【别　名】宽带裸胸鳝、钱鳗、薯鳗、虎鳗、糯鳗

吻部尖长，尖牙，嘴角有黑痕，头顶部为黄色

头部和躯干前方的环带在腹部不衔接，或仅略微衔接。暗褐色环带的宽度和环带间隔相当

【形态特征】体延长而呈圆柱状，尾部侧扁。吻部尖长。尖牙；颌齿及锄骨齿单列，上颌口内眼窝部有3~4个长尖牙。头部和躯干前方的环带在腹部不衔接，或仅略微衔接。暗褐色环带的宽度和环带间隔相当。嘴角有黑痕；前鼻管黑色。口内部皮肤黑色。体色为淡褐至白色，头顶部为黄色。最大全长80cm。
【分布范围】分布于印度洋—太平洋海域，西起红海、非洲东部，东至夏威夷群岛、马克萨斯群岛，北至日本，南至澳大利亚等海域。我国主要分布于东海和南海海域。
【生态习性】分布水深为1~40m。

10. 邵氏裸胸鳝

Gymnothorax shaoi Chen & Loh, 2007

【英文名】Shao's moray fish
【别　名】钱鳗、薯鳗、虎鳗

头部的前段缺乏大型暗褐色斑块

体侧至少具 3 列暗褐色大型斑块

【形态特征】体延长而呈圆柱状，尾部侧扁。中等体型，体高较小，肛门接近鱼体长中间点。牙齿为尖牙状，上下颌齿通常单列，但在齿骨前段及主上颌骨的部位为双列。**鱼体及各鳍为淡褐色，体侧至少具 3 列暗褐色大型斑块**，背鳍上仅具些许暗褐色小点，上下颌、嘴角及腹部颜色较淡，头部的前段缺乏大型暗褐色斑块。鲜活时，其眼虹彩呈现黄色至橘色，鱼体表的斑块呈现暗红褐色。最大全长68.6cm。

【分布范围】分布于西北太平洋海域。我国主要分布于东海海域。

【生态习性】主要栖息于珊瑚、岩礁的浅层沿岸海域。

11. 密点裸胸鳝
***Gymnothorax thyrsoideus* (Richardson, 1845)**

【英文名】greyface moray
【别　名】钱鳗、薯鳗、虎鳗、糯鳗、纺车索

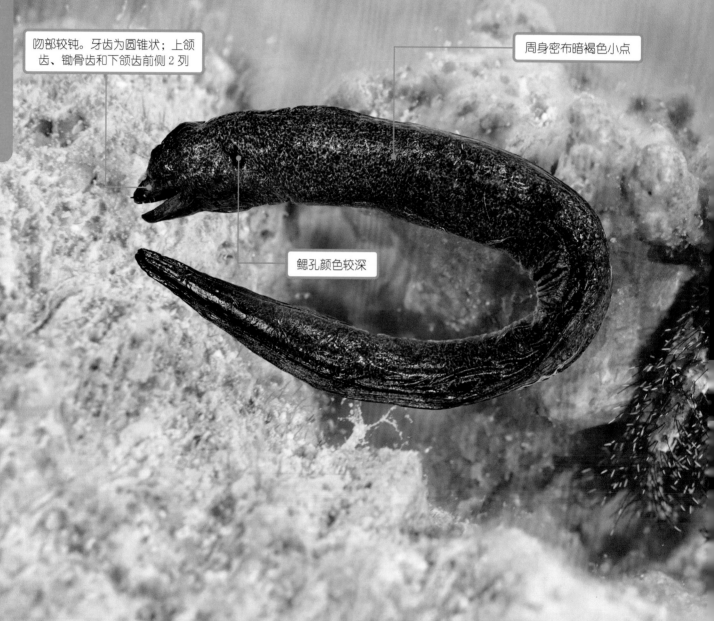

吻部较钝。牙齿为圆锥状；上颌齿、锄骨齿和下颌齿前侧2列

周身密布暗褐色小点

鳃孔颜色较深

【形态特征】体较为延长；吻部较钝。牙齿为圆锥状；上颌齿、锄骨齿和下颌齿前侧2列。眼虹彩为纯白色；鳃孔颜色较深。身体底色为黄褐色，周身密布暗褐色小点，头前半部无斑点且较身体部位颜色更深。最大全长73.2cm。

【分布范围】分布于印度洋—太平洋海域，西起圣诞岛，东至法属波利尼西亚，北至日本南部，南至汤加等海域。我国主要分布于东海和南海海域。

【生态习性】主要栖息于潮间带及亚潮带的珊瑚、岩礁隙缝中。分布水深为0~30m。

12. 波纹裸胸鳝
***Gymnothorax undulatus* (Lacepède, 1803)**

【英文名】undulated moray
【别　名】波纹裸胸鳝、钱鳗、薯鳗、虎鳗、糯鳗、青痣、青头仔

背鳍起点

身体满布白色波
浪状交错纹线

【形态特征】体延长而呈圆柱状，尾部侧扁。**背鳍起点约在口裂和鳃孔间。**体色黑褐色，头部黄色，身体满布白色波浪状交错纹线；花纹延伸至背鳍、臀鳍及尾鳍部分。最大全长150cm。
【分布范围】分布于印度洋—太平洋海域，西起红海、非洲东部，东至法属波利尼西亚、哥斯达黎加及巴拿马，北至夏威夷群岛、日本，南至大堡礁等海域。我国主要分布于东海和南海海域。
【生态习性】主要栖息于潟湖或浅海珊瑚、岩礁的洞穴及隙缝中。分布水深为1~110m。

二、仙女鱼目

Aulopiformes

13. 细蛇鲻

Saurida gracilis (Quoy & Gaimard, 1824)

【英文名】gracile lizardfish
【别　名】狗母梭、小蜥鱼、海狗母梭、狗母、番狗母、汕狗母

吻尖

脂鳍

各鳍灰黄色，皆散有斜线排列的斑纹

【形态特征】体圆而瘦长，呈长圆柱形，尾柄两侧具棱脊。头较短。吻尖，吻长明显大于眼径。眼中等大；脂眼睑发达。口裂大，上颌骨末端远延伸至眼后方；颌骨具锐利的小齿；外侧腭骨齿一致为 2 列，内侧 3 列以上。体被圆鳞，头后背部、鳃盖和颊部皆被鳞；有脂鳍；臀鳍与脂鳍相对；**胸鳍长，末端延伸至腹鳍基底末端后上方；**尾鳍叉形。**各鳍灰黄色，皆散有斜线排列的斑纹。**体背呈灰褐色，腹部为淡褐色；**沿背部具 4 个大块暗褐色斑。**最大全长 36.83cm。

【分布范围】分布于印度洋—太平洋区，西起非洲东部，东至马克萨斯群岛及迪西岛，北至日本、中国，南至罗德豪维岛等。我国主要分布于东海和南海海域。

【生态习性】主要栖息于沙泥底质的海域，或珊瑚礁区外缘的沙地上。分布水深为 0~135m。

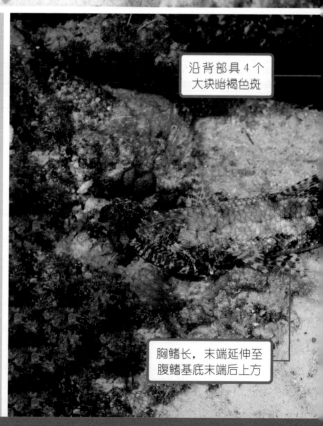

沿背部具 4 个大块暗褐色斑

胸鳍长，末端延伸至腹鳍基底末端后上方

14. 云纹蛇鲻

Saurida nebulosa Valenciennes, 1850

【英文名】clouded lizardfish
【别　名】狗母梭、狗母

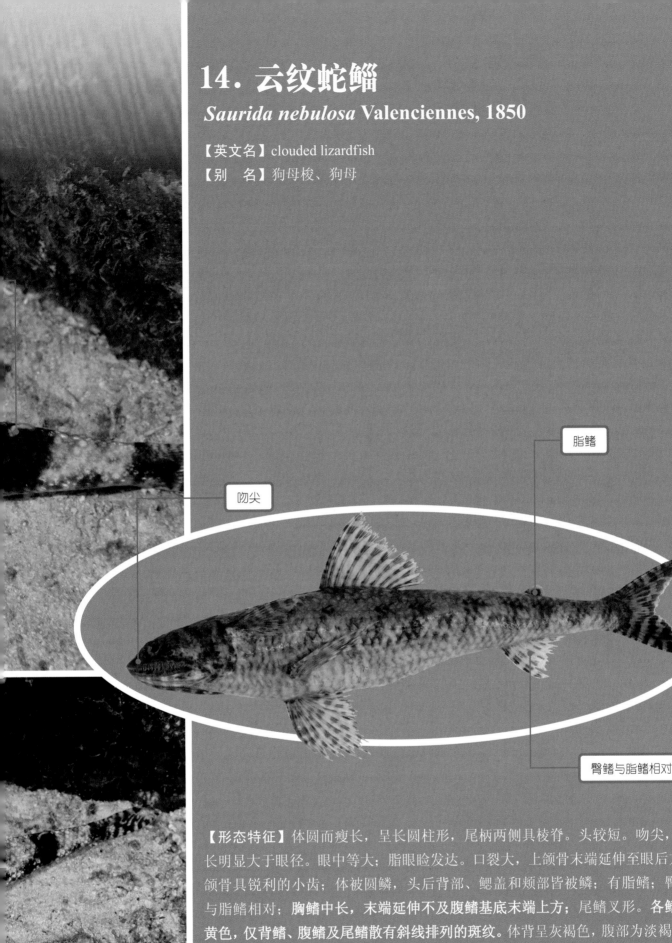

吻尖

脂鳍

臀鳍与脂鳍相对

【形态特征】体圆而瘦长，呈长圆柱形，尾柄两侧具棱脊。头较短。吻尖，吻长明显大于眼径。眼中等大；脂眼睑发达。口裂大，上颌骨末端延伸至眼后方；颌骨具锐利的小齿；体被圆鳞，头后背部、鳃盖和颊部皆被鳞；有脂鳍；臀鳍与脂鳍相对；**胸鳍中长，末端延伸不及腹鳍基底末端上方**；尾鳍叉形。**各鳍灰黄色，仅背鳍、腹鳍及尾鳍散有斜线排列的斑纹。** 体背呈灰褐色，腹部为淡褐色。最大全长 19.37cm。

【分布范围】分布于太平洋海域，北起琉球群岛，南至澳大利亚，东经密克罗尼西亚至夏威夷群岛及社会群岛等。我国主要分布于东海海域。

【生态习性】主要栖息于沿岸、沼泽、红树林或河口区的沙泥底质的水域。分布水深为 0~100m。

15. 双斑狗母鱼

Synodus binotatus **Schultz, 1953**

【英文名】two-spot lizard fish

【别　名】双斑狗母、狗母梭、狗母

【形态特征】体圆而瘦长，呈长圆柱形，尾柄两侧具棱脊。头较短。**吻圆，**吻长明显大于眼径。前鼻孔瓣长且宽。眼中等大；脂眼睑发达。口裂大，上颌骨末端延伸至眼后方；颌骨具锐利的小齿；腭骨前方齿较后方齿长，明显自成一丛。体被圆鳞，头后背部、鳃盖和颊部皆被鳞。**单一背鳍，具软条；**有脂鳍；臀鳍与脂鳍相对，具软条；**胸鳍长，**末端延伸至腹鳍起点与背鳍起点的连线；尾鳍叉形，上叶等长于下叶。**吻背上具1对小而显著的黑点；各鳍皆具斑点，并连成横向斑纹。**最大全长18cm。

【分布范围】分布于印度洋—太平洋海域，西起非洲东部，东至夏威夷群岛，北至日本小笠原群岛，南至大堡礁等。我国主要分布于东海和南海海域。

【生态习性】主要栖息于礁区海域。分布水深为1~88m。

软条, 各鳍皆具斑点, 并连成横向斑纹

三、颌针鱼目

Beloniformes

16. 黑背圆颌针鱼

Tylosurus melanotus (Lacepède, 1803)

【英文名】keel-jawed needle fish

【别　名】叉尾鹤鱵、青旗、学仔、白天青旗、水针、圆学、四角学

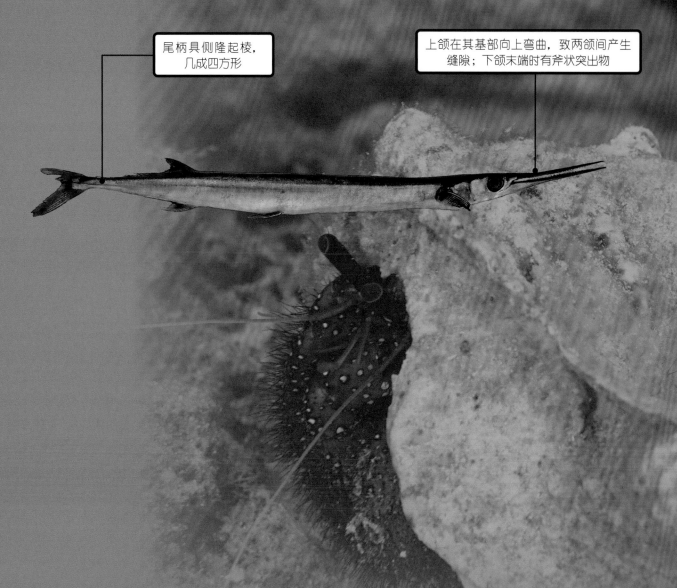

尾柄具侧隆起棱，几成四方形

上颌在其基部向上弯曲，致两颌间产生缝隙；下颌末端时有斧状突出物

【形态特征】体几乎呈圆柱形，截面为圆形或椭圆形；头盖骨背侧的中央沟发育不良。**尾柄具侧隆起棱，几成四方形。上颌在其基部向上弯曲，致两颌间产生缝隙**；下颌末端时有斧状突出物；主上颌骨下缘于嘴角处完全被眼前骨所覆盖。鳞细小，侧线沿腹缘纵走，达尾鳍基底，在尾柄处向体中央上升，并形成隆起棱。无鳃耙。背鳍与臀鳍相对，两者前方鳍条延长，且背鳍后方鳍条亦较延长；腹鳍基底位于眼前缘与尾鳍基底间距中央的略前方；尾鳍深开叉，其下叶较延长。体背蓝绿色，体侧银白色。体侧无横带。最大全长 100cm。

【分布范围】分布于印度洋—太平洋海域，西起非洲东部，东至中、南太平洋，北至日本，南至澳大利亚。我国主要分布于东海和南海海域。

【生态习性】主要栖息于近海海域，偶会靠近岸边。分布水深为 1~50m。

17. 鳄形圆颌针鱼

Tylosurus crocodilus (Péron & Lesueur, 1821)

【英文名】hound needlefish

【别　名】青旗、学仔、白天青旗、圆学

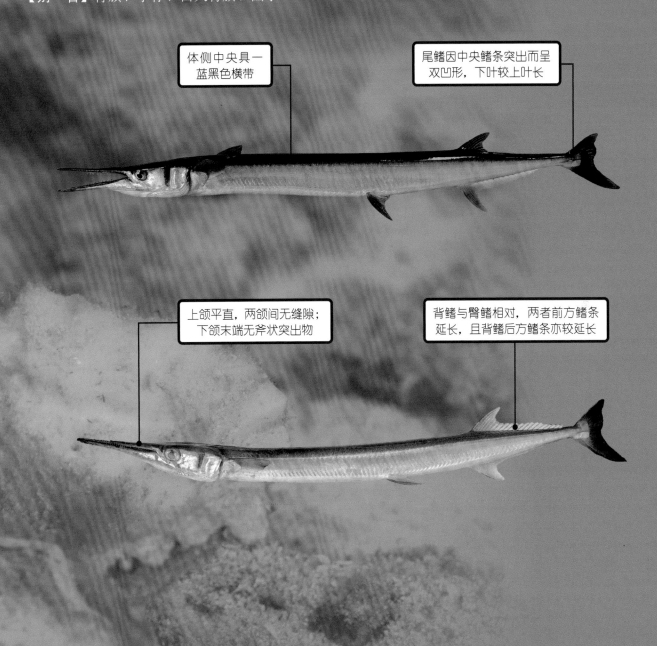

体侧中央具一蓝黑色横带

尾鳍因中央鳍条突出而呈双凹形，下叶较上叶长

上颌平直，两颌间无缝隙；下颌末端无斧状突出物

背鳍与臀鳍相对，两者前方鳍条延长，且背鳍后方鳍条亦较延长

【形态特征】体几乎呈圆柱形，截面为圆形或椭圆形。头盖骨背侧中央沟发育不良。尾柄具侧隆起棱，几成四方形。**上颌平直，两颌间无缝隙；下颌末端无斧状突出物；**主上颌骨下缘于嘴角处完全被眼前骨所覆盖。鳞细小，侧线沿腹缘纵走，达尾鳍基底，在尾柄处向体中央上升，并形成隆起棱。无鳃耙。**背鳍单一，背鳍与臀鳍相对，两者前方鳍条延长，且背鳍后方鳍条亦较延长；**腹鳍基底位于眼前缘与尾鳍基底间距中央的略前方；**尾鳍因中央鳍条突出而呈双凹形，下叶较上叶长。**体背蓝绿色，体侧与腹面银白色。**体侧中央具一蓝黑色横带。**最大全长 150cm。

【分布范围】分布于印度洋—西太平洋的温热带海域，西起西印度洋的红海、南非和波斯湾，东至法属波利尼西亚，北至日本，南至澳大利亚新南威尔士州。我国主要分布于东海和南海海域。

【生态习性】常活动于大洋表层、潟湖、港湾及礁区等水域，经常成群在水表层活动。分布水深为0~13m。

四、金眼鲷目

Beryciformes

18. 康德锯鳞鱼

Myripristis kuntee Valenciennes, 1831

【英文名】shoulderbar soldierfish

【别　名】康德松球、厚壳仔、金鳞甲、铁甲、铁甲兵、澜公妾、铁线婆、大目仔、金鳞鱼

各鳍前缘为白色

鳃膜后缘具宽的深红黑色带，且延伸至胸鳍基部

【形态特征】体呈椭圆形或卵圆形，中等侧扁。头部具黏液囊，外露骨骼多具脊纹。眼大。口端位，斜裂；下颌骨前端外侧具1对颌联合齿，上颌没容纳颌联合齿的深缺刻；颌骨、锄骨及腭骨均具绒毛状群齿。前鳃盖骨后下角无强棘；鳃盖骨及下眼眶骨均具强弱不一的硬棘。体被大型栉鳞；侧线完全；胸鳍腋部无小鳞片。背鳍连续，单一，硬棘部及软条部间具深凹。臀鳍具硬棘；**尾鳍深叉形。**体背红色，侧线下的体侧为银粉红色；**鳃膜后缘具宽的深红黑色带，且延伸至胸鳍基部。**背鳍硬棘部的上半部偏黄色；**其余鳍的上或下半部红色，其他部分颜色淡一些；另各鳍前缘为白色。**最大全长26cm。

【分布范围】广泛分布于印度洋—太平洋的温热带海域，西起非洲东部，南至南非的纳塔尔（除了红海、亚丁湾、波斯湾及印度沿岸以外），东至夏威夷群岛与法属波利尼西亚，北至日本四国的土佐湾，南至大堡礁与罗德豪维岛等。我国主要分布于东海和南海海域。

【生态习性】夜行性鱼类，白天会单独或者一大群聚集在珊瑚礁洞内休息睡觉，晚上则会游出礁洞觅食。分布水深为0~65m。

鳂科 Holocentridae

19. 白边锯鳞鱼
***Myripristis murdjan* (Fabricius, 1775)**

【英文名】pinecone soldierfish

【别　名】赤松球、厚壳仔、金鳞甲、铁甲、铁甲兵、澜公妾、铁线婆、大目仔

深凹

鳃膜至胸鳍基间具
一暗深红色带斑

【形态特征】体呈椭圆形或卵圆形，中等侧扁。头部具黏液囊，外露骨骼多具脊纹。眼大，口端位，斜裂；下颌骨前端外侧具 1 对颌联合齿；颌骨、锄骨及腭骨均具绒毛状群齿。体被大型栉鳞；侧线完全。**背鳍连续，单一，硬棘部及软条部间具深凹**；尾鳍深叉形。前鳃盖骨后下角无强棘；鳃盖骨及下眼眶骨均具强弱不一的硬棘。**鳃膜至胸鳍基间具一暗深红色带斑。体背部红色，腹部则淡红，各鳍红色，腹鳍棘则为白色**。最大全长 60cm。

【分布范围】广泛分布于印度洋—太平洋的温热带海域，西起红海，延伸至南非，东至大洋洲，北至琉球群岛，南至澳大利亚。我国主要分布于东海和南海海域。

【生态习性】主要栖息于浅海岩礁区及沙泥底水域。分布水深为 1~50m。

20. 红锯鳞鱼

Myripristis pralinia Cuvier, 1829

【英文名】scarlet soldierfish

【别　名】坚松球、厚壳仔、金鳞甲、铁甲、铁甲兵、澜公妾、铁线婆、大目仔

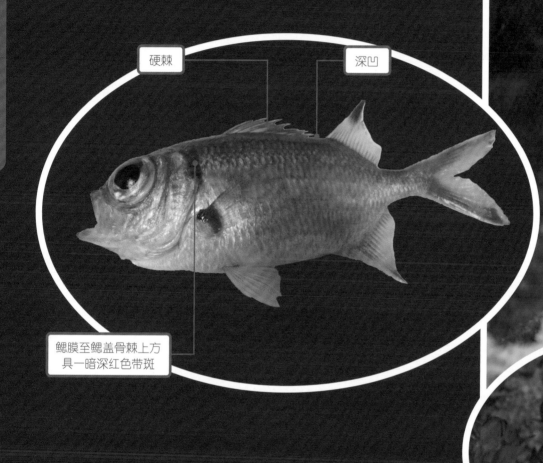

硬棘　　　深凹

鳃膜至鳃盖骨棘上方
具一暗深红色带斑

【形态特征】体呈椭圆形或卵圆形，中等侧扁。头部具黏液囊，外露骨骼多具脊纹。眼大。口端位，斜裂；下颌骨前端外侧具 1 对颌联合齿，上颌具容纳颌联合齿的浅缺刻；颌骨、锄骨及腭骨均具绒毛状群齿。前鳃盖骨后下角无强棘；鳃盖骨及下眼眶骨均具强弱不一的硬棘。体被大型栉鳞；侧线完全；胸鳍腋部无小鳞片。**背鳍连续，单一，硬棘部及软条部间具深凹，具硬棘。臀鳍和腹鳍具硬棘；尾鳍深叉形。鳃膜至鳃盖骨棘上方具一暗深红色带斑。**体背部红色，腹部则淡红，各鳍红色，背鳍软条部及臀鳍的近基部处为透明，腹鳍棘则为白色。最大全长 20cm。

【分布范围】广泛分布于印度洋—太平洋的温热带海域，西起非洲东部，东至马克萨斯群岛与曼加雷瓦群岛，北至琉球群岛，南至新喀里多尼亚。我国主要分布于东海和南海海域。

【生态习性】主要栖息于浅海岩礁区及沙泥底水域。分布水深为 8~50m。

21. 紫红锯鳞鱼

Myripristis violacea Bleeker, 1851

【英文名】lattice soldierfish
【别　名】紫松球、厚壳仔、金鳞甲、铁甲、铁甲兵、澜公妾、铁线婆、大目仔

各鳍橘红色，鳍末端橘色

各鳞后端具红黑色缘

鳃膜至鳃盖骨棘间具一橘红色带斑

腹鳍棘为白色

【形态特征】体呈椭圆形或卵圆形，中等侧扁。头部具黏液囊，外露骨骼多具脊纹。眼大。口端位，斜裂；下颌骨前端外侧具1对颌联合齿，上颌无容纳颌联合齿的浅缺刻；颌骨、锄骨及腭骨均具绒毛状群齿。前鳃盖骨后下角无强棘；鳃盖骨及下眼眶骨均具强弱不一的硬棘。体被大型栉鳞；侧线完全；背鳍连续，单一，硬棘部及软条部间具深凹。臀鳍和腹鳍具硬棘；尾鳍深叉形。**鳃膜至鳃盖骨棘间具一橘红色带斑。体背部红色，腹部则淡红，并带有银色—紫罗兰色光辉，各鳍橘红色，鳍末端橘色，腹鳍棘则为白色。各鳞后端具红黑色缘。**最大全长35cm。

【分布范围】广泛分布于印度洋—太平洋的温热带海域，西起非洲东部，东至土阿莫土群岛，北至琉球群岛，南至新喀里多尼亚与奥斯垂群岛。我国主要分布于东海和南海海域。

【生态习性】主要栖息于浅海岩礁区及沙泥底水域。分布水深为3~30m。

22. 黑鳍新东洋鳉

Neoniphon opercularis (Valenciennes, 1831)

【英文名】blackfin squirrelfish

【别　名】黑鳍金鳞鱼、铁甲、金鳞甲、铁甲兵、澜公妾、铁线婆

背鳍硬棘部全为
黑色，基底白色

深凹

臀鳍有硬棘

每个鳞片上具暗
红色或黑色标志

【形态特征】体较细长，中等侧扁。头部具黏液囊，外露背骼多具脊纹。眼大。口端位，斜裂。下颌突出于上颌。颌骨、锄骨及腭骨均具绒毛状群齿。前鳃盖骨后下角具强棘；鳃盖骨及下眼眶骨均具强弱不一的硬棘。体被大型栉鳞；侧线完全。**背鳍连续，单一，硬棘部及软条部间具深凹，具硬棘；最后一根硬棘长于前一根硬棘。臀鳍有硬棘**；尾鳍深叉形。体银红色，每个鳞片上具暗红色或黑色标志。背鳍硬棘部全为黑色，基底白色；背鳍软条部、臀鳍与尾鳍淡红黄色；胸鳍粉红色；腹鳍白色。最大全长35cm。

【分布范围】广泛分布于印度洋—太平洋的温热带海域，西起非洲东部，东至土阿莫土群岛，北至琉球群岛，南至新喀里多尼亚。我国主要分布于东海和南海海域。

【生态习性】主要栖息于亚潮带礁台、珊瑚礁湖或面海的礁岩。分布水深为3~25m。

23. 莎姆新东洋鳂

Neoniphon sammara (Fabricius, 1775)

【英文名】sammara squirrelfish

【别　名】莎姆金鳞鱼、铁甲、金鳞甲、铁甲兵、澜公妾、铁线婆

沿着侧线上具一淡红的斑纹

在每个鳞片上具一暗红色到黑色的斑点

【形态特征】体较细长，中等侧扁。头部具黏液囊，外露骨骼多具脊纹。眼大。口端位，斜裂。下颌突出于上颌。颌骨、锄骨及腭骨均具绒毛状群齿。前鳃盖骨后下角具强棘；鳃盖骨及下眼眶骨均具强弱不一的硬棘。体被大型栉鳞；侧线完全。背鳍连续，单一，硬棘部及软条部间具深凹，具硬棘；最后一根硬棘长于前一根硬棘。臀鳍具硬棘；尾鳍深叉形。体侧上方略带桃色的银色，下方银色；**在每个鳞片上具一暗红色至黑色的斑点。沿着侧线上具一淡红的斑纹。背鳍、臀鳍及尾鳍的外缘淡红色；**胸鳍淡粉红色；腹鳍白色。最大全长32cm。

【分布范围】广泛分布于印度洋—太平洋的温热带海域，西起红海及非洲东部，东至迪西岛与马克萨斯群岛，北至夏威夷群岛与日本南部，南至澳大利亚北部与罗德豪维岛。我国主要分布于东海和南海海域。

【生态习性】主要栖息于潟湖及珊瑚礁水域。分布水深为0~46m。

24. 尾斑棘鳞鱼
Sargocentron caudimaculatum (Rüppell, 1838)

【英文名】silverspot squirrelfish
【别　名】金鳞甲、铁甲兵、澜公妾、铁线婆

背鳍硬棘部淡红色，鳍膜具鲜红色缘

尾柄具银白色斑块

鳞片边缘银色

【形态特征】体呈椭圆形，中等侧扁。头部具黏液囊，外露骨骼多具脊纹。眼大。口端位，斜裂。下颌不突出于上颌。前上颌骨的凹槽约达眼窝的前缘；鼻骨前端具 2 个分开的短棘；鼻窝具 1 个小刺。前鳃盖骨后下角具 1 个强棘；眶下骨的上缘不呈锯齿状。体被大型栉鳞；侧线完全。背鳍连续，单一，硬棘部及软条部间具深凹，具硬棘；最后一根硬棘短于前一根硬棘。臀鳍具硬棘；尾鳍深叉形。**体呈红色，鳞片边缘银色；尾柄具银白色斑块。背鳍硬棘部淡红色，鳍膜具鲜红色缘。**最大全长 25cm。

【分布范围】广泛分布于印度洋—太平洋的温热带海域，西起红海与非洲东部，东至马绍尔群岛与法属波利尼西亚，北至日本，南至澳大利亚。我国主要分布于东海和南海海域。

【生态习性】主要栖息于外围礁石区、潟湖与海峭壁等区域。分布水深为 2~40m。

25. 黑鳍棘鳞鱼

Sargocentron diadema (Lacepède, 1802)

【英文名】crown squirrelfish
【别　名】金鳞甲、铁甲兵、澜公妾、铁线婆

背鳍硬棘部鳍膜全为红色至红黑色，中央白色细纵纹止于中部，而其后的硬棘为白色

体侧具宽深的红色与狭窄的银白色相交互的斑纹

臀鳍最大棘区为深红色

【形态特征】体呈椭圆形，中等侧扁。头部具黏液囊，外露骨骼多具脊纹。眼大。口端位，斜裂。下颌不突出于上颌。前上颌骨的凹槽约达眼窝的前缘稍后方；鼻骨前缘圆形；鼻窝无小刺。前鳃盖骨后下角具 1 个强棘；眶下骨上缘无侧突的小棘。体被大型栉鳞；侧线完全。背鳍连续，单一，硬棘部及软条部间具深凹，具硬棘；最后一根硬棘短于前一根硬棘。臀鳍具硬棘；尾鳍深叉形。**体侧具宽深的红色与狭窄的银白色相交互的斑纹。背鳍硬棘部鳍膜全为红色至红黑色，中央白色细纵纹止于中部，而其后的硬棘为白色；臀鳍最大棘区为深红色；**胸鳍基轴无黑斑。最大全长 17cm。

【分布范围】分布于印度洋—太平洋海域，由红海、非洲东部至夏威夷群岛与皮特凯恩群岛，北至琉球群岛与小笠原群岛，南至澳大利亚北部与罗德豪维岛。我国主要分布于东海和南海海域。

【生态习性】主要栖息于亚潮带水深约 1~90m 的海域，喜爱居于珊瑚礁台、潟湖或面海的礁坡。分布水深为 1~60m。

26. 黑点棘鳞鱼
Sargocentron melanospilos (Bleeker, 1858)

【英文名】blackblotch squirrelfish
【别　名】金鳞甲、铁甲兵、澜公婆、铁线婆

背鳍硬棘部内外侧红色至红黑色，鳍膜中间具白色区块

【形态特征】体呈椭圆形，中等侧扁。头部具黏液囊，外露骨骼多具脊纹。眼大。口端位，斜裂。上颌中央肥厚而突出于下颌。前上颌骨的凹槽约达眼窝的前缘或稍后方；鼻骨前缘末端具1个短棘。前鳃盖骨后下角具1个强棘；眶下骨无锯齿状。体被大型栉鳞；侧线完全。背鳍连续，单一，硬棘部及软条部间具深凹，具硬棘；最后一根硬棘短于前一根硬棘。臀鳍具硬棘；尾鳍深叉形。**体侧具宽深的红色与狭窄的银白色相交互的斑纹；背鳍软条部及臀鳍的基底，以及尾柄上具红黑色斑块。背鳍硬棘部内外侧红色至红黑色，鳍膜中间具白色区块**；臀鳍最大棘区为红色至红黑色；胸鳍基轴具大黑斑。最大全长25cm。

【分布范围】分布于印度洋—太平洋海域，由红海、桑给巴尔（坦桑尼亚）、亚达伯拉群岛与塞舌尔群岛至马绍尔群岛与美属萨摩亚群岛，北至中国与日本南部，南至大堡礁的南方与赤斯特菲群岛。我国主要分布于东海和南海海域。

【生态习性】主要栖息于礁石下方的阴暗处或洞穴中。分布水深为5~90m。

27. 点带棘鳞鱼

Sargocentron rubrum (Forsskål, 1775)

【英文名】redcoat

【别　名】金鳞甲、铁甲兵、澜公妾、铁线婆、黑带棘鳞鱼

背鳍硬棘部鳍膜全为暗红色

体侧具宽深的红色与狭窄的银白色相交互的斑纹

腹鳍鳍膜全为深红色

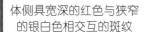

背鳍软条部及臀鳍的基底，以及尾柄上具红黑色斑块

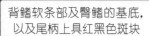

【形态特征】体呈椭圆形，中等侧扁。头部具黏液囊，外露骨骼多具脊纹。眼大。口端位，斜裂。下颌不突出于上颌。前上颌骨的凹槽约达眼窝的前缘上方；鼻骨前缘末端具1个棘；鼻窝无小刺。前鳃盖骨后下角具1个强棘；眶下骨上缘具侧突的小棘。体被大型栉鳞；侧线完全。背鳍连续，单一，硬棘部及软条部间具深凹，具硬棘；最后一根硬棘短于前一根硬棘。臀鳍具硬棘；尾鳍深叉形。**体侧具同宽度的红褐色与银白色相交互的斑纹；通常在体侧的红褐色斑纹皆显著。**通常最上面的2条斑纹在背鳍的软条部的基底末端相连而形成一细长的深红色斑块；第3条弯曲向下而结束于尾鳍的基底中点，第4条终止于尾柄；第5条与第6条斑纹在尾柄的下缘向上合二为一；第7条与第8条在臀鳍软条部的后面基底末端形成另一暗红色斑块。**背鳍硬棘部鳍膜全为暗红色，中央具似四角形白色大斑纹且止于棘末端，除后部外，膜顶部亦为白色**；臀鳍最大棘区为深红色；胸鳍基轴无黑斑；腹鳍鳍膜全为深红色。最大全长32cm。

【分布范围】广泛分布于印度洋—太平洋的温热带海域，西起红海，东至汤加，北至日本南部，南至新喀里多尼亚与澳大利亚新南威尔士州。我国主要分布于东海和南海海域。

【生态习性】主要栖息于岸礁、潟湖、海湾或港湾中的淤泥礁或残骸，通常成群结队在珊瑚间游动。分布水深为1~84m。

28. 尖吻棘鳞鱼

Sargocentron spiniferum (Forsskål, 1775)

【英文名】sabre squirrelfish

【别　名】金鳞甲、铁甲兵、澜公婆、铁线婆

【形态特征】体呈椭圆形，中等侧扁。头部具黏液囊，外露骨骼多具脊纹。眼大。口端位，斜裂。下颌略微突出于上颌。前上颌骨的凹槽约达眼窝的前缘稍后方；鼻骨前缘圆形；鼻窝无小刺。鳃盖骨具 2 个棘；前鳃盖骨后下角具 1 个强棘；眶下骨于上缘略微呈锯齿状。体被大型栉鳞；侧线完全。背鳍连续，单一，硬棘部及软条部间具深凹，具硬棘，硬棘鳍膜上缘凹入；最后一根硬棘短于前一根硬棘。臀鳍具硬棘；尾鳍深叉形。**头部与身体红色，鳞片边缘银白色。背鳍硬棘部鳍膜深红色，余鳍橘黄色；眼后方的前鳃盖骨上具一垂直长方形的深红色斑点。**最大全长 53.81cm。

【分布范围】分布于印度洋—太平洋海域，西起红海与非洲东部，东至夏威夷群岛与迪西岛，北至日本南部，南至澳大利亚。我国主要分布于东海和南海海域。

【生态习性】主要栖息于礁石区或礁台、礁湖或面海的礁坡。分布水深为 1~122m。

眼后方的前鳃盖骨上具一垂直长方形的深红色斑点

背鳍硬棘部鳍膜深红色

鳞片边缘银白色

29 . 赤鳍棘鳞鱼

Sargocentron tiere (Cuvier, 1829)

【英文名】blue lined squirrelfish

【别　名】金鳞甲、铁甲兵、澜公姿、铁线婆

背鳍硬棘部红色，棘尖端白色，而在每个鳍膜的中央具一白色斑块

强棘

腹鳍与臀鳍硬棘的前缘为白色

【形态特征】体呈椭圆形，中等侧扁。头部具黏液囊，外露骨骼多具脊纹。眼大，口端位，斜裂。下颌不突出于上颌。前上颌骨的凹槽约达眼窝的前缘垂直线上，鼻骨前缘具 2 个分开的小棘，鼻窝无小刺。眶下骨上缘幼时具小棘，长大后平滑。背鳍连续，单一，硬棘部及软条部间具深凹，最后一根硬棘短于前一根硬棘；尾鳍深叉形。体被大型栉鳞；侧线完全。**前鳃盖骨后下角具 1 个强棘，长度约等于眼径；**体为红色，**体侧具银红色斑纹，并具蓝色的虹彩；背鳍硬棘部红色，棘尖端白色，而在每个鳍膜的中央具一白色斑块；**余鳍皆为红色，**腹鳍与臀鳍硬棘的前缘为白色。**最大全长 33cm。

【分布范围】分布于印度洋—太平洋海域，西起非洲东部，东至夏威夷群岛、马克萨斯群岛与迪西岛，北至日本南部，南至澳大利亚与奥斯垂群岛。我国主要分布于东海、南海海域。

【生态习性】主要栖息于礁岩边缘或礁岩斜坡外围水域。分布水深为 1~183m。

30. 白边棘鳞鱼

Sargocentron violaceum (Bleeker, 1853)

【英文名】violet squirrelfish
【别　名】金鳞甲

体侧鳞片具蓝色斑点，边缘红色

各鳍条红色

【形态特征】体呈椭圆形，中等侧扁。头中等大，眼大。口前位。后鼻孔边缘具小棘，鼻骨前端分两叉。眶前骨后缘平滑，无锯齿。上颌前端不比下颌突出。体红色，**体侧鳞片具蓝色斑点，边缘红色。各鳍条红色**，无斑点。最大全长45cm。

【分布范围】分布于印度洋—太平洋海域，从阿尔达布拉群岛和拉克沙群岛至社会群岛，北至琉球群岛，南至大堡礁南部；帕劳到密克罗尼西亚的加罗林群岛和马绍尔群岛东部。我国主要分布于南海海域。

【生态习性】主要栖息于热带岩礁水域。分布水深为0~100m。

五、刺鱼目
Gasterosteiformes

31. 中华管口鱼
Aulostomus chinensis (Linnaeus, 1766)

【英文名】Chinese trumpetfish

【别　名】海龙须、牛鞭、笔箭柄、土管

【形态特征】体甚延长，稍侧扁。头中长；吻突出呈管状，但侧扁。眼小。口小，斜裂；上颌无齿，下颌具细齿。颏部具一小须。体被小栉鳞，侧线发达。背鳍具短硬棘；臀鳍与背鳍软条部相对，皆位于体后部；胸鳍小；腹鳍腹位，近肛门；尾鳍圆形。体色变化大，有红褐色、褐色、金黄色等。一般体色为褐色，有浅褐色纵带；背鳍、臀鳍基部另具深褐色带；腹鳍基具黑色斑；尾鳍上叶，甚至下叶常具黑圆点。最大全长80cm。

【分布范围】广泛分布于印度洋—太平洋海域，西起非洲，东至夏威夷群岛，北至日本，南至罗德豪维岛。我国主要分布于东海和南海海域。

【生态习性】主要栖息于珊瑚礁水域。分布水深为3~122m。

颏部具一小须

尾鳍圆形，尾鳍上叶，甚至下叶常具黑圆点

一般体色为褐色，有浅褐色纵带

32. 鳞烟管鱼

Fistularia petimba Lacepède, 1803

【英文名】red cornetfish

【别　名】马鞭鱼、马戌、枪管、火管、火卷、剃仔、土管、喇叭

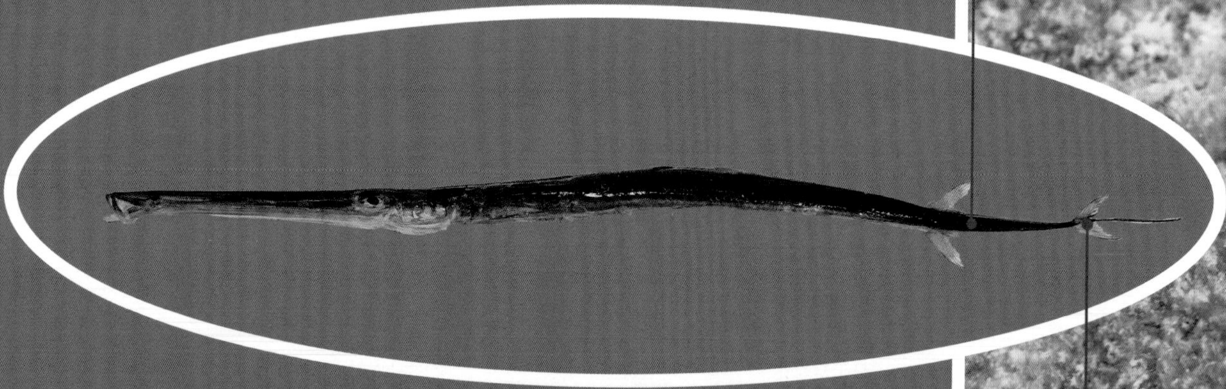

尾柄部侧线上具向后尖出的棱鳞

尾鳍深叉形，中央二鳍条延长成尾丝

【形态特征】体延长而侧扁，后方圆柱形。吻延长为管状。口小；颌齿小。两眼间隔凹入。体侧具微细小棘；**尾柄部侧线上具向后尖出的棱鳞**。背鳍及臀鳍基底短而相对；腹鳍小；**尾鳍深叉形，中央二鳍条延长成尾丝**。体色为一致的红色。最大全长 200cm。

【分布范围】广泛分布于印度洋、太平洋和大西洋。我国主要分布于黄海、东海和南海海域。

【生态习性】主要栖息于软质底部上的沿岸区域。分布水深为 10~200m。

33. 史氏冠海龙

Corythoichthys schultzi Herald, 1953

【英文名】Schultz's pipefish
【别　名】史氏海龙、海龙

体呈乳白色，体侧具不明显褐色带，并满布许多橘红色至红褐色的线纹或斑点

【形态特征】体特别延长和纤细，无鳞，由一系列的骨环所组成；躯干部上侧棱与尾部上侧棱不相接，下侧棱则与尾部下侧棱相接，中侧棱平直而终止于臀部骨环处。吻长，吻部背中棱低位或仅留痕迹。主鳃盖具一完全的中纵棱。体环无纵棘；无皮瓣。**体呈乳白色，体侧具不明显褐色带，并满布许多橘红色至红褐色的线纹或斑点**。尾鳍橘红色。最大全长 16cm。
【分布范围】分布于印度洋—太平洋海域，西起红海与非洲东部，东至汤加，北至中国，南至澳大利亚北部与新喀里多尼亚。我国主要分布于东海和南海海域。
【生态习性】主要栖息于潟湖与面海礁石区的珊瑚或海扇中。分布水深为 2~30m。

六、鯔形目
Mugiliformes

34. 角瘤唇鲻

Oedalechilus labiosus (Valenciennes, 1836)

【英文名】hornlip mullet

【别　名】瘤唇鲻、豆仔鱼、乌仔、乌仔鱼、乌鱼、厚唇仔、土乌、腩肚乌、虱目乌

鼻孔每侧各 1 对

唇无齿，下唇有一低的双重小丘和单列的乳头状物，上唇很厚，具 3~4 列乳头状物

胸鳍上侧位，基部上端具黑点

【形态特征】体延长呈纺锤形，前部圆形而后部侧扁，背无隆脊。头短。吻短；**唇无齿，下唇具一低的双重小丘和单列的乳头状物，上唇很厚，具 3~4 列乳头状物**。眼圆，前侧位；脂眼睑不发达；前眼眶骨宽广，占满唇和眼之间的空间，前缘具深凹缺刻。口小，亚腹位；舌骨上具一些牙齿，腭骨则无牙齿。**鼻孔每侧各 1 对**。头部及体侧的侧线发达。鳃耙紧密细长。**背鳍 2 个；胸鳍上侧位，基部上端具黑点，**腋鳞不发达；腹鳍腹位，腋鳞发达；臀鳍具鳍条；尾鳍分叉。体背灰绿色，体侧银白色，腹部渐次转为白色。最大全长 46.84cm。

背鳍2个

【分布范围】分布于印度洋—西太平洋海域，由红海、非洲东部至马绍尔群岛，北至日本南部，南至澳大利亚。我国主要分布于东海和南海海域。

【生态习性】主要栖息于沿岸沙泥底质海域，包括潟湖、礁盘及潮池等海域，亦常侵入港区。分布水深为 0~3m。

七、鼬鳚目
Ophidiiformes

35. 长胸细潜鱼

Encheliophis homei (Richardson, 1846)

【英文名】silver pearlfish

【别　名】荷姆氏隐鱼、隐鱼

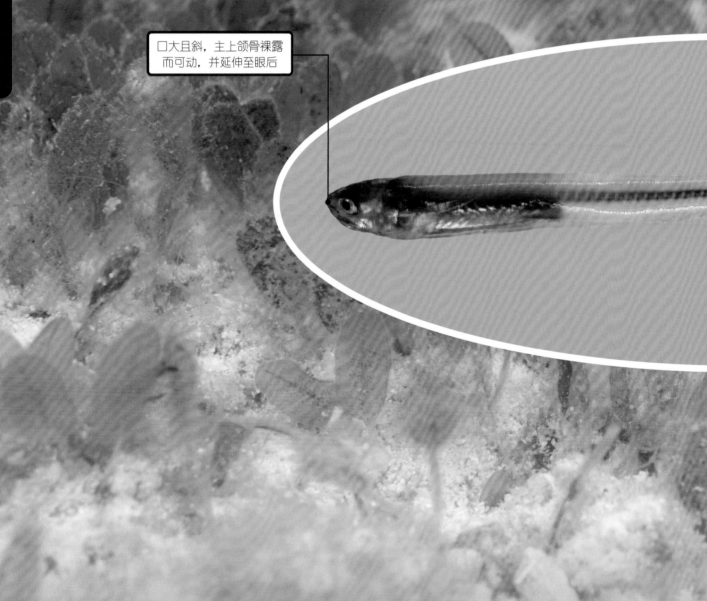

口大且斜，主上颌骨裸露而可动，并延伸至眼后

【形态特征】体极细长，圆柱形，向后逐渐尖细。眼小，眼间距平坦。口大且斜，主上颌骨裸露而可动，并延伸至眼后；上下颌牙齿小而尖锐，上颌齿呈 1 列或多列，下颌齿则呈 2 列或多列；口盖骨上的小齿则呈狭带状；锄骨上具 1~4 枚小犬齿。肛门位于胸鳍基部之前，臀鳍起点紧贴于肛门之后。胸鳍较长，成鱼胸鳍约等于上颌长；无腹鳍。**体略透明而呈淡黄色。**最大全长 19cm。

体极细长，圆柱形，向后逐渐尖细

【分布范围】分布于印度洋—太平洋海域，西起红海、非洲东部，东至社会群岛，北至日本南部及中国。我国主要分布于东海和南海海域。

【生态习性】主要栖息于浅海的珊瑚礁区。分布水深为 0~30m。

八、鲈形目

Perciformes

36. 额带刺尾鱼

Acanthurus dussumieri **Valenciennes, 1835**

【英文名】eyestripe surgeonfish
【别　名】眼纹倒吊、粗皮仔、倒吊

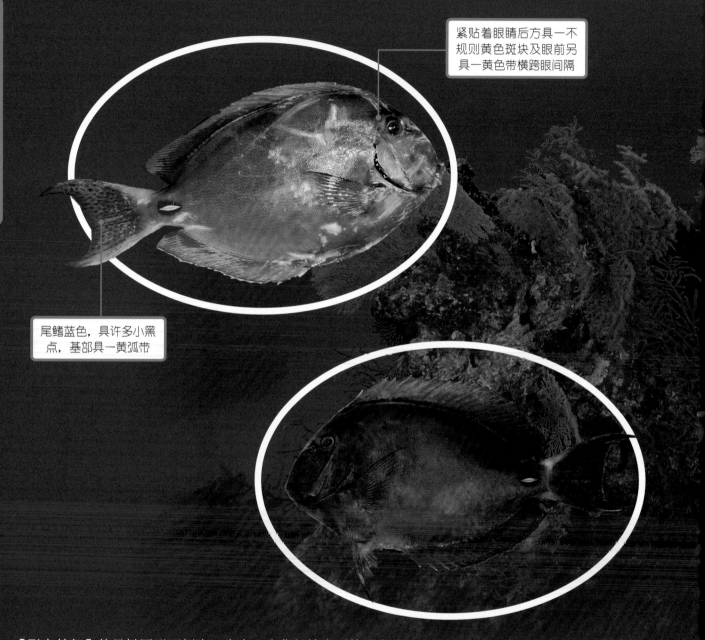

紧贴着眼睛后方具一不规则黄色斑块及眼前另具一黄色带横跨眼间隔

尾鳍蓝色，具许多小黑点，基部具一黄弧带

【形态特征】体呈椭圆形而侧扁。头小，头背部轮廓不特别突出。口小，端位，上下颌各具1列扁平齿，齿固定不可动，齿缘具缺刻。背鳍单一，背鳍及臀鳍硬棘尖锐，各鳍条皆不延长；胸鳍近三角形；尾鳍呈弯月形，随着成长，上下叶逐渐延长。尾柄两侧各具1根硬棘，尾棘鞘呈现明显的白色。背鳍具9根硬棘；臀鳍具3根硬棘；腹鳍具1根硬棘。体黄褐色，具许多蓝色不规则波状纵线，头部黄色而具蓝色点及蠕纹；**紧贴着眼睛后方具一不规则黄色斑块及眼前另具一黄色带横跨眼间隔**；鳃盖膜黑色。背鳍及臀鳍黄色，基底及鳍缘具蓝带；**尾鳍蓝色，具许多小黑点，基部具一黄弧带**；胸鳍上半部黄色，下半部蓝色或暗蓝色；尾柄棘沟缘为黑色，尾棘鞘为醒目的白色。最大全长54cm。

【分布范围】广泛分布于印度洋—太平洋海域，西起非洲东部，东至莱恩群岛及夏威夷群岛，北至日本，南至大堡礁及罗德豪维岛。我国主要分布于东海和南海海域。

【生态习性】主要栖息于沿岸附近的珊瑚礁及岩礁地带。分布水深为4~131m。

37. 斑点刺尾鱼

Acanthurus guttatus **Forster, 1801**

【英文名】whitespotted surgeonfish

【别　名】白点倒吊、粗皮仔、星粗皮鲷、粗皮倒吊

体侧具 2~4 条白色宽横带，其中第 1 条横带通过鳃盖末缘，而最后两条横带有时会不显著

尾柄棘沟为黄褐色

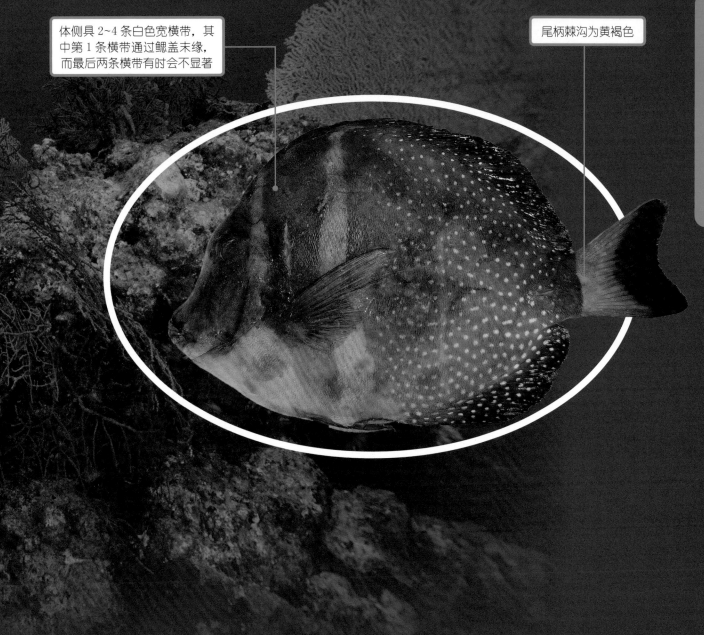

【形态特征】体呈卵圆形而侧扁。头小，头背部眼前区突出。口小，端位，上下颌各具 1 列扁平齿，齿固定不可动，齿缘具缺刻。背鳍及臀鳍硬棘尖锐，分别具 11 棘及 3 棘，各鳍条皆不延长；胸鳍近三角形；**尾鳍近截形或内凹**。体绿褐色，**体侧具 2~4 条白色宽横带，其中第 1 条横带通过鳃盖末缘，而最后 2 条横带有时会不显著**。体侧后半部具许多白色小点且延伸至背鳍软条部及臀鳍全部；喉峡部及胸部腹面为白色。腹鳍鲜黄色；尾鳍前半部淡黄或黄色，后半部黑褐色；余鳍均为褐色。**尾柄棘沟为黄褐色**。最大全长 27cm。

【分布范围】分布于印度洋—西太平洋海域，西起西印度洋的大洋性岛屿，东至夏威夷群岛、马克萨斯等群岛，北至日本，南至大堡礁及新喀里多尼亚。我国主要分布于东海和南海海域。

【生态习性】主要栖息于珊瑚礁或岩礁的浪拂区。分布水深为 0~10m。

38. 日本刺尾鱼

Acanthurus japonicus (Schmidt, 1931)

【英文名】Japan surgeonfish

【别　名】花倒吊、倒吊

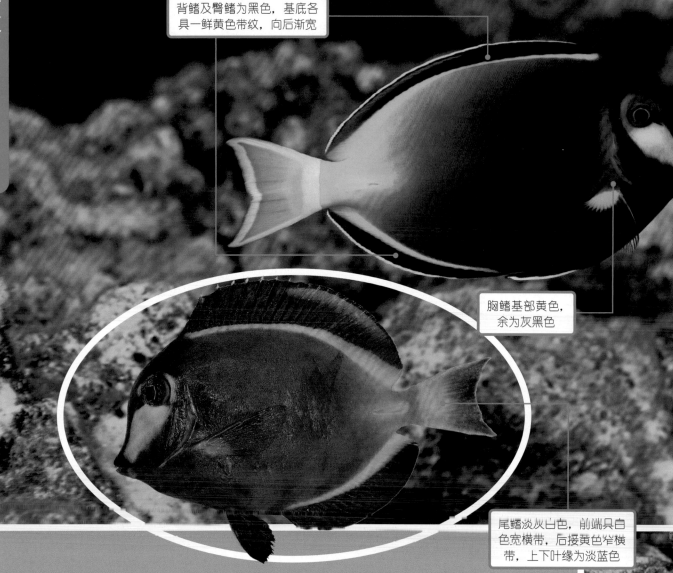

背鳍及臀鳍为黑色，基底各具一鲜黄色带纹，向后渐宽

胸鳍基部黄色，余为灰黑色

尾鳍淡灰白色，前端具白色宽横带，后接黄色窄横带，上下叶缘为淡蓝色

【形态特征】体呈椭圆形而侧扁。头小，头背部轮廓不特别突出。口小，端位，上下颌各具1列扁平齿，齿固定不可动，齿缘具缺刻。背鳍及臀鳍硬棘尖锐，各鳍条皆不延长；胸鳍近三角形；尾鳍近截形或内凹。体色一致为黑褐色，但越往后部体色略偏黄；眼睛下缘具一白色宽斜带，向下斜走至上颌；下颌另具半月形白环斑。**背鳍及臀鳍为黑色，基底各具一鲜黄色带纹，向后渐宽；背鳍软条部另具一宽鲜橘色纹；奇鳍皆具蓝色缘；尾鳍淡灰白色，前端具白色宽横带，后接黄色窄横带，上下叶缘为淡蓝色；胸鳍基部黄色，余为灰黑色；尾柄为黄褐色，棘沟缘为鲜黄色，而尾柄棘亦为鲜黄色。**最大全长21cm。

【分布范围】分布于印度洋—西太平洋海域，由印度尼西亚的苏门答腊、菲律宾至中国。我国主要分布于东海和南海海域。

【生态习性】主要栖息于清澈而面海的潟湖及礁区水域。分布水深为1~20m。

39. 纵带刺尾鱼
Acanthurus lineatus (Linnaeus, 1758)

【英文名】lined surgeonfish
【别　名】纹倒吊、彩虹倒吊、花倒吊、番倒吊、老娘

尾鳍前部暗褐色，后接一蓝色弯月纹，弯月纹后有一片淡蓝色区，上下叶为黄褐色

腹鳍橘黄色至鲜橘色且具黑缘

【形态特征】体呈椭圆形而侧扁。头背部轮廓不特别突出。口小，端位，上下颌各具 1 列扁平齿，齿固定不可动，齿缘具缺刻。背鳍及臀鳍硬棘尖锐，各鳍条皆不延长；尾鳍弯月形。尾柄棘尖锐而极长。头部及体侧上部约 3/4 的部位为黄色；下部则为淡蓝色。腹鳍橘黄色至鲜橘色且具黑缘；尾鳍前部暗褐色，后接一蓝色弯月纹，弯月纹后有一片淡蓝色区，上下叶为黄褐色；鱼鳍淡褐色至黄褐色；奇鳍皆具蓝色缘。最大全长 38cm。

【分布范围】分布于印度洋—太平洋海域，西起非洲东部，东至夏威夷群岛、马克萨斯群岛及土阿莫土群岛，北起日本南部，南至大堡礁及新喀里多尼亚。我国主要分布于东海和南海海域。

【生态习性】主要栖息于珊瑚礁或岩礁的浪拂区。分布水深为 0~15m。

40. 暗色刺尾鱼
Acanthurus mata (Cuvier, 1829)

【英文名】elongate surgeonfish

【别　名】倒吊、粗皮仔、番倒吊、半水吊

紧贴着眼睛后方具一不规则的黄色斑块及眼前具 2 条黄色纵带

体及头具许多蓝色直走纵线

【形态特征】体呈椭圆形而侧扁。头小，头背部轮廓不特别突出。口小，端位；上下颌各具 1 列扁平齿，齿固定不可动，齿缘具缺刻。背鳍及臀鳍硬棘尖锐，分别具 11 棘及 3 棘，各鳍条皆不延长；胸鳍近三角形；尾鳍内凹，成鱼呈弯月形。体淡蓝色至暗褐色，**体及头具许多蓝色直走纵线；紧贴着眼睛后方具一不规则的黄色斑块及眼前具 2 条黄色纵带**；各鳍褐色；背鳍基部具一黑褐色纹，向后渐粗；背鳍及臀鳍鳍膜具不明显的纵带；尾鳍具黑缘；尾柄棘沟为黑色。最大全长 50cm。

【分布范围】分布于印度洋—太平洋海域，西起红海、非洲东部，东至马克萨斯群岛及上阿莫土群岛，北至日本，南至大堡礁及新喀里多尼亚。我国主要分布于东海和南海海域。

【生态习性】主要栖息于礁区斜坡，亦常被发现于邻近珊瑚礁或是岩石底部的混浊水域中。分布水深为 5~100m。

41. 黑尾刺尾鱼
Acanthurus nigricauda **Duncker & Mohr, 1929**

【英文名】epaulette surgeonfish
【别　名】倒吊、粗皮仔、红皮倒吊、番倒吊

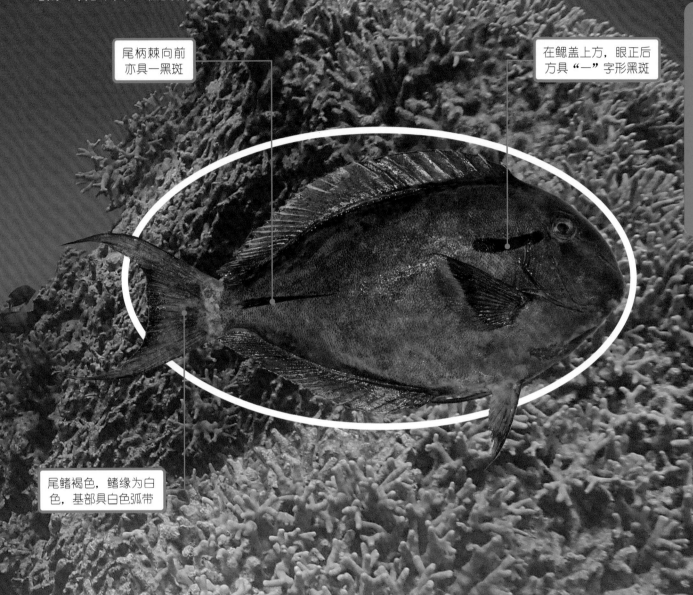

尾柄棘向前
亦具一黑斑

在鳃盖上方，眼正后
方具"一"字形黑斑

尾鳍褐色，鳍缘为白
色，基部具白色弧带

【形态特征】体呈椭圆形而侧扁。头小，头背部轮廓随着成长而突出。口小，端位，上下颌各具1列扁平齿，齿固定不可动，齿缘具缺刻。背鳍及臀鳍硬棘尖锐，各鳍条皆不延长；胸鳍近三角形；尾鳍弯月形。体一致为紫灰至黑褐色，体侧无任何小斑点及线纹，但**在鳃盖上方、眼正后方具"一"字形黑斑，而在尾柄棘向前亦具一黑斑**。背鳍及臀鳍黑褐色，背鳍基底具一有时不明显的紫色纹，鳍缘为淡蓝色；**尾鳍褐色，鳍缘为白色，基部具白色弧带**；胸鳍基部黑色；腹鳍黑色，鳍缘为淡蓝色；尾柄棘沟缘为黑褐色。最大全长40cm。

【分布范围】分布于印度洋—西太平洋海域，西起非洲东部，东至土阿莫土群岛，北起日本南部，南至大堡礁。我国主要分布于东海和南海海域。

【生态习性】主要栖息于清澈而面海的潟湖及礁区。分布水深为1~30m。

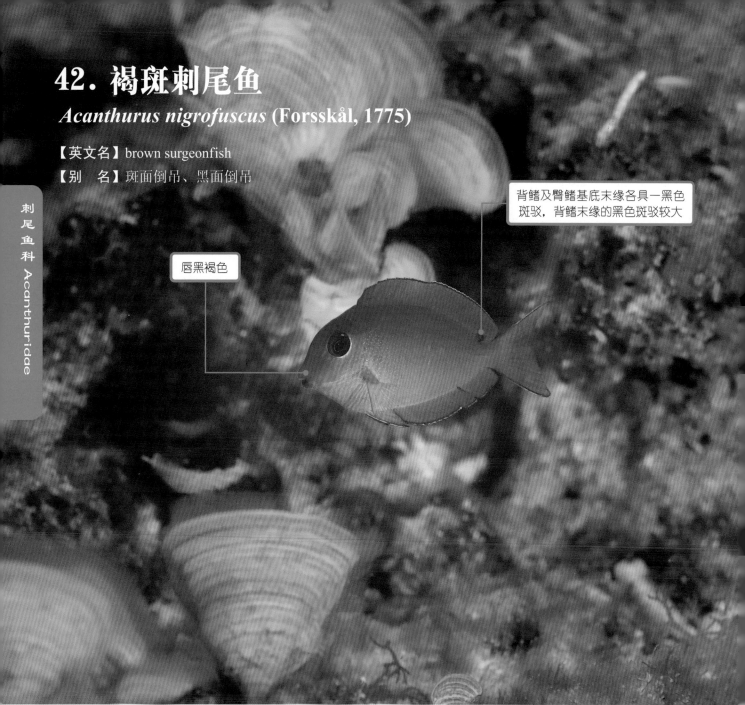

42. 褐斑刺尾鱼
Acanthurus nigrofuscus (Forsskål, 1775)

【英文名】brown surgeonfish
【别　名】斑面倒吊、黑面倒吊

唇黑褐色

背鳍及臀鳍基底末缘各具一黑色斑驳，背鳍末缘的黑色斑驳较大

【形态特征】体呈椭圆形而侧扁。头小，头背部轮廓随着成长而突出。口小，端位，上下颌各具1列扁平齿，齿固定不可动，齿缘具缺刻。背鳍及臀鳍硬棘尖锐，各鳍条皆不延长；胸鳍近三角形；尾鳍弯月形。体一致为紫褐色至褐色，体侧具不显著的蓝灰色线纹，有时消失；头及胸部散布橘色小点；**唇黑褐色。背鳍及臀鳍黄褐色至紫褐色，鳍缘为淡蓝色，基底末缘各具一黑色斑驳，背鳍末缘的黑色斑驳较大**；尾鳍一致为紫褐色至黑褐色，末端鳍缘为白色；胸鳍及腹鳍为淡褐色；尾柄棘沟缘为黑褐色。最大全长21cm。

【分布范围】广泛分布于印度洋—太平洋海域，西起红海、非洲东部，东至马克萨斯群岛及土阿莫土群岛，北至日本，南至大堡礁及新喀里多尼亚。我国主要分布于东海和南海海域。

【生态习性】主要栖息于潟湖浅滩及面海礁石的坚硬底部。分布水深为0~25m。

刺尾鱼科 Acanthuridae

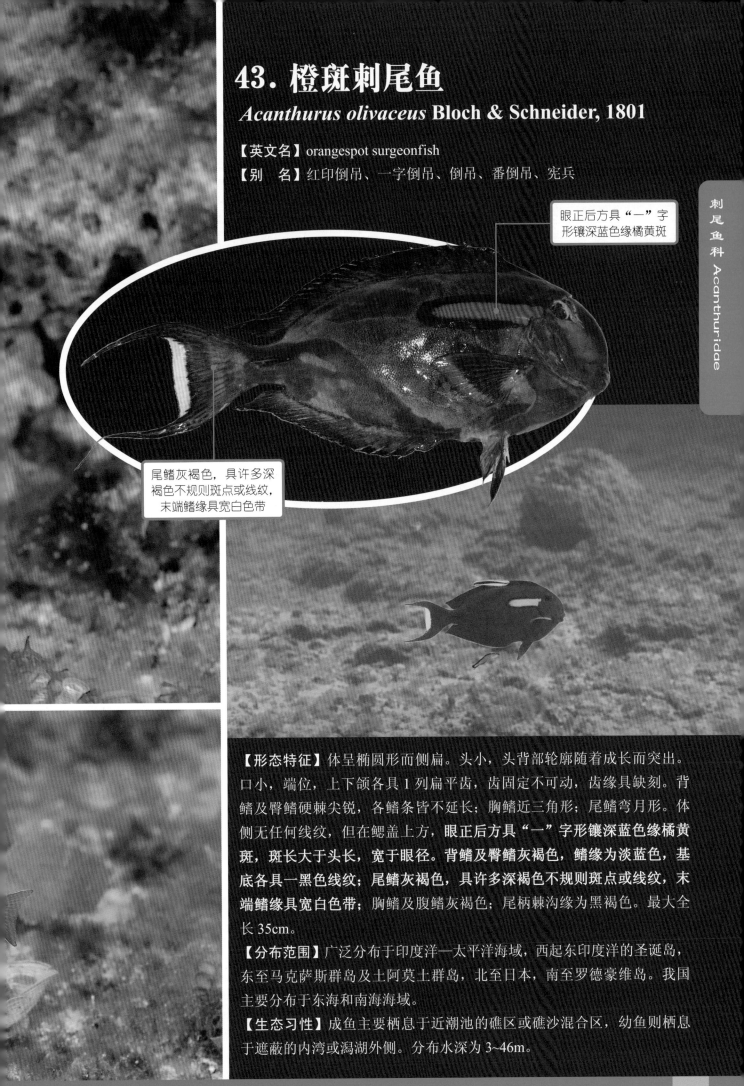

43. 橙斑刺尾鱼
Acanthurus olivaceus Bloch & Schneider, 1801

【英文名】orangespot surgeonfish
【别　名】红印倒吊、一字倒吊、倒吊、番倒吊、宪兵

眼正后方具"一"字形镶深蓝色缘橘黄斑

尾鳍灰褐色，具许多深褐色不规则斑点或线纹，末端鳍缘具宽白色带

【形态特征】体呈椭圆形而侧扁。头小，头背部轮廓随着成长而突出。口小，端位，上下颌各具1列扁平齿，齿固定不可动，齿缘具缺刻。背鳍及臀鳍硬棘尖锐，各鳍条皆不延长；胸鳍近三角形；尾鳍弯月形。体侧无任何线纹，但在鳃盖上方，**眼正后方具"一"字形镶深蓝色缘橘黄斑，斑长大于头长，宽于眼径。背鳍及臀鳍灰褐色，鳍缘为淡蓝色，基底各具一黑色线纹；尾鳍灰褐色，具许多深褐色不规则斑点或线纹，末端鳍缘具宽白色带；**胸鳍及腹鳍灰褐色；尾柄棘沟缘为黑褐色。最大全长35cm。

【分布范围】广泛分布于印度洋—太平洋海域，西起东印度洋的圣诞岛，东至马克萨斯群岛及土阿莫土群岛，北至日本，南至罗德豪维岛。我国主要分布于东海和南海海域。

【生态习性】成鱼主要栖息于近潮池的礁区或礁沙混合区，幼鱼则栖息于遮蔽的内湾或潟湖外侧。分布水深为3~46m。

44. 黑鳃刺尾鱼
Acanthurus pyroferus Kittlitz, 1834

【英文名】chocolate surgeonfish
【别　名】巧克力倒吊、黄倒吊、倒吊

背鳍及臀鳍黑褐色，鳍缘为黑色，基底各具一黑色线纹

尾鳍黑褐色，具黄色宽线缘

【形态特征】体呈椭圆形而侧扁。头小，头
背部轮廓随着成长而略突出。口小，端位，
上下颌各具1列扁平齿，齿固定不可动，齿
缘具缺刻。背鳍及臀鳍硬棘尖锐，各鳍条皆不
延长；胸鳍近三角形。幼鱼体色共有3种形态：
一为一致呈黄色；二为呈黄色，但鳃盖、背鳍、臀鳍
及尾鳍具蓝缘；三为呈淡灰绿色，后部逐渐变黑色。随着
成长，体逐渐呈黄褐色，成鱼呈暗褐色，体侧无任何线纹，但在胸鳍基
部上下具大片橘黄色斑驳，鳃盖后部具黑色宽斜带。**背鳍及臀鳍黑褐色，
鳍缘为黑色，基底各具一黑色线纹；尾鳍黑褐色，具黄色宽线缘；**胸鳍
及腹鳍黑褐色；尾柄棘沟缘为黑色。最大全长29cm。

【分布范围】广泛分布于印度洋—太平洋海域，西起塞舌尔，东至马克
萨斯群岛及土阿莫土群岛，北至日本，南至大堡礁及新喀里多尼亚。我
国主要分布于东海和南海海域。

【生态习性】主要栖息于潟湖外侧、近潮池的礁区或礁沙混合区。分布
水深为4~60m。

刺尾鱼科 Acanthuridae

45. 横带刺尾鱼
Acanthurus triostegus (Linnaeus, 1758)

【英文名】convict surgeonfish

【别　名】条纹刺尾鱼、番仔鱼、番倒吊

刺尾鱼科 Acanthuridae

尾鳍前方的尾柄背侧
另具一黑色鞍状斑

头部及体侧共约有5条黑色横带，
第1条横带贯穿眼部而成1条眼
带，最后1条则位于尾柄前方

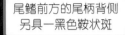

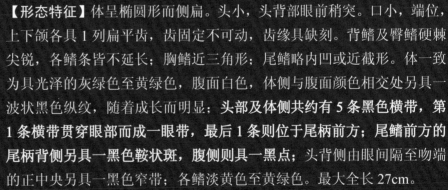

【形态特征】体呈椭圆形而侧扁。头小，头背部眼前稍突。口小，端位，上下颌各具1列扁平齿，齿固定不可动，齿缘具缺刻。背鳍及臀鳍硬棘尖锐，各鳍条皆不延长；胸鳍近三角形；尾鳍略内凹或近截形。体一致为具光泽的灰绿色至黄绿色，腹面白色，体侧与腹面颜色相交处另具一波状黑色纵纹，随着成长而明显；**头部及体侧共约有5条黑色横带，第1条横带贯穿眼部而成一眼带，最后1条则位于尾柄前方；尾鳍前方的尾柄背侧另具一黑色鞍状斑**，腹侧则具一黑点；头背侧由眼间隔至吻端的正中央另具一黑色窄带；各鳍淡黄色至黄绿色。最大全长27cm。

【分布范围】分布于印度洋—太平洋海域，西起非洲东部，东至巴拿马，北至日本南部，南至罗德豪维岛、帕劳岛及迪西岛，包含密克罗尼西亚。我国主要分布于东海和南海海域。

【生态习性】栖息于潟湖和礁区海域，幼鱼则常出现于潮池。分布水深为0~90m。

46. 双斑栉齿刺尾鱼

Ctenochaetus binotatus Randall, 1955

【英文名】twospot surgeonfish
【别 名】正吊、倒吊

背鳍及臀鳍的后端基部均具黑点

【形态特征】体呈椭圆形而侧扁；尾柄部具一尖锐而尖头向前的矢状棘。头小，头背部轮廓不特别突出。口小，端位，上下颌各具刷毛状细长齿，齿可活动，齿端膨大呈扁平状。背鳍及臀鳍硬棘尖锐，各鳍条皆不延长；胸鳍近三角形；尾鳍内凹。体被细栉鳞，沿背鳍及臀鳍基底具密集小鳞。身体呈橘褐色，**体侧具许多淡蓝色波状纵线，背鳍、臀鳍鳍膜约具5条纵线，头部及胸部则散布蓝色小点；虹膜蓝色。背鳍及臀鳍的后端基部均具黑点。**幼鱼暗褐色，尾鳍黄色。最大全长22cm。

【分布范围】广泛分布于印度洋—太平洋海域，西起非洲东部，东至土阿莫土群岛，北至日本，南至大堡礁及汤加。我国主要分布于东海和南海海域。

【生态习性】主要栖息于石砾底且较深的潟湖和面海礁区海域。分布水深为8~53m。

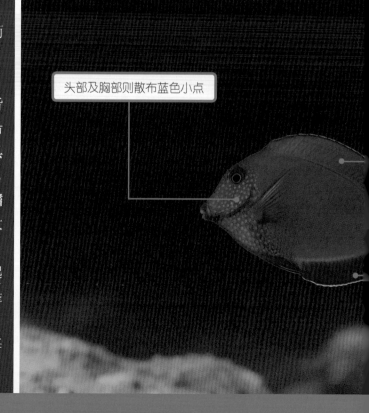

头部及胸部则散布蓝色小点

47. 青唇栉齿刺尾鱼

Ctenochaetus cyanocheilus Randall & Clements, 2001。

【英文名】short-tail bristle-tooth
【别　名】蓝嘴吊

尾鳍内凹

背鳍、臀鳍鳍膜
约具 5 条纵线

【形态特征】体呈椭圆形而侧扁；尾柄部具一尖锐而尖头向前的矢状棘。头小，头背部轮廓不特别突出。口小，端位，上下颌各具刷毛状细长齿，齿可活动，齿端膨大呈扁平状。背鳍及臀鳍硬棘尖锐；胸鳍近三角形；**尾鳍内凹**。体被细栉鳞，沿背鳍及臀鳍基底具密集小鳞。体橘棕色，体侧具蓝色纵纹，头部具浅黄色小斑点；吻部蓝色，眼周围具黄色细环纹。亚成鱼体灰白色至浅棕色，**幼鱼体鲜黄色**。最大全长 22.67cm。

【分布范围】广泛分布于西太平洋海域，南经菲律宾和印度尼西亚至大堡礁和新喀里多尼亚，东至南太平洋的马绍尔群岛和萨摩亚。我国主要分布于南海海域。

【生态习性】主要栖息于珊瑚礁区或岩岸礁海域。分布水深为 1~60m。

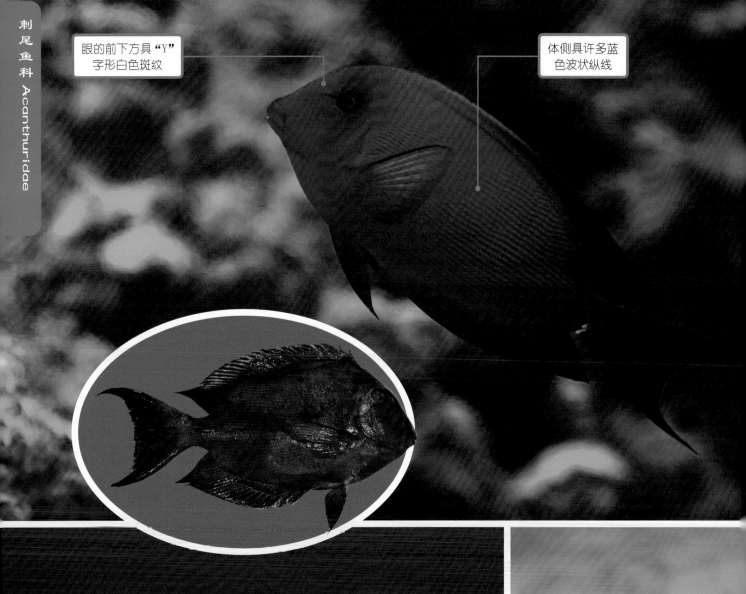

48. 栉齿刺尾鱼
Ctenochaetus striatus (Quoy & Gaimard, 1825)

【英文名】striated surgeonfish
【别　名】正吊、涟剥、倒吊

眼的前下方具"Y"字形白色斑纹

体侧具许多蓝色波状纵线

【形态特征】体呈椭圆形而侧扁；尾柄部具一尖锐而尖头向前的矢状棘。头小，头背部轮廓不特别突出。口小，端位，上下颌各具刷毛状细长齿，齿可活动，齿端膨大呈扁平状。背鳍及臀鳍硬棘尖锐；胸鳍近三角形；尾鳍内凹。体被细栉鳞，沿背鳍及臀鳍基底具密集小鳞。体呈暗褐色，**体侧具许多蓝色波状纵线**，背鳍、臀鳍鳍膜约具 5 条纵线，头部及颈部则散布橙黄色小点；**眼的前下方具"Y"字形白色斑纹**。成鱼背鳍或臀鳍的后端基部均无黑点，幼鱼的背鳍后端基部则具黑点。最大全长 26cm。

【分布范围】广泛分布于印度洋—太平洋海域，西起红海、非洲东部，东至土阿莫土群岛，北至日本，南至大堡礁及拉帕岛。我国主要分布于东海和南海海域。

【生态习性】主要栖息于珊瑚礁区或岩岸礁海域。分布水深为 1~35m。

49. 突角鼻鱼

Naso annulatus (Quoy & Gaimard, 1825)

【英文名】whitemargin unicornfish

【别　名】剥皮仔

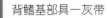
背鳍基部具一灰带

尾柄与尾鳍缘白色

【形态特征】体呈椭圆形而侧扁；尾柄部具2个盾状骨板，各具一龙骨突。头小，随着成长，在眼前方的额部逐渐突出而形成长而钝圆角状突起，角状突起与吻部呈60°角。口小，端位，上下颌各具1列齿，齿稍侧扁且尖锐，两侧或有锯状齿。背鳍及臀鳍硬棘尖锐；尾鳍截平，上下叶缘微延长。体呈橄榄色至暗褐色，鳃膜白色，体侧无任何斑纹；**背鳍基部具一灰带**，背鳍与臀鳍软条部具数条纵线纹；**尾柄与尾鳍缘白色**，成鱼消失。最大全长100cm。

【分布范围】广泛分布于印度洋—太平洋海域，西起非洲东部，东至土阿莫土群岛，北至日本，南至罗德豪维岛。我国主要分布于东海和南海海域。

【生态习性】主要栖息于潟湖和礁区海域，幼鱼则常出现于潮池。分布水深为1~60m。

50. 粗棘鼻鱼

Naso brachycentron (Valenciennes, 1835)

【英文名】humpback unicornfish

【别　名】剥皮仔、鬼角、挂角

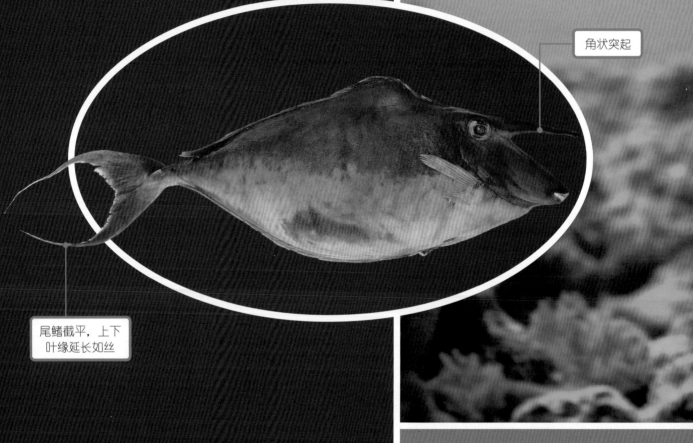

角状突起

尾鳍截平，上下叶缘延长如丝

角状突起与吻部几呈直角

【形态特征】体呈长椭圆形而侧扁；尾柄部具 2 个盾状骨板，各具一龙骨突。雌雄鱼皆随着成长而于**背部隆起一突起**。口小，端位，上下颌各具 1 列齿，齿稍侧扁且尖锐，两侧或有锯状齿。背鳍及臀鳍硬棘尖锐，分别具 4~5 棘及 2 棘，各鳍条皆不延长；**尾鳍截平，上下叶缘延长如丝**。体呈橄榄色至暗褐色，鳃膜白色，体侧无任何斑纹；背鳍与臀鳍软条部及尾鳍周边均具白缘。最大全长 105.12cm。

【分布范围】分布于印度洋—太平洋海域，西起非洲东部，东至社会群岛及马克萨斯群岛，北至日本，南至瓦努阿图。我国主要分布于东海和南海海域。

【生态习性】主要栖息于珊瑚礁区或岩岸礁海域。分布水深为 8~30m。

51. 短吻鼻鱼
Naso brevirostris (Cuvier, 1829)

【英文名】spotted unicornfish
【别　名】剥皮仔、打铁婆、独角倒吊、天狗鲷、鬼角、老娘、挂角狄

垂直带上下方则散布暗褐色点，头部亦具暗褐色点

基部具一暗褐色大斑

【形态特征】体呈椭圆形而侧扁；尾柄部具 2 个盾状骨板，各具一龙骨突。头小，随着成长，在眼前方的额部逐渐突出而形成长而钝圆角状突起，**角状突起与吻部几呈直角。**口小，端位，上下颌各具 1 列齿，齿稍侧扁且尖锐，两侧或有锯状齿。背鳍及臀鳍硬棘尖锐；尾鳍截平，上下叶不延长。体呈橄榄色至暗褐色，鳃膜白色。亚成鱼的头部及体侧均散布许多暗褐色小点；成鱼时体侧会形成暗褐色垂直带，而**垂直带上下方则散布暗褐色点，头部亦具暗褐色点；**尾鳍白色至淡蓝色，**基部具一暗褐色大斑。**最大全长 60cm。

【分布范围】广泛分布于印度洋—太平洋海域，西起红海、非洲东部，东至马克萨斯群岛及迪西岛，北至日本，南至罗德豪维岛。我国主要分布于东海和南海海域。

【生态习性】主要栖息于潟湖和礁区外坡中水层的水域。分布水深为 2~122m。

52. 六棘鼻鱼

Naso hexacanthus (Bleeker, 1855)

【英文名】sleek unicornfish

【别　名】剥皮仔、打铁婆、鬼角、老娘、粗皮狄

雄鱼在头部上部
具有淡蓝色斑块

尾鳍浅蓝色或稍
暗，末端具黄色缘

体侧前部另具有一些
淡蓝色横带或斑点

【形态特征】体呈椭圆形而侧扁；尾柄部具 2 个盾状骨板，各具一龙骨突。头小，头背弧形，随着成长，成鱼在前头部无角状突起，亦无瘤状突起。口小，端位，上下颌各具 1 列齿，齿稍侧扁且尖锐，两侧或有锯状齿。背鳍及臀鳍硬棘尖锐；尾鳍截平或内凹，上下叶不延长。体背侧褐色至蓝灰色，体腹侧黄色；鳃膜暗褐色；25cm 以上的成鱼，舌黑色。一般体侧无任何斑纹，**雄鱼在头部上部具淡蓝色斑块**，而体侧前部另具一些淡蓝色横带或斑点。前鳃盖骨及鳃盖骨的边缘为土黄色至暗褐色。**尾鳍浅蓝色或稍暗，末端具黄色缘**。最大全长 79.2cm。

【分布范围】广泛分布于印度洋—太平洋海域，西起红海、非洲东部，东至马克萨斯群岛及迪西岛，北至日本，南至罗德豪维岛。我国主要分布于黄海、东海和南海海域。

【生态习性】主要栖息于清澈的潟湖区或外礁区斜坡。分布水深为 6~150m。

53. 颊吻鼻鱼
Naso lituratus (Forster, 1801)

【英文名】orangespine unicornfish
【别　名】剥皮仔、打铁婆、鬼角、老娘

背鳍内侧黑色，外侧乳白色

由眼下缘至口角具一黄色带

唇部橘黄色

尾柄棘橘黄色

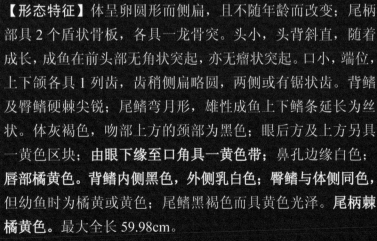

【形态特征】体呈卵圆形而侧扁，且不随年龄而改变；尾柄部具2个盾状骨板，各具一龙骨突。头小，头背斜直，随着成长，成鱼在前头部无角状突起，亦无瘤状突起。口小，端位，上下颌各具1列齿，齿稍侧扁略圆，两侧或有锯状齿。背鳍及臀鳍硬棘尖锐；尾鳍弯月形，雄性成鱼上下鳍条延长为丝状。体灰褐色，吻部上方的颈部为黑色；眼后方及上方另具一黄色区块；**由眼下缘至口角具一黄色带**；鼻孔边缘白色；**唇部橘黄色。背鳍内侧黑色，外侧乳白色**；臀鳍与体侧同色，但幼鱼时为橘黄或黄色；尾鳍黑褐色而具黄色光泽。**尾柄棘橘黄色**。最大全长59.98cm。

【分布范围】广泛分布于印度洋—太平洋海域，西起红海、非洲东部，东至土阿莫土群岛，北至日本，南至大堡礁及新喀里多尼亚。我国主要分布于东海和南海海域。

【生态习性】主要栖息于珊瑚礁、岩礁区或碎石底的潟湖区，常于礁区上方或中水层活动。分布水深为0~90m。

54. 拟鲔鼻鱼
Naso thynnoides (Cuvier, 1829)

【英文名】oneknife unicornfish
【别　名】剥皮仔、打铁婆、鬼角

硬棘

体侧具不显著且大小不一的垂直细纹

硬棘

【形态特征】体呈长椭圆形而侧扁；尾柄部仅具一盾状骨板，具一龙骨突。头小，头背弧形，随着成长，成鱼在前头部无角状突起，亦无瘤状突起。口小，端位，上下颌各具1列齿，齿稍侧扁且尖锐，两侧或有锯状齿。背鳍及臀鳍硬棘尖锐；尾鳍弯月形，上下叶缘不延长如丝。体背侧呈深褐色，**体侧具不显著且大小不一的垂直细纹**；尾鳍一致为暗褐色，基部具白色斑块。骨板基部同体色。最大全长42.76cm。

【分布范围】分布于印度洋—西太平洋海域，由非洲东部至巴布亚新几内亚，北可至日本南部。我国主要分布于东海和南海海域。

【生态习性】主要栖息于较深的潟湖或礁区斜坡海域。分布水深为2~40m。

55. 单角鼻鱼
Naso unicornis (Forsskål, 1775)

【英文名】bluespine unicornfish

【别　名】剥皮仔、打铁婆、独角倒吊、鬼角、老牛、挂角狄

尾鳍截平，上下叶缘延长如丝

尾柄上的骨质板为蓝黑色

【形态特征】体呈椭圆形而侧扁；尾柄部具 2 个盾状骨板，各具一龙骨突。头小，随着成长，在眼前方的额部逐渐突出而形成长而钝圆角状突起，其长度与吻长略同，吻背朝后上方倾斜，直到角突处为止。口小，端位，上下颌各具 1 列齿，齿稍侧扁且尖锐，两侧或有锯状齿。背鳍及臀鳍硬棘尖锐；**尾鳍截平，上下叶缘延长如丝。**体呈蓝灰色，腹侧则为黄褐色，**尾柄上的骨质板为蓝黑色。背鳍与臀鳍具数条暗褐色纵线，并具蓝缘。**最大全长 73.64cm。

【分布范围】分布于印度洋—太平洋海域，西起红海、非洲东部，东至马克萨斯群岛及土阿莫土群岛，北至日本南部，南至罗德豪维岛及拉帕岛。我国主要分布于渤海、黄海、东海和南海海域。

【生态习性】主要栖息于水道、潟湖、礁岸、礁区斜坡或有拂浪处。分布水深为 1~180m。

56. 丝尾鼻鱼
Naso vlamingii (Valenciennes, 1835)

【英文名】bignose unicornfish

【别　名】剥皮仔、打铁婆、鬼角、老牛、挂角狄

头部具暗蓝色细点，眼前具蓝纵斑

体侧则具不规则而排列紧密的暗蓝色垂直纹，垂直纹上下部散布许多暗蓝色细点

【形态特征】体呈长卵形，侧扁；尾柄部具 2 个盾状骨板，各发展成一向前生具粗短尖锐的龙骨突；头小，头背弧形，随着成长，成鱼在前头部无角状突起，亦无瘤状突起，但吻突出于上颌。口小，端位，上下颌各具 1 列齿，齿稍侧扁且尖锐，两侧或有锯状齿。背鳍及臀鳍硬棘尖锐，**尾鳍截平或内凹，上下叶缘延长如丝**。体黑褐色；**头部具暗蓝色细点，眼前具蓝纵斑**；吻部具蓝环带；**体侧则具不规则而排列紧密的暗蓝色垂直纹，垂直纹上下部散布许多暗蓝色细点**。背鳍、臀鳍及尾鳍上下叶具蓝缘。最大全长 60cm。

【分布范围】广泛分布于印度洋—太平洋海域，西起非洲东部，东至莱恩群岛、马克萨斯群岛及土阿莫土群岛，北至日本南部，南至大堡礁及新喀里多尼亚。我国主要分布于东海和南海海域。

【生态习性】主要栖息于较深的潟湖区或礁区斜坡海域。分布水深为 1~50m。

57. 小高鳍刺尾鱼

Zebrasoma scopas (Cuvier, 1829)

【英文名】twotone tang

【别　名】三角倒吊

背鳍及臀鳍硬棘尖锐，前方软条较后方延长，呈伞形

尾柄棘附近体侧具一黑色椭圆斑

尾柄棘白色

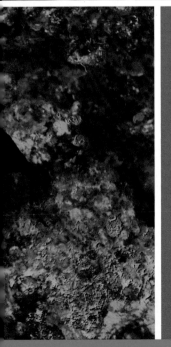

【形态特征】体呈卵圆形而侧扁。口小，端位，上下颌齿较大，齿固定不可动，扁平，边缘具缺刻。**背鳍及臀鳍硬棘尖锐，前方软条较后方延长，呈伞形**；尾鳍弧形。尾棘在尾柄前部，稍可活动。幼鱼除体末端、背鳍及臀鳍的末端以及整个尾鳍黄褐色外，其余部分一致呈鲜黄色，随着成长，从后部往前部逐渐转为黑褐色；头部及体侧前部散布小蓝点，体侧后部则具许多蓝色细纵纹；**尾柄棘附近体侧，随成长而具一黑色椭圆斑；尾柄棘白色**。最大全长 48.72cm。

【分布范围】广泛分布于印度洋—太平洋海域，西起非洲东部，东至土阿莫土群岛，北至日本，南至罗德豪维岛及拉帕岛。我国主要分布于东海和南海海域。

【生态习性】主要栖息于珊瑚繁生的潟湖及面海的礁区。分布水深为 1~60m。

58. 横带高鳍刺尾鱼

Zebrasoma velifer (Bloch, 1795)

【英文名】sailfin tang
【别　名】粗皮鱼、高鳍刺尾鲷、老娘

棘刺

体侧具6条褐色垂直横带，横带上另具细横带

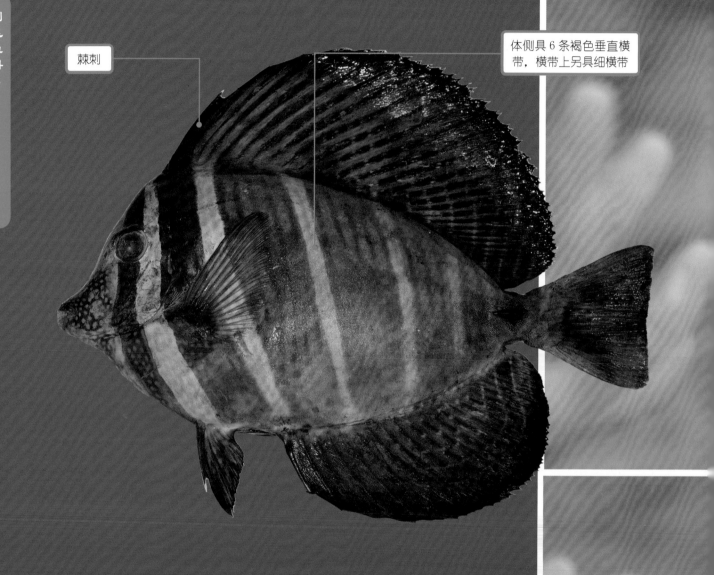

【形态特征】体呈卵圆形而侧扁。口小，端位，上下颌齿较大，齿固定不可动，扁平，边缘具缺刻。背鳍及臀鳍硬棘尖锐，前方软条较后方延长，呈伞形；尾鳍弧形。尾棘在尾柄前部，稍可活动。体呈灰白色，**体侧具6条褐色垂直横带，横带上另具细横带**；尾柄褐色，尾柄棘及沟则为暗褐色；幼鱼体色为黄色，亦具横带。最大全长 48.84cm。

【分布范围】广泛分布于印度洋—太平洋海域，西起红海、非洲东部，东至夏威夷群岛及土阿莫土群岛，北至日本，南至大堡礁及新喀里多尼亚。我国主要分布于东海和南海海域。

【生态习性】主要栖息于清澈而面海的潟湖及礁区；而稚鱼通常被发现于水浅且有遮蔽的岩石或珊瑚礁区，有时会出现于水较混浊的礁区。分布水深为1~45m。

59. 巨牙天竺鲷

Cheilodipterus macrodon (Lacepède, 1802)

【英文名】large toothed cardinalfish

【别　名】大面侧仔、大目侧仔、大目丁

体侧具 8~10 条宽度相当的暗红褐色纵带

尾柄具较瞳孔大的眼斑，并延伸至尾鳍上下缘

【形态特征】体狭长；前鳃盖缘呈锯齿状；体被栉鳞；侧线完全。上、下颌具犬齿。主上颌骨达眼睛后缘的下方或超过眼睛后缘。尾鳍呈叉状。体侧具 8~10 条宽度相当的暗红褐色纵带，而幼鱼只有 4 条明显，全部纵带皆宽于淡褐色的纵带间隔；尾柄具较瞳孔大的眼斑，并延伸至尾鳍上下缘，成鱼不显著。第一背鳍和腹鳍暗褐色，其他各鳍色淡呈白色。最大全长 25cm。

【分布范围】分布于印度洋—太平洋海域，西起红海及非洲东部，东至皮特凯恩群岛，北至中国、日本，南至罗德豪维岛及拉帕岛。我国主要分布于东海和南海海域。

【生态习性】主要栖息于礁坡外缘，或栖息于澄清潟湖或面海珊瑚礁区的洞穴或礁缘。分布水深为 0~40m。

60. 五带巨牙天竺鲷

Cheilodipterus quinquelineatus Cuvier, 1828

【英文名】five-lined cardinalfish
【别　名】大面侧仔、大目侧仔

体侧具 5 条暗纵带

尾柄具一粗金黄色环的小眼斑带

【形态特征】体狭长；前鳃盖缘呈锯齿状；体被栉鳞；侧线完全。上、下颌具犬齿。主上颌骨达眼睛后缘的下方。尾鳍呈叉状。**体侧具 5 条暗纵带；尾柄具一粗金黄色环的小眼斑**。第一背鳍和腹鳍暗褐色，其他各鳍色淡呈白色，尾鳍上下缘黑色。最大全长 13cm。
【分布范围】分布于印度洋—太平洋海域，西起红海及莫桑比克，东至皮特凯恩群岛，北至中国、日本，南至罗德豪维岛及拉帕岛。我国主要分布于东海和南海海域。
【生态习性】主要栖息于礁盘、潟湖或面海珊瑚礁区的洞穴或礁缘。分布水深为 0~40m。

61. 褐色圣天竺鲷
Nectamia fusca (Quoy & Gaimard, 1825)

【英文名】ghost cardinalfish
【别　名】大面侧仔、大目侧仔

尾柄上部具一暗鞍带

【形态特征】体长圆而侧扁。头大。吻长。眼大。前鳃盖棘完全，唯边缘平滑，尾鳍叉状。体呈黄铜色或银白色，**在尾柄上部具一暗棕色鞍带**，除第一背鳍前部暗棕色外，其他各鳍淡棕色；眼下方至前鳃盖角处另具一暗棕色窄带延伸，其宽度远不及瞳孔直径的1/2。最大全长 11.2cm。

【分布范围】分布于印度洋—太平洋海域，西起红海、热带西太平洋，东、北至琉球群岛，南至澳大利亚。我国主要分布于东海和南海海域。

【生态习性】主要栖息于潟湖或礁台的枝状珊瑚水域。分布水深为 1~20m。

62. 金带鹦天竺鲷
Ostorhinchus cyanosoma (Bleeker, 1853)

【英文名】yellowstriped cardinalfish
【别　名】大面侧仔、大目侧仔

【形态特征】体长圆而侧扁。头大。吻长。眼大。体呈银蓝色，体侧含鳃盖后的短线纹，共具 6 条金黄色的纵纹，中央纵纹在尾柄上的末端成一圆橘点。最大全长 8cm。

【分布范围】分布于印度洋—太平洋海域，西起红海至莫桑比克，东至马绍尔群岛等，北至中国、日本，南至大堡礁。我国主要分布于东海和南海海域。

【生态习性】主要栖息于清澈的潟湖区或面海的礁区，白天停留在岩礁下方或洞穴内，晚上则外出觅食。分布水深为 1~50m。

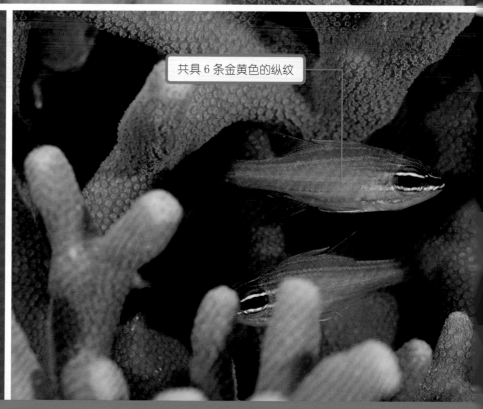

共具 6 条金黄色的纵纹

63. 丽鳍棘眼天竺鲷

Pristiapogon kallopterus (Bleeker, 1856)

【英文名】iridescent cardinalfish
【别　名】大面侧仔、大目侧仔、棘头天竺鲷

各鳞片皆具深褐色缘

尾柄侧线上方具大斑点

【形态特征】体近菱形而侧扁。头大。吻长。眼大。前鳃盖骨和眼下骨具锯齿。主上颌骨达眼睛的中央下方。体呈棕黄或淡红褐色，**各鳞片皆具深褐色缘**；自吻端延伸至尾柄具一水平纵带；**尾柄侧线上方具大斑点**。第一背鳍前3个硬棘间膜为黑色；第二背鳍基底下方体侧具一不明显的暗褐色鞍状斑；第二背鳍和臀鳍各具一与基底平行的褐色点带纵纹。最大全长15.5cm。

【分布范围】分布于印度洋—太平洋海域，西起红海至南非，东至莱恩群岛及马克萨斯群岛等，北至中国、夏威夷群岛及日本，南至新西兰及拉帕岛等。我国主要分布于东海和南海海域。

【生态习性】主要栖息于十分清澈水域的礁台、潟湖区或面海的礁区。分布水深为3~158m。

64. 三斑锯竺鲷
Pristicon trimaculatus (Cuvier, 1828)

【英文名】three-spot cardinalfish

【别　名】大面侧仔、大目侧仔、大目丁

体侧具 2 条暗棕色横带

尾柄中央具一小眼点

【形态特征】体长圆而侧扁。头大。吻长。眼大。前鳃盖后缘呈锯齿状，有别于其他相近天竺鲷属的前鳃盖后缘无锯齿；尾鳍呈叉状。**体侧具 2 条暗棕色横带：**第 1 条自第一背鳍前部至腹部，而第 2 条自第二背鳍基底末端至臀鳍末端，此外在第二背鳍起点处另具一短横斑；**尾柄中央具一小眼点。**每一背鳍均具暗棕色带；腹鳍透明。最大全长 18.32cm。

【分布范围】分布于西太平洋区，琉球群岛至大堡礁海域，东至马绍尔群岛。我国主要分布于东海和南海海域。

【生态习性】主要栖息于近岸的珊瑚礁区。分布水深为 1~35m。

65. 小棘狸天竺鲷
Zoramia leptacanthus **(Bleeker, 1856)**

【英文名】threadfin cardinalfish
【别　名】长刺玫瑰、蓝眼睛、玻璃玫瑰、水银灯玫瑰

第一背鳍长而尖

头部后缘和体前部具
带橘色边的蓝色条纹

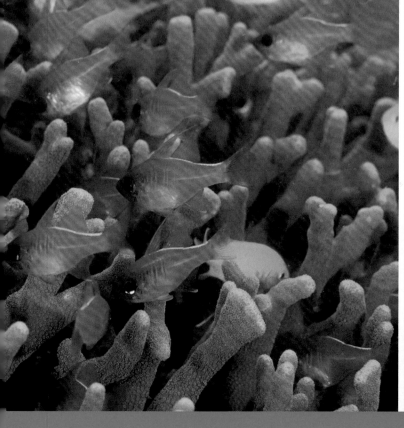

【形态特征】体长圆而侧扁。头大。吻长。眼大。**第一背鳍长而尖。**体白色，半透明，背部呈淡彩虹色；虹膜蓝色，**头部后缘和体前部具带橘色边的蓝色条纹。**最大全长6cm。

【分布范围】分布于印度洋—太平洋海域，由红海和莫桑比克至萨摩亚和汤加，北至琉球群岛，南至新喀里多尼亚及密克罗尼西亚。我国主要分布于东海和南海海域。

【生态习性】主要栖息于浅海岩礁区及沙泥底水域。分布水深为1~12m。

66. 斑穗肩鳚

Cirripectes quagga (Fowler & Ball, 1924)

【英文名】squiggly blenny

【别　名】狗鲦

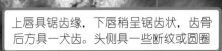

上唇具锯齿缘，下唇稍呈锯齿状，齿骨后方具一犬齿。头侧具一些断纹或圆圈

【形态特征】体长椭圆形，稍侧扁；头钝短。鼻须及眼上须羽状分支，一连串颈须横贯在颈上，头背中央的颈须连续而无缝。**上唇具锯齿缘，下唇稍呈锯齿状，齿骨后方具一犬齿。**背鳍第 1 及第 2 棘延长，背鳍棘部与软条间具缺刻，背鳍最后软条与尾柄以鳍膜相连，臀鳍不与尾柄相连。头与身体为浅褐色；眼下方具暗带斜伸至上唇，眼下缘另具一暗带；吻部具不规则黑纹；**头侧具一些断纹或圆圈**；身体布满小白点；背鳍、臀鳍黑褐色。最大全长 10cm。

【分布范围】分布于印度洋—太平洋海域，由非洲南部至夏威夷群岛等，北至日本，南至大堡礁。我国主要分布于东海和南海海域。

【生态习性】主要栖息于潮间带或礁石区。分布水深为 0~19m。

67. 缀凤鳚

Crossosalarias macrospilus Smith-Vaniz & Springer, 1971

【英文名】tripplespot blenny
【别　名】狗鲢

头部两侧腹侧各具一黑色斑点

体中部具深褐色矩形横斑

【形态特征】体延长，稍侧扁，似圆柱状；头钝短。一些颚前孔和下颚孔有卷须。背鳍棘伸长，延伸至膜外。第一背鳍基部具黑色肉质皮瓣。体呈不同色调的褐色，具多个斑点和圆点；**体中部具深褐色矩形横斑。头部两侧腹侧各具一黑色斑点。**最大全长 10cm。

【分布范围】分布于西太平洋海域，东至汤加。我国主要分布于东海和南海海域。

【生态习性】主要栖息于潮间带或礁石区。分布水深为 1~25m。

68. 巴氏异齿鳚

Ecsenius bathi Springer, 1988

【英文名】Bath's comb-tooth

【别　名】狗鳚

前鼻孔具鼻须

雄鱼体侧纵带红褐色

【形态特征】体延长，稍侧扁，似圆柱状；头钝短。**前鼻孔具鼻须**；无眼上须及颈须。齿骨后方具一犬齿。背鳍具缺刻；背鳍、臀鳍最后软条与尾柄以鳍膜相连；尾鳍鳍条均不分支。雌雄双色，**雄鱼头部橘红，体侧纵带红褐色；雌鱼头部黄色，体侧纵带黑色**。最大全长 4.4cm。

【分布范围】分布于西中太平洋海域，由印度尼西亚、马来西亚至中国。我国主要分布于东海和南海海域。

【生态习性】主要栖息于潮间带或礁石区，经常可见其停栖于大圆礁或海绵的顶端。分布水深为 3~25m。

69. 短豹鳚

Exallias brevis (Kner, 1868)

【英文名】leopard blenny

【别　名】狗鲦

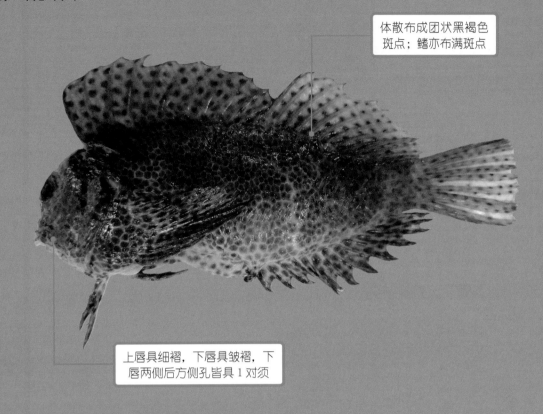

体散布成团状黑褐色斑点；鳍亦布满斑点

上唇具细褶，下唇具皱褶，下唇两侧后方侧孔皆具 1 对须

【形态特征】体长椭圆形，稍侧扁；头钝短。头顶无冠膜；两侧颈须丛生于颈侧同一膨大基部。**上唇具细褶，下唇具皱褶，下唇两侧后方侧孔皆具 1 对须；**上颌齿可自由活动，下颌齿稍可活动；上下颌无犬齿；锄骨无齿。侧线在前方具许多短侧枝。背鳍最后软条与尾柄相连，臀鳍不与尾柄相连；成熟雄鱼在臀鳍硬棘具一螺旋状膨大肉趾。**体散布成团状黑褐色斑点；鳍亦布满斑点。**最大全长 14.5cm。

【分布范围】分布于印度洋—太平洋海域，由红海、南非至夏威夷群岛、马克萨斯群岛及社会群岛，北至日本，南至新喀里多尼亚及拉帕岛等。我国主要分布于东海和南海海域。

【生态习性】主要栖息于珊瑚礁区，通常停栖于枝状珊瑚上。分布水深为 3~20m。

70. 暗纹动齿鳚

Istiblennius edentulus (Forster & Schneider, 1801)

【英文名】rippled rockskipper
【别　名】狗鰷

背鳍硬棘部另具 3~4 条白纵线，而软条部亦具白色斜线

鼻须掌状分支

臀鳍近鳍缘处具黑色带，且有 2 条白线

【形态特征】体长椭圆形，稍侧扁；头钝短。雄鱼头顶具冠膜，雌鱼无。**鼻须掌状分支**；眼上须、颈须单一不分支、上下唇平滑；无犬齿。背鳍具缺刻，最后一棘小；背鳍与尾柄相连，臀鳍不与尾柄相连；除了成熟大雄鱼外，臀鳍棘很小且埋入皮内。雄鱼体侧具 6~7 对深横带，前方 2~3 对延伸至背鳍硬棘部基底，后方横带则延伸至软条部而呈斜斑，**背鳍硬棘部另具 3~4 条白纵线，而软条部亦具白色斜线；臀鳍近鳍缘处具黑色带，且有 2 条白线**；雌鱼的体侧横带较淡；体后侧、背鳍和臀鳍具许多黑点散布。最大全长 16cm。

【分布范围】分布于印度洋—太平洋海域，由红海、非洲东岸至马克萨斯群岛及土阿莫土群岛，北至日本，南至罗德豪维岛及拉帕岛等。我国主要分布于东海和南海海域。

【生态习性】主要栖息于沿岸潮间带礁石潮池区，常藏身于洞穴或缝隙内，受惊吓时可见其用一前一后的方式跳跃于潮池与空气间。分布水深为 0~5m。

71. 条纹动齿鳚

Istiblennius lineatus (Valenciennes, 1836)

【英文名】lined rockskipper

【别　名】狗鰷

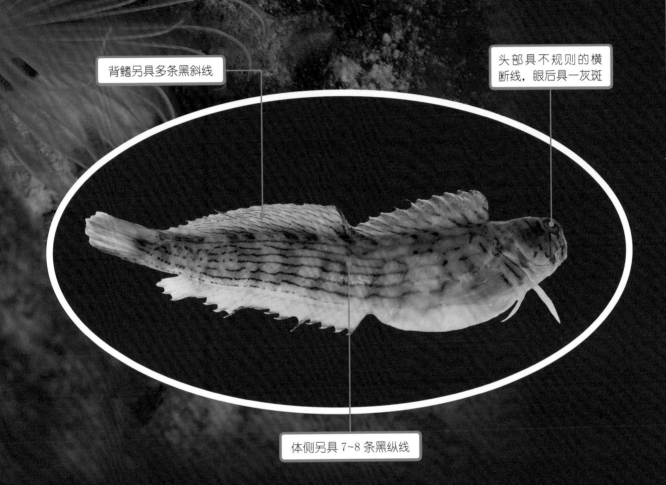

背鳍另具多条黑斜线

头部具不规则的横断线，眼后具一灰斑

体侧另具 7~8 条黑纵线

【形态特征】体长椭圆形，稍侧扁；头钝短。雄鱼头顶具冠膜，雌鱼无。鼻须、眼上须掌状分支；无颈须。上唇具锯齿缘，下唇平滑；齿小而可动，上下颌齿大小相等。背鳍具缺刻，最后一棘小；背鳍与尾柄相连，臀鳍不与尾柄相连，棘部分埋入皮内。**头部具不规则横断线，眼后具一灰斑**；体侧近背鳍处具 6~7 对黑斑点，越向下越不显，**体侧另具 7~8 条黑纵线**，但近背鳍处和体后侧较不规则，呈断裂或互相连接，雌鱼则呈点带；**背鳍另具多条黑斜线**。最大全长 15cm。

【分布范围】广泛分布于印度洋—太平洋热带海域。我国主要分布于东海和南海海域。

【生态习性】主要栖息于沿岸潮间带礁石潮池区，常藏身于洞穴或缝隙内，受惊吓时可见其用一前一后的方式跳跃于潮池与空气间。分布水深为 0~3m。

72. 金鳍稀棘䲁

Meiacanthus atrodorsalis (Günther, 1877)

【英文名】forktail blenny
【别　名】狗鲛

背鳍鲜黄色

头部由眼至背鳍起点下方具一蓝缘的黑斜斑

臀鳍前部淡蓝，后部淡黄

73. 黑带稀棘䲁

Meiacanthus grammistes (Valenciennes, 1836)

【英文名】striped poison-fang blenny
【别　名】狗鲛

背鳍外缘和基部黑色，中间灰白色

尾柄具许多黑斑；尾鳍不全黑或具黑点

【形态特征】体延长，稍侧扁。头顶无冠膜，无须。鳃裂下缘恰在胸鳍基上方。下颌两侧的扩大犬齿具深沟和毒腺。背鳍无缺刻，背鳍、臀鳍与尾柄相连；尾鳍截形或成梳状缘，成熟雄鱼尾鳍上下鳍条延长。**头部由眼至背鳍起点下方具一蓝缘的黑斜斑，向背鳍延伸而成一短斑；背鳍鲜黄色；臀鳍前部淡蓝，后部淡黄；尾鳍淡黄色，上下缘鲜黄色。**最大全长 11cm。

【分布范围】分布于西太平洋海域，由印度尼西亚巴厘岛至萨摩亚，北至琉球群岛，南至大堡礁及拉帕岛。我国主要分布于东海和南海海域。

【生态习性】主要栖息于潟湖或面海礁石水域。分布水深为 1~30m。

由头部至尾柄具 3 条黑纵带

臀鳍外缘黑色，基部具黑点

【形态特征】体延长，稍侧扁。头顶无冠膜，无须。鳃裂下缘恰在胸鳍基上方。下颌两侧的扩大犬齿具深沟和毒腺。背鳍无缺刻，背鳍、臀鳍与尾柄相连；尾鳍截形或内凹，成熟雄鱼尾鳍上下鳍条延长。活鱼时，除下腹部及体侧中央为白色至淡褐色外，身体为浅黄色；**另由头部至尾柄具 3 条黑纵带；尾柄具许多黑斑；背鳍外缘和基部黑色，中间灰白色；臀鳍外缘黑色，基部具黑点；尾鳍不全黑或具黑点；胸及腹鳍灰白色。**最大全长 11cm。

【分布范围】分布于西太平洋海域，由印度尼西亚至巴布亚新几内亚，北至琉球群岛，南至澳大利亚西部及大堡礁。我国主要分布于东海和南海海域。

【生态习性】主要栖息于潟湖或面海礁石水域。分布水深为 1~20m。

74. 窄体短带鳚

Plagiotremus tapeinosoma (Bleeker, 1857)

【英文名】piano fangblenny

【别　名】狗鲢

鳚科 Blenniidae

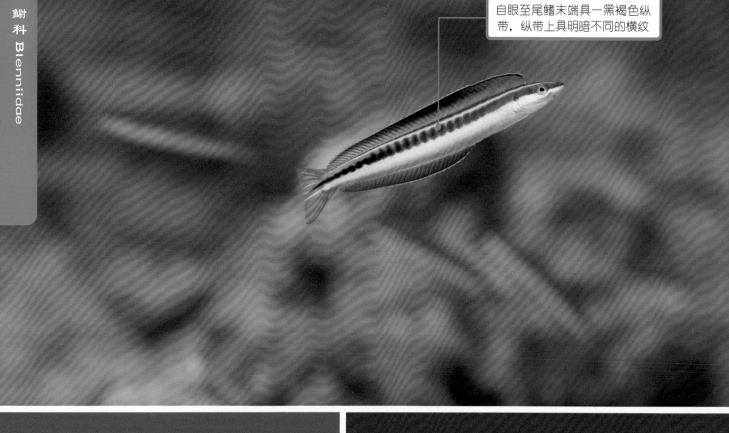

自眼至尾鳍末端具一黑褐色纵带，纵带上具明暗不同的横纹

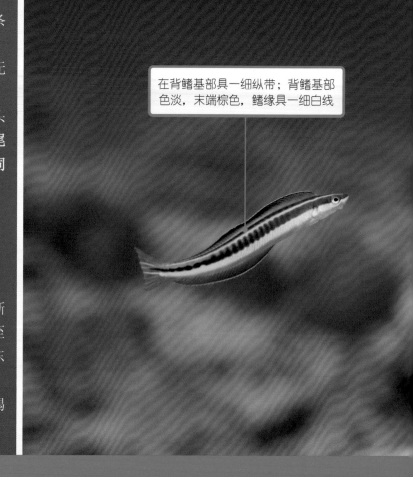

在背鳍基部具一细纵带；背鳍基部色淡，末端棕色，鳍缘具一细白线

【形态特征】体长形；鳃裂至胸鳍最末软条基部。头无须；吻为肉质状的圆锥形，口下位；齿骨具一弯曲大犬齿。无侧线。背鳍连续无缺刻；背鳍、臀鳍和尾柄相连；尾鳍内凹形，具梳状后缘。头部在眼下缘以上为褐色，头下半部灰白色；体灰白至浅褐色，**自眼至尾鳍末端具一黑褐色纵带，纵带上具明暗不同的横纹；纵带上方在背鳍基部另具一细纵带；背鳍基部色淡，末端棕色，鳍缘具一细白线；**臀鳍与背鳍相同；除尾鳍内侧软条外，尾鳍、胸鳍和腹鳍灰白色。最大全长14cm。

【分布范围】分布于印度洋—太平洋海域，西起红海至南非，东至莱恩群岛、马克萨斯群岛及土阿莫土群岛，北至日本南部，南至新西兰、罗德豪维岛等。我国主要分布于东海和南海海域。

【生态习性】主要栖息于清澈且长满珊瑚的潟湖区或珊瑚礁面海面。分布水深为1~45m。

75. 细纹凤鳚

Salarias fasciatus (Bloch, 1786)

【英文名】jewelled blenny
【别　名】狗鰊、花鰊仔、跳海仔

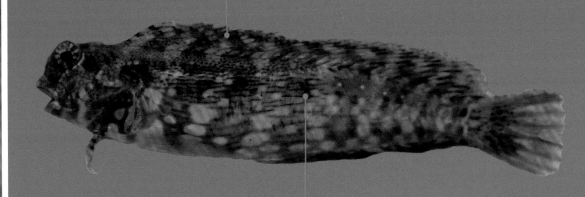

背鳍基部具小黑斑形成的网状纹

体侧具 8 对黑褐带在背鳍、臀鳍中央基部形成成对的黑点

【形态特征】体长椭圆形，稍侧扁；头钝短。头顶无冠膜；鼻须、眼上须和颈须分支。上下唇平滑，齿小可动，上下颚齿大小相同。背鳍缺刻浅，背鳍与尾柄相连，臀鳍部分与尾柄相连。**体侧具 8 对黑褐带在背鳍、臀鳍中央基部形成成对的黑点**；身体前部中央具许多黑纹及 1 列黑点；2 条黑褐色带由眼部经头部下方至另一眼；头顶、眼眶和上唇具许多黑点；另具 3 条黑褐带穿过腹部；第 1 条经过腹鳍基，第 2 条在胸鳍基间，第 3 条在腹鳍基和肛门间；**背鳍基部具小黑斑形成的网状纹**；腹鳍、胸鳍、臀鳍和尾鳍皆散布黑褐色小点。最大全长14cm。

【分布范围】分布于印度洋—太平洋海域，由红海、南非至萨摩亚，北至日本，南至大堡礁、新喀里多尼亚等。我国主要分布于东海和南海海域。

【生态习性】主要栖息于沿岸具藻丛的珊瑚礁平台或潟湖区，或是礁沙混合但藻类丛生的区域。分布水深为 0~8m。

76. 黑带鳞鳍梅鲷

Pterocaesio tile (Cuvier, 1830)

【英文名】dark-banded fusilier
【别　名】乌尾冬仔、红尾冬、乌尾冬、青尾冬

体侧沿侧线具一黑褐色纵带直行至尾柄背部，并与尾鳍上叶的黑色纵带相连

尾鳍下叶亦有黑色纵带

【形态特征】体呈长纺锤形。口小，端位；上颌骨具有伸缩性，且多少被眶前骨所掩盖；前上颌骨具2个指状突起；上下颌前方具一细齿，锄骨无齿。体被中小型栉鳞，背鳍及臀鳍基底上方一半的区域均被鳞；侧线完全且平直，仅于尾柄前稍弯曲。**体背蓝绿色，腹面粉红色，体侧沿侧线具一黑褐色纵带直行至尾柄背部，并与尾鳍上叶的黑色纵带相连。各鳍红色；尾鳍下叶亦具黑色纵带。**最大全长30cm。

【分布范围】分布于印度洋—西太平洋的热带海域，西起非洲东岸，东至马克萨斯群岛，北至日本，南至新喀里多尼亚。我国主要分布于东海和南海海域。

【生态习性】主要栖息于沿岸潟湖或礁石区陡坡外围清澈海域。分布水深为1~60m。

77. 平线若鲹
Carangoides ferdau (Fabricius, 1775)

【英文名】blue trevally
【别　名】甘仔鱼、印度平鲹、白鲹仔、瓜仔

尾鳍具黑色缘

【形态特征】体呈椭圆形。头背轮廓仅略突出于腹部轮廓。吻钝圆。上下颌约略等长，上颌末端延伸至眼前缘下方。脂眼睑不发达。体被小圆鳞；胸部裸露区，自胸部 1/3 处向下延伸，后缘仅达腹鳍基底起点。第二背鳍与臀鳍同形，前方鳍条呈弯月形，随成长而渐缩短，成鱼时，长度等于或略小于头长。体背蓝绿色，腹部银白色。**体侧具显著的暗褐色横斑，侧线上方或散布不显著的金黄色小点，或无。各鳍呈黄色；臀鳍具白色缘；尾鳍具黑色缘。**最大全长 70cm。

【分布范围】分布于印度洋—太平洋海域，西起非洲东岸，东至夏威夷群岛，北至日本，南至澳大利亚海域。我国主要分布于东海和南海海域。

【生态习性】主要栖息于礁沙底质水域。分布水深为 1~60m。

体侧具显著的暗褐色横斑

78. 珍鲹

***Caranx ignobilis* (Forsskål, 1775)**

【英文名】giant trevally

【别　名】牛港鲹、牛港瓜仔、牛公瓜仔、流氓瓜仔、牛港过、白鮕仔、瓜仔

侧线前部弯曲大，直走部始于第二背鳍第 6~7 软条下方

吻钝

【形态特征】体呈卵圆形，侧扁而高。头背部高度弯曲，头腹部则几乎呈直线。脂眼睑普通发达，前部达眼的前缘，后部达瞳孔后缘，留下略呈半圆的缝隙。**吻钝**。上颌末端延伸至瞳孔后缘。体被圆鳞，胸部仅于腹鳍基部前方裸露无鳞，除了腹鳍基部前方有一小区域被鳞。**侧线前部弯曲大，直走部始于第二背鳍第 6~7 软条下方，直走部几全为棱鳞。**第二背鳍与臀鳍同形，前方鳍条呈弯月形，不延长为丝状。体背蓝绿色，腹部银白色。各鳍银白色至淡黄色。鳃盖后缘无任何黑斑，体侧亦无任何斑纹。最大全长 170cm。

【分布范围】广泛分布于印度洋—西太平洋的热带及亚热带海域，西起非洲东岸，东至夏威夷群岛，北至日本南部，南至澳大利亚北部海域。我国主要分布于东海和南海海域。

【生态习性】成鱼多单独栖息于具清澈水质的潟湖或面海的礁区，幼鱼常出现于河口区域。分布水深为 10~188m。

鲹科 Carangidae

79. 黑尻鲹

Caranx melampygus Cuvier, 1833

【英文名】bluefin trevally
【别　名】甘仔鱼、白皓仔、瓜仔

除胸鳍为淡黄色外，
各鳍淡灰色或暗灰色

头部及体侧上半部也
逐渐出现蓝黑色小点

【形态特征】体呈长椭圆形。背部轮廓仅略比腹部轮廓弯曲。头背部适度弯曲。吻稍尖。上下颌约略等长，上颌末端延伸至眼前缘下方。脂眼睑不发达，前部仅一小部分，后部在大型成鱼时可达眼后缘。体被小型圆鳞，胸部完全具鳞。侧线前部中度弯曲，直走部始于第二背鳍第5~6软条的下方，直走部几全为棱鳞。第二背鳍与臀鳍同形，前方鳍条呈弯月形，不延长为丝状。幼鱼时，体色银灰，除胸鳍为淡黄色外，各鳍淡灰色或暗灰色。随着成长，体背逐渐呈蓝灰色，腹部银白色，头部及体侧上半部也逐渐出现蓝黑色小点。最大全长126.59cm。

【分布范围】广泛分布于印度洋—太平洋的热带及亚热带海域。西起非洲东岸的南部，东至马费士群岛，北至日本南部，南至澳大利亚等海域。我国主要分布于东海和南海海域。

【生态习性】主要栖息于近沿海礁石底质水域，幼鱼时偶尔可发现于沿岸沙泥底质水域，稚鱼时可发现于河口区，甚至河川下游。分布水深为0~190m。

80. 六带鲹

Caranx sexfasciatus **Quoy & Gaimard, 1825**

【英文名】bigeye trevally
【别　名】甘仔鱼、红目瓜仔、红目鲭、大瓜仔

> 侧线前部中度弯曲，直走部始于第二背鳍第 4~5 软条的下方

【形态特征】体呈长椭圆形，侧扁而高。背部平滑弯曲，腹部则缓。脂眼睑发达，前部达眼前缘，后部可达瞳孔后缘。吻稍尖。上颌末端延伸至眼后缘下方。体被圆鳞，胸部完全具鳞。**侧线前部中度弯曲，直走部始于第二背鳍第 4~5 软条的下方，直走部全为棱鳞。**幼鱼时，体侧具黑色的横带；中鱼时，体背蓝色，腹部银白，体侧横带开始不甚明显，各鳍银白色或淡黄色，尾鳍另具黑缘；成鱼时，体侧呈橄榄绿，腹部银白；第二背鳍墨绿至黑色，前方鳍条末端具白缘。棱鳞一致为暗褐色至黑色。鳃盖后缘上方具一小黑点，大小不及瞳孔的一半。最大全长 120cm。

【分布范围】广泛分布于印度洋—太平洋的温带及热带海域。我国主要分布于黄海、东海和南海海域。

【生态习性】主要栖息于近沿海礁石底质水域，幼鱼时偶尔可发现于沿岸沙泥底质水域，稚鱼时可发现于河口区，甚至河川的中下游。分布水深为 0~146m。

81. 长颌似鲹
Scomberoides lysan (Forsskål, 1775)

【英文名】doublespotted queenfish
【别　名】七星仔、棘葱仔、鬼平、刺葱仔、刺葱

【形态特征】体延长，甚侧扁。吻尖，长于眼径。下颌突出于上颌，上颌末端延伸至眼后缘下方。脂眼睑不发达。背、腹部轮廓约略相同，后头部微凹入。第一背鳍棘间无膜相连，仅有一小膜与基底相连；第二背鳍与臀鳍同形且约略等长，但无真正离鳍亦无凹槽。头部无鳞，体被枪头形小圆鳞，多少埋于皮下。侧线前半部呈波浪状，无棱鳞。**体背蓝黑色，腹部银白色**。头侧眼上缘具一黑色短纵带；新鲜时，体侧沿侧线上下各具 1 列 6~8 个铅灰色圆斑，但死后会逐渐消失，幼鱼期完全没有圆斑。最大全长 110cm。

【分布范围】分布于印度洋—太平洋的热带及温带海域。我国主要分布于东海和南海海域。

【生态习性】主要栖息于具有清澈水质的潟湖区或近沿海礁石区水域。分布水深为 0~100m。

体背蓝黑色，腹部银白色

82. 斐氏鲳鲹
Trachinotus baillonii (Lacepède, 1801)

【英文名】small spotted dart

【别　名】卵鲹、红鲹、油面仔、幽面仔、斐氏黄腊鲹、南风穴仔、甘仔鱼、红纱

体侧具 1~5 个黑色斑点横越在侧线上

【形态特征】体呈长椭圆形，甚侧扁，随着成长而逐渐向后延长。尾柄短细，背腹侧无肉质棱脊亦无凹槽。吻钝。眼小，脂眼睑不发达。上下颌、锄骨和腭骨均具细小的绒毛状齿，随着成长而渐退化；舌面一般无齿。侧线几呈直线状或微波状，无棱鳞。无离鳍。第一背鳍具硬棘，幼鱼时具鳍膜，随着成长而渐呈游离状；第二背鳍与臀鳍同形，前方鳍条延长而呈弯月形；无离鳍；尾鳍深叉，末端尖细而长。体背蓝灰，腹部银白；**体侧具 1~5 个黑色斑点横越在侧线上**，但小鱼无此斑点。各鳍暗褐色、黑色或淡黄色。最大全长60cm。

【分布范围】分布于印度洋—西太平洋的温暖水域。我国主要分布于东海和南海海域。

【生态习性】主要栖息于沿海礁岩底质浅水海域，但常可发现其出现于沙泥质的激浪区。分布水深为 0~3m。

83. 丝蝴蝶鱼

Chaetodon auriga (Forsskål, 1775)

【英文名】threadfin butterflyfish
【别　名】人字蝶、白刺蝶、碟仔、白虱鬓、金钟、米统仔

背鳍和臀鳍具黑缘

尾鳍后端前具带
黑缘的黄色横带

【形态特征】体高而呈椭圆形；头部上方轮廓平直，鼻区处稍内凹。吻尖，但不延长为管状。前鼻孔具鼻瓣。前鳃盖缘具细锯齿；鳃盖膜与峡部相连。两颌齿细尖密列。体被大型鳞片，菱形，呈斜上排列；侧线向上陡升至背鳍第 9 棘下方而下降至背鳍基底末缘下方。背鳍单一，成鱼的软条部末端延长如丝状。体前部银白至灰黄色，后部黄色；体侧前上方具向后斜上暗带，后下方则具向前方斜上的暗带，二者彼此呈直角交会；眼带于眼上方窄于眼径，眼下方则宽于眼径；**背鳍和臀鳍具黑缘；尾鳍后端前具带黑缘的黄色横带**；幼鱼及成鱼于背鳍软条部均具眼斑。最大全长 23cm。

【分布范围】分布于印度洋—太平洋海域，西起红海、非洲东部，东至夏威夷群岛、马克萨斯群岛及迪西岛，北至日本南部，南至罗德豪维岛及拉帕岛。我国主要分布于东海和南海海域。

【生态习性】主要栖息于碎石区、藻丛、岩礁或珊瑚礁区，单独、成对或小群游动。分布水深为 1~60m。

84. 叉纹蝴蝶鱼

Chaetodon auripes **(Jordan & Snyder, 1901)**

【英文名】oriental butterflyfish
【别　名】黑头蝶、金色蝶、条纹蝶、角蝶仔、虱鬓、黄盘、红司公

眼带后另具一白色横带

尾鳍后端具窄于眼径的黑色横带，其后另具白缘

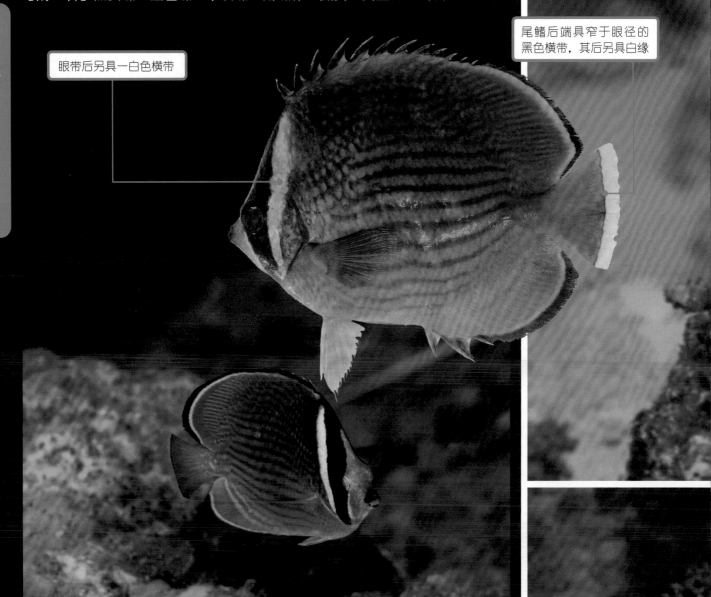

【形态特征】体高而呈卵圆形；头部上方轮廓平直或稍突。吻尖，但不延长为管状。前鼻孔具鼻瓣。前鳃盖缘具细锯齿；鳃盖膜与峡部相连。两颌齿细尖密列。体被中型鳞片，体上半部呈斜上排列，体下半部呈水平排列；侧线向上陡升至背鳍第 9~10 棘下方而下降至背鳍基底末缘下方。体黄褐色，体侧具水平暗褐色纵带，在侧线上方前部则呈间断的暗褐色斑点带；眼带窄于眼径，**眼带后另具一白色横带**；背鳍和臀鳍具黑缘；**尾鳍后端具窄于眼径的黑色横带，其后另具白缘**；幼鱼背鳍软条部具眼斑。最大全长 20cm。

【分布范围】分布于西太平洋海域，包括日本和中国。我国主要分布于东海和南海海域。

【生态习性】主要栖息于港口防波堤、碎石区、藻丛、岩礁或珊瑚礁区等。分布水深为 1~30m。

85. 双丝蝴蝶鱼
Chaetodon bennetti (Cuvier, 1831)

【英文名】bluelashed butterflyfish
【别　名】本氏蝶、蝶仔、红司公

蝴蝶鱼科 Chaetodontidae

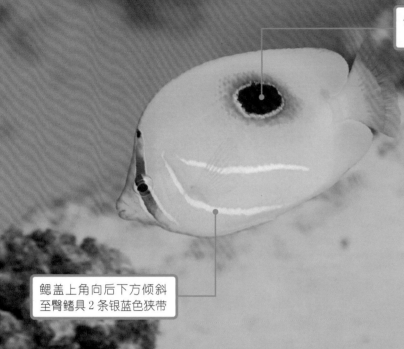

体侧上方具一镶银蓝色缘的大黑斑

鳃盖上角向后下方倾斜至臀鳍具2条银蓝色狭带

【形态特征】体高而呈卵圆形；头部上方轮廓略平直。吻尖，但不延长为管状。前鼻孔具鼻瓣。前鳃盖缘具细锯齿；鳃盖膜与峡部相连。两颌齿细尖密列。体被大型鳞片；侧线向上陡升至背鳍第9~10棘下方而下降至背鳍基底末缘下方。体金黄色，体侧上方具一镶银蓝色缘的大黑斑；头部黑色眼带窄于眼径，但在眼下方较宽，不向后延伸达腹鳍前缘，黑色带前后镶银蓝色缘；由鳃盖上角向后下方倾斜至臀鳍具2条银蓝色狭带。奇鳍后缘及尾鳍后部灰黑色，其余各鳍黄色。最大全长20cm。

【分布范围】分布于印度洋—太平洋海域，自非洲东部至皮特凯恩群岛，北至日本，南至罗德豪维岛及拉帕岛。我国主要分布于东海和南海海域。

【生态习性】主要栖息于潟湖及面海的珊瑚礁区。分布水深为1~30m。

86. 密点蝴蝶鱼

Chaetodon citrinellus (Cuvier, 1831)

【英文名】speckled butterflyfish

【别　名】胡麻蝶、蝶仔、红司公

87. 鞭蝴蝶鱼

体后上方具一大型卵形黑斑

Chaetodon ephippium (Cuvier, 1831)

【英文名】saddle butterflyfish

【别　名】月光蝶、蝶仔、红司公、米统仔

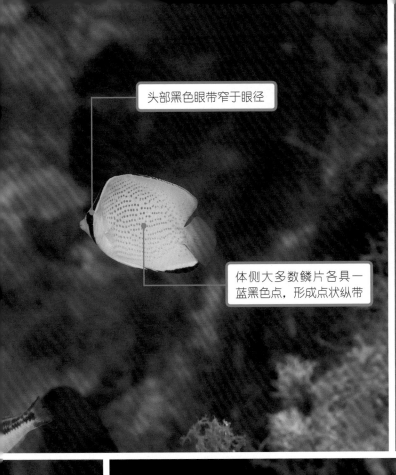

头部黑色眼带窄于眼径

体侧大多数鳞片各具一蓝黑色点，形成点状纵带

【形态特征】体高而呈卵圆形；头部上方轮廓略为弧形。吻尖，但不延长为管状。前鼻孔具鼻瓣。前鳃盖缘具细锯齿；鳃盖膜与峡部相连。两颌齿细尖密列。体被中大型鳞片；侧线向上陡升至背鳍第9~10棘下方而下降至背鳍基底末缘下方。体鲜黄色至几近白色，**体侧大多数鳞片各具一蓝黑色点，形成点状纵带；头部黑色眼带窄于眼径**，不向后延伸达腹鳍前缘，眼带前后具黄色缘。各鳍与体同色，臀鳍另具黑缘。最大全长13cm。

【分布范围】分布于印度洋—太平洋海域，自非洲东部至夏威夷群岛，北至日本南部，南至澳大利亚，包括密克罗尼西亚群岛。我国主要分布于东海和南海海域。

【生态习性】主要栖息于浅水域的礁盘、潟湖及面海的珊瑚礁水域。分布水深为1~36m。

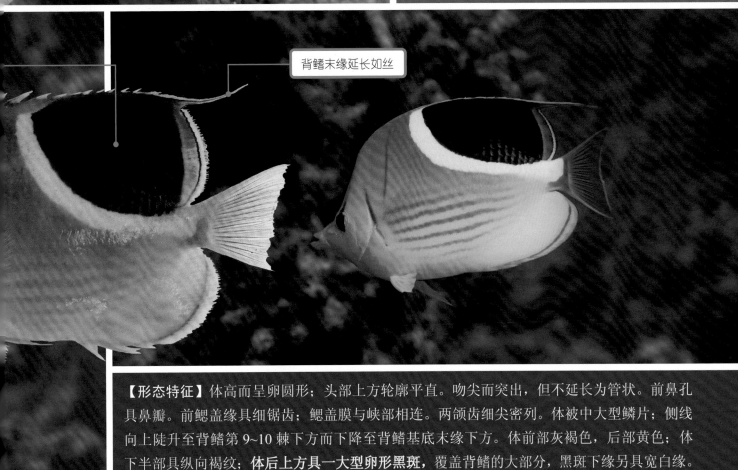

背鳍末缘延长如丝

【形态特征】体高而呈卵圆形；头部上方轮廓平直。吻尖而突出，但不延长为管状。前鼻孔具鼻瓣。前鳃盖缘具细锯齿；鳃盖膜与峡部相连。两颌齿细尖密列。体被中大型鳞片；侧线向上陡升至背鳍第9~10棘下方而下降至背鳍基底末缘下方。体前部灰褐色，后部黄色；体下半部具纵向褐纹；**体后上方具一大型卵形黑斑，覆盖背鳍的大部分，黑斑下缘另具宽白缘**。幼鱼具黑色眼带，随着成长逐渐消失，仅于眼部仍具些许痕迹；幼鱼尾柄亦具伪装的眼斑，但随着成长而完全消失。**背鳍末缘延长如丝**，且与尾柄皆具橙色带缘；臀鳍白色而具橙色带及黄色缘；尾鳍上下及末端皆具黄色至橙色缘。最大全长30cm。

【分布范围】分布于印度洋—太平洋海域，自科科斯群岛至夏威夷群岛，北至日本南部，南至澳大利亚，包括密克罗尼西亚群岛。我国主要分布于东海和南海海域。

【生态习性】主要栖息于浅海岩礁区及沙泥底水域。分布水深为0~30m。

88. 珠蝴蝶鱼

Chaetodon kleinii **(Bloch, 1790)**

【英文名】 sunburst butterflyfish

【别　名】 波萝蝶、蓝头蝶、角蝶仔、红司公、虱鬃

蝴蝶鱼科 Chaetodontidae

【形态特征】 体高而呈卵圆形；头部上方轮廓平直。吻尖，但不延长为管状。前鼻孔具鼻瓣。前鳃盖缘具细锯齿；鳃盖膜与峡部相连。两颌齿细尖密列。体被中型鳞片；侧线向上陡升至背鳍第9~10棘下方而下降至背鳍基底末缘下方。体淡黄色，**吻端暗褐色；体侧于背鳍硬棘前部及后部的下方各具一不明显的暗褐色带**；头部黑色眼带略窄于眼径，在眼上下方约等宽，且向后延伸达腹鳍前缘。背鳍及臀鳍软条部后部具黑纹及白色缘；腹鳍黑色；胸鳍淡黄色；尾鳍黄色而具黑缘。最大全长15cm。

【分布范围】 分布于印度洋—太平洋海域，西起红海、非洲东部，东至夏威夷群岛及萨摩亚群岛，北至日本南部，南至澳大利亚。我国主要分布于东海和南海海域。

【生态习性】 主要栖息于较深的潟湖、海峡及面海的珊瑚礁区。分布水深为4~61m。

89. 细纹蝴蝶鱼

***Chaetodon lineolatus* (Cuvier, 1831)**

【英文名】lined butterflyfish
【别　名】黑影蝶、新月蝶、黑蝶仔、红司公、米统仔

自背鳍硬棘部后端基部斜下至臀鳍
软条部后端基部具新月形黑斑带

背鳍及臀鳍软条部黄色

吻端暗褐色

【形态特征】体高而呈椭圆形；头部上方轮廓略呈弧形，鼻区处稍内凹。吻尖而突出，但不延长为管状。前鼻孔具鼻瓣。前鳃盖缘具细锯齿；鳃盖膜与峡部相连。两颌齿细尖密列。体被大型鳞片，角形，体上半部呈斜上排列，下半部水平排列；侧线向上陡升至背鳍第 11~12 棘下方而下降至背鳍基底末缘下方。背鳍单一，成鱼软条部末端延长如丝状。体前部银白至白色，后部黄色；吻部暗褐色；体侧具许多窄的暗褐色横带；眼带宽于眼径；成鱼自背鳍硬棘部后端基部斜下至臀鳍软条部后端基部具新月形黑斑带，幼鱼较短，仅于体上半部具此斑，尾柄上具眼斑。**背鳍及臀鳍软条部黄色**；尾鳍黄色而后端具黑缘；腹鳍及胸鳍淡黄色。最大全长 30cm。

【分布范围】分布于印度洋—太平洋海域，西起红海、非洲东部，东至夏威夷群岛、马克萨斯群岛及迪西岛，北至日本南部，南至罗德豪维岛及大堡礁。我国主要分布于东海和南海海域。

【生态习性】主要栖息于潟湖及面海的珊瑚礁水域。分布水深为 2~171m。

90. 新月蝴蝶鱼

Chaetodon lunula (Lacepède, 1802)

【英文名】raccoon butterflyfish

【别　名】月眉蝶、月鲷、蝶仔、红司公、虱鬏

【形态特征】体高而呈卵圆形；头部上方轮廓平直。吻尖，但不延长为管状。前鼻孔具鼻瓣。前鳃盖缘具细锯齿；鳃盖膜与峡部相连。两颌齿细尖密列。体被中大型鳞片；侧线向上陡升至背鳍第 9 棘下方而下降至背鳍基底末缘下方。体黄色至黄褐色；体侧于胸鳍上方至背鳍第 5 棘基部具一斜的黑色带，腹鳍前方至背部后方具黑点形成斜点带纹；头部黑色眼带略宽于眼径，但仅向下延伸至鳃盖缘，**眼带后方另具一宽白带**。幼鱼尾柄及背鳍软条部各具一黑点，且尾鳍近基部具黑线纹，随着成长，背鳍软条部的黑点及尾鳍近基部的黑线纹逐渐消失，取而代之的是尾柄的黑点向上扩展，沿背鳍软条部基底而形成一狭带。成鱼背鳍及臀鳍具黑缘；腹鳍黄色；胸鳍淡黄色；**尾鳍黄色，末端具黑纹而有白缘**。最大全长 20cm。

【分布范围】分布于印度洋—太平洋海域，西起红海、非洲东部，东至夏威夷群岛、马克萨斯群岛及迪西岛，北至日本南部，南至罗德豪维岛及拉帕岛。我国主要分布于东海和南海海域。

【生态习性】主要栖息于潮池、珊瑚礁区、岩石礁区、海藻区或石砾区。分布水深为 0~170m。

尾鳍黄色，末端具黑纹而有白缘

眼带后方另具一宽白带

蝴蝶鱼科 Chaetodontidae

91. 弓月蝴蝶鱼

Chaetodon lunulatus Quoy & Gaimard, 1825

【英文名】oval butterflyfish

【别　名】冬瓜蝶、蝶仔

背鳍及臀鳍软条部都具镶黄边的黑色带

【形态特征】体高而呈椭圆形；头部上方轮廓平直。吻短而略尖。前鼻孔具鼻瓣。前鳃盖缘具细锯齿；鳃盖膜与峡部相连。两颌齿细尖密列，上下颌呈齿带。体被中型鳞片；侧线向上陡升至背鳍第13~14棘下方而下降至背鳍基底末缘下方。体乳黄色；体侧具紫蓝色纵带；头部黄色，另具黑色横带，中间横带即为眼带，窄于眼径，止于喉峡部。背鳍及尾鳍灰色；臀鳍橘黄色；**背鳍软条部、臀鳍软条部及尾鳍基底均具镶黄边的黑色带**；腹鳍黄色；胸鳍透明或淡黄色。最大全长26.7cm。

【分布范围】分布于西中太平洋海域，包括琉球群岛至澳大利亚北部，印度尼西亚西部至夏威夷群岛等水域。我国主要分布于东海和南海海域。

【生态习性】主要栖息于潟湖及面海的珊瑚礁水域。分布水深为3~30m。

92. 黑背蝴蝶鱼

Chaetodon melannotus **Bloch & Schneider, 1801**

【英文名】blackback butterflyfish

【别　名】太阳蝶、曙色蝶、蝶仔、红司公、米统仔

蝴蝶鱼科 Chaetodontidae

尾鳍前半部黄色，后半部灰白色，中间具黑纹

头部镶黄缘的黑色眼带窄于眼径

【形态特征】体高而呈卵圆形；头部上方轮廓平直。吻尖，但不延长为管状。前鼻孔具鼻瓣。前鳃盖缘具细锯齿；鳃盖膜与峡部相连。两颌齿细尖密列。体被中型鳞片，圆形，全为斜上排列；侧线向上陡升至背鳍第 9 棘下方而下降至背鳍基底末缘下方。体淡黄色，背部黑色；体侧具斜向后上方的暗黑色纹；**头部镶黄缘的黑色眼带窄于眼径**，仅延伸至喉峡部。各鳍金黄色；胸鳍透明或淡黄色，仅基部黄色；**尾鳍前半部黄色，后半部灰白色，中间具黑纹**。最大全长 18cm。

【分布范围】分布于印度洋—太平洋海域，西起红海、非洲东部，东至萨摩亚，北至日本南部，南至罗德豪维岛。我国主要分布于东海和南海海域。

【生态习性】主要栖息于潟湖、礁盘及面海的珊瑚礁水域。分布水深为 2~20m。

93. 华丽蝴蝶鱼

Chaetodon ornatissimus Cuvier, 1831

【英文名】ornate butterflyfish

【别　名】斜纹蝶、角蝶仔、红司公、虱鬖

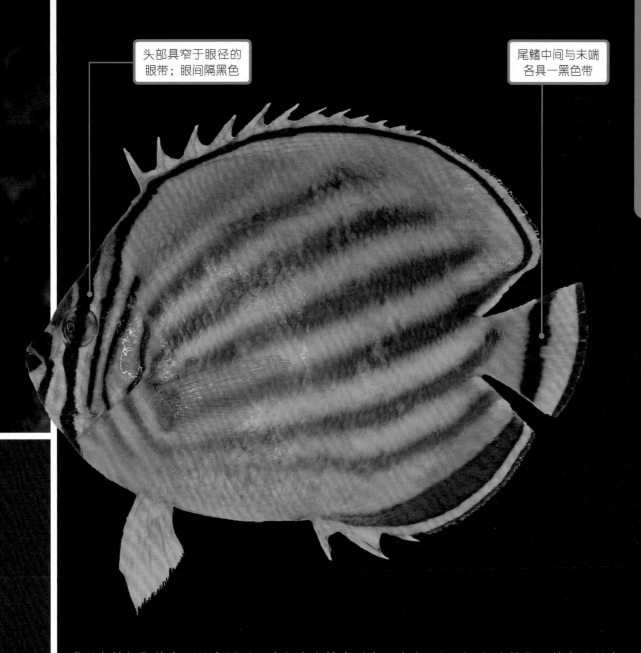

头部具窄于眼径的
眼带；眼间隔黑色

尾鳍中间与末端
各具一黑色带

【形态特征】体高而呈卵圆形；头部上方轮廓平直。吻尖，但不延长为管状。前鼻孔具鼻瓣。前鳃盖缘具细锯齿；鳃盖膜与峡部相连。两颌齿细尖密列。体被小型鳞片，多为圆形；侧线向上陡升至背鳍第9~10棘下方而下降至背鳍基底末缘下方。体白色至灰白色，头部、体背部及体腹部黄色；体侧具斜向后上方橙色至黄褐色横带；**头部具窄于眼径的眼带；眼间隔黑色**；吻部具一向下短黑带；下唇亦为黑色。奇鳍具黑色缘；胸鳍、腹鳍黄色；**尾鳍中间与末端各具一黑色带**。最大全长20cm。

【分布范围】分布于印度洋—太平洋海域，西起斯里兰卡，东至夏威夷群岛、马克萨斯群岛及迪西岛，北至日本南部，南至罗德豪维岛及拉帕岛。我国主要分布于东海和南海海域。

【生态习性】主要栖息于浅海岩礁区及沙泥底水域。分布水深为1~36m。

94. 斑带蝴蝶鱼

Chaetodon punctatofasciatus Cuvier, 1831

【英文名】spotband butterflyfish

【别　名】虎皮蝶、繁纹蝶、虱鬃

头部具窄于眼径的镶黑及白边的金黄色眼带

尾鳍基部黄色，中间具一黑色带，后端淡黑色

【形态特征】体高而呈卵圆形；头部上方轮廓平直。吻尖，但不延长为管状。前鼻孔具鼻瓣。前鳃盖缘具细锯齿；鳃盖膜与峡部相连。两颌齿细尖密列。体被中型鳞片，圆形至稍角形；侧线向上陡升至背鳍第 9~10 棘下方而下降至背鳍基底末缘下方。体柠檬黄色，腹部淡黄色；体侧各鳞片具一暗点，接近鳍部的斑点较小；体侧上半部另具暗黑色横带；**头部具窄于眼径的镶黑及白边的金黄色眼带**；颈背黑色；尾柄橘色。背鳍、臀鳍具金黄色缘，内侧具黑线纹；胸鳍、腹鳍淡黄色；尾鳍基部黄色，中间具一黑色带，后端淡黑色。最大全长 12cm。

【分布范围】分布于印度洋—太平洋海域，由印度洋的圣诞岛至莱恩群岛，北至日本，南至大堡礁。我国主要分布于东海和南海海域。

【生态习性】主要栖息于珊瑚聚集区、清澈的潟湖及面海的礁区，也常栖息于礁盘的外围。分布水深为 1~45m。

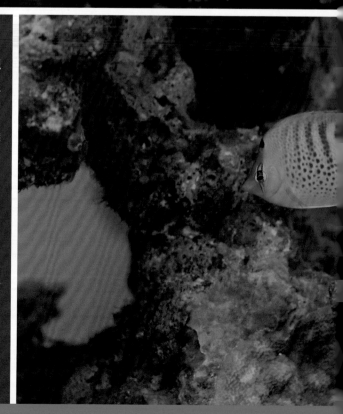

95. 格纹蝴蝶鱼

Chaetodon rafflesii Anonymous (Bennett), 1830

【英文名】latticed butterflyfish

【别　名】网蝶、蝶仔

尾鳍具一黑色带，末梢灰黑色

背鳍软条后缘黑色

臀鳍缘具一窄黑纹

【形态特征】体高而呈卵圆形；头部上方轮廓平直，鼻区处凹陷。吻突出而尖，但不延长为管状。前鼻孔具鼻瓣。前鳃盖缘具细锯齿；鳃盖膜与峡部相连。两颌齿细尖密列。体被中型鳞片，角形；侧线向上陡升至背鳍第 10~11 棘下方而下降至背鳍基底末缘下方。体及头部柠檬黄色；体侧鳞片具斑点，形成平行交叉的条纹；头部具窄于眼径黑色眼带，仅向下延伸至鳃盖缘。各鳍皆黄色；背鳍软条后缘黑色；臀鳍缘具一窄黑纹；**尾鳍具一黑色带，末梢灰黑色**。幼鱼背鳍软条部具眼点，随着成长而渐消失。最大全长 18cm。

【分布范围】分布于印度洋—太平洋海域，自斯里兰卡至土阿莫土群岛，北至日本南部，南至大堡礁。我国主要分布于东海和南海海域。

【生态习性】主要栖息于珊瑚礁丛生的潟湖、礁盘或面海的礁区。分布水深为 1~15m。

96. 镜斑蝴蝶鱼

Chaetodon speculum **Cuvier, 1831**

【英文名】mirror butterflyfish

【别　名】黄镜斑、黄一点、红司公、黄虱鬓

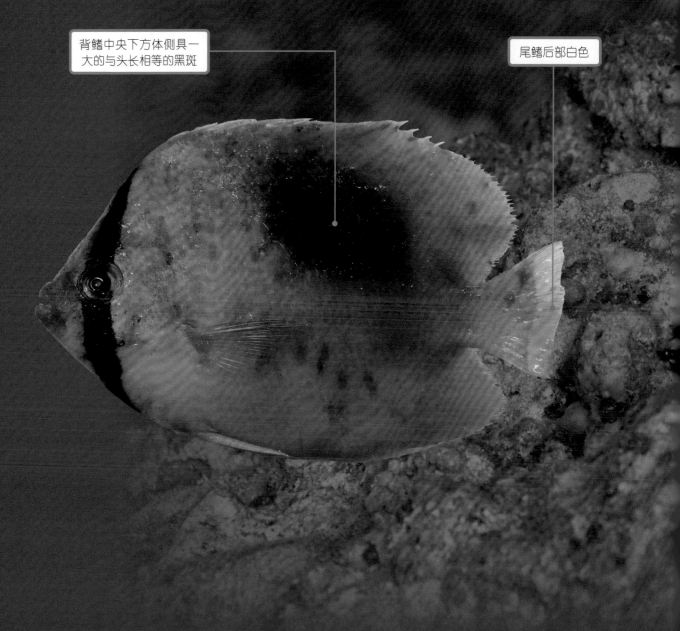

背鳍中央下方体侧具一大的与头长相等的黑斑

尾鳍后部白色

【形态特征】体高而呈卵圆形；头部上方轮廓微凸起，鼻区处凹陷。吻微突出。前鼻孔具鼻瓣。前鳃盖缘具细锯齿；鳃盖膜与峡部相连。两颌齿细尖密列。体被中型鳞片；侧线向上陡升至背鳍第 10~11 棘下方而下降至背鳍基底末缘下方。体与各鳍黄色；**尾鳍后部白色**；头部具约等于眼径的黑眼带，向下延伸至腹缘；背鳍中央下方体侧具一大的与头长相等的黑斑；体侧在每一鳞列上具黄色或橙黄色水平条纹。最大全长 18cm。

【分布范围】分布于印度洋—太平洋海域，自印度尼西亚至马克萨斯群岛，北至日本南部，南至大堡礁。有研究指出亦产于马达加斯加岛。我国主要分布于东海和南海海域。

【生态习性】主要栖息于清澈且珊瑚丛生的海域。分布水深为 3~30m。

97. 三纹蝴蝶鱼

Chaetodon trifascialis **Quoy & Gaimard, 1825**

【英文名】chevron butterflyfish

【别　名】箭蝶、排骨蝶、红司公、虱鬡

体侧具蓝色"く"形纹

尾鳍基部黄色，后部白色，中央具一窄黑纹

【形态特征】体高而呈椭圆形；头部上方轮廓平直，鼻区处凹陷。吻中长，突出。前鼻孔具鼻瓣。前鳃盖缘具细锯齿；鳃盖膜与峡部相连。上下颌齿前端齿成束。体被大型鳞片，菱形；侧线向上陡升至背鳍第10~11棘下方而下降至背鳍基底末缘下方。体灰蓝色，或银灰色；**体侧具蓝色"く"形纹**；头部具与眼径约同宽的黑眼带，向下延伸至腹缘。成鱼背鳍、臀鳍黄至黄橙色，软条部后缘各具黑线纹；腹鳍黄色或淡黄色；尾鳍基部黑色，后部黄色，另具黑缘。幼鱼背鳍软条后部至臀鳍软条后部具一黑色宽带；**尾鳍基部黄色，后部白色**，中央具一窄黑纹；体侧前后另具2个长卵形白色斑点。最大全长18cm。

【分布范围】分布于印度洋—太平洋海域，自红海及非洲东部至夏威夷群岛及社会群岛。我国主要分布于东海和南海海域。

【生态习性】主要栖息于浅的潟湖及面海的珊瑚礁区。分布水深为0~30m。

98. 乌利蝴蝶鱼
Chaetodon ulietensis Cuvier, 1831

【英文名】pacific double-saddle butterflyfish
【别　名】鞍斑蝶

体侧在第 4~7 背棘间及最后背棘至第一软条间的下方各具一宽黑带

吻突出，尖嘴状

尾柄具一黑眼斑

【形态特征】体高而呈卵圆形；头部上方轮廓平直，鼻区处凹陷。**吻突出，尖嘴状。**前鼻孔具鼻瓣。前鳃盖缘具细锯齿；鳃盖膜与峡部相连。两颌齿细尖密列。体被大型鳞片，菱形；侧线向上陡升至背鳍第 9~10 棘下方而下降至背鳍基底末缘下方。体黄褐色或淡黄色；体侧具垂直细纹；头部具约等于眼径的黑眼带，仅向下延伸至鳃盖缘；**体侧在第 4~7 背棘间及最后背棘至第 1 软条间的下方各具一宽黑带；尾柄具一黑眼斑。**背鳍、臀鳍金黄色；余鳍透明或淡黄色。最大全长 15cm。

【分布范围】分布于印度洋—太平洋海域，自科科斯群岛至土阿莫土群岛，北至日本。我国主要分布于东海和南海海域。

【生态习性】主要栖息于珊瑚丛生的潟湖区，偶可出现于面海珊瑚礁区。分布水深为 2~30m。

99. 单斑蝴蝶鱼
Chaetodon unimaculatus **Bloch, 1787**

【英文名】teardrop butterflyfish

【别　名】一点蝶、一点清、蝶仔、红司公、虱鬃

自背鳍后缘经尾柄至臀鳍后缘具一黑色狭带

体侧中部上方具一约为眼径2倍的镶白边的黑色圆斑

【形态特征】体高而呈卵圆形；头部上方轮廓平直，鼻区处凹陷。吻突出，尖嘴状。前鼻孔具鼻瓣。前鳃盖缘具细锯齿；鳃盖膜与峡部相连。两颌外列齿较粗壮，内列齿较细小。体被中型鳞片；侧线向上陡升至背鳍第9棘下方而下降至背鳍基底末缘下方。体上半部黄色，下半部银色或白色；体侧前部具黄褐色垂直细纹；**体侧中部上方具一约为眼径2倍的镶白边的黑色圆斑**；头部具约等于眼径的黑眼带，仅向下延伸至颐部。背鳍、腹鳍及臀鳍金黄色；自背鳍后缘经尾柄至臀鳍后缘具一黑色狭带；余鳍透明或淡黄色。最大全长20cm。

【分布范围】分布于印度洋—太平洋海域，西起非洲东部，东至夏威夷群岛、马克萨斯群岛及迪西岛，北至日本南部，南至罗德豪维岛及拉帕岛。我国主要分布于东海和南海海域。

【生态习性】主要栖息于礁盘区、清澈的潟湖及面海的珊瑚礁区。分布水深为1~60m。

100. 斜纹蝴蝶鱼

Chaetodon vagabundus Linnaeus, 1758

【英文名】vagabond butterflyfish

【别　名】假人字蝶、蝶仔、红司公、米统仔

体侧前方具斜走纹，与后方斜走纹成直角相交

尾鳍黄色，后缘具黑色带

【形态特征】体高而呈卵圆形；头部上方轮廓平直，鼻区处凹陷。吻中短而尖。前鼻孔具鼻瓣。前鳃盖缘具细锯齿；鳃盖膜与峡部相连。两颌齿细尖密列。体被中型鳞片，角形至菱形；侧线向上陡升至背鳍第8~9棘下方而下降至背鳍基底末缘下方。体淡银色，后部黄色；**体侧前方具斜走纹，与后方斜走纹成直角相交**；体侧自背鳍软条部前方经尾柄至臀鳍中部具黑色弧状带；头部具约等于眼径的黑眼带，仅向下延伸至鳃盖缘。背鳍、臀鳍黄色，后缘具一黑色带；**尾鳍黄色，后缘具黑色带**；余鳍透明或淡黄色。最大全长23cm。

【分布范围】分布于印度洋—太平洋海域，西起红海、非洲东部，东至莱恩群岛及土阿莫土群岛，北至日本南部，南至罗德豪维岛及奥斯垂群岛。我国主要分布于东海和南海海域。

【生态习性】主要栖息于礁盘区、清澈的潟湖及面海的珊瑚礁区，亦可出现于河口区。分布水深为5~30m。

101. 丽蝴蝶鱼
Chaetodon wiebeli Kaup, 1863

【英文名】Hongkong butterflyfish

【别　名】黑尾蝶、魏氏蝶、蝶仔、黄盘、虱鬃、红司公

吻及上唇灰黑色，
下部则为白色

眼带后方另具一宽白带

尾鳍中部白色，后部具
黑色宽带，末缘淡黄色

【形态特征】体高而呈卵圆形；头部上方轮廓平直，吻上缘凹陷。吻中短而尖。前鼻孔具鼻瓣。前鳃盖缘具细锯齿；鳃盖膜与峡部相连。两颌齿细尖密列。体被大型鳞片，垂直延长；侧线向上陡升至背鳍第 8~9 棘下方而下降至背鳍基底末缘下方。体黄色；体侧具向上斜走的橙褐色纵纹；颈背具一黑色三角形大斑；胸部具小橙色斑点；头部具远宽于眼径的黑眼带，仅向下延伸至鳃盖缘，**眼带后方另具一宽白带；吻及上唇灰黑色，下部则为白色**。各鳍黄色；背鳍后缘灰黑色；臀鳍后缘具黑色带；**尾鳍中部白色，后部具黑色宽带，末缘淡黄色**；余鳍透明或淡黄色。最大全长 19cm。

【分布范围】分布于西太平洋海域，自日本至泰国。我国主要分布于东海和南海海域。

【生态习性】主要栖息于岩礁及珊瑚礁区。分布水深为 4~25m。

102. 黄蝴蝶鱼
Chaetodon xanthurus Bleeker, 1857

【英文名】pearlscale butterflyfish
【别　名】黄网蝶、红司公、虱鬃

体被大型鳞片，菱形

尾鳍后部具镶淡黄色边的橙色带，末缘淡黄色或透明

【形态特征】体高而呈椭圆形；头部上方轮廓略平直，颈部略突，鼻区处凹陷。吻尖，略突出。前鼻孔具鼻瓣。前鳃盖缘具细锯齿；鳃盖膜与峡部相连。**体被大型鳞片，菱形**；侧线向上陡升至背鳍第9~10棘下方而下降至背鳍基底末缘下方。体灰蓝色，或浅灰色，头部上半部深灰色；体侧鳞片的边缘深灰色，形成网状的体纹；颈部具一镶白边的马蹄形黑斑；自背鳍第6~7软条下方向下延伸至臀鳍后角具一橙色新月形横带；头部具远窄于眼径的镶白边黑眼带，向下延伸至鳃盖缘。各鳍灰至白色；**尾鳍后部具镶淡黄色边的橙色带，末缘淡黄色或透明**。最大全长16.57cm。

【分布范围】分布于西太平洋海域，自日本至印度尼西亚。我国主要分布于东海和南海海域。

【生态习性】主要栖息于浅海岩礁区及沙泥底水域。分布水深为6~50m。

103. 黄镊口鱼

Forcipiger flavissimus Jordan & McGregor, 1898

【英文名】longnose butterfly fish

【别　名】火箭蝶、黄火箭

吻部极为延长而成一管状

臀鳍软条部后
上缘具眼斑

【形态特征】体甚侧扁而高，略呈卵圆形或菱形。**吻部极为延长而成一管状。**前鳃盖角缘宽圆。体被小鳞片，侧线完全，达尾鳍基部，高弧形。体黄色；自眼下缘及背鳍基部和胸鳍基部的头背部黑褐色，吻部上缘亦为黑褐色，其余头部、吻下缘、胸部及腹部银白带蓝色。背鳍、腹鳍及臀鳍黄色；背鳍、臀鳍软条部具淡蓝缘；**臀鳍软条部后上缘具眼斑；**胸鳍及尾鳍淡黄色或透明。最大全长 22cm。

【分布范围】分布于印度洋—太平洋海域，西起红海、非洲东部，东至夏威夷群岛及复活节岛，北至日本南部，南至罗德豪维岛。东太平洋区由墨西哥至加拉帕戈斯群岛。我国主要分布于东海和南海海域。

【生态习性】主要栖息于面海的礁区，偶也可发现于潟湖礁区。分布水深为 2~145m。

104. 多鳞霞蝶鱼

Hemitaurichthys polylepis **Bleeker, 1857**

【英文名】pyramid butterflyfish
【别　名】霞蝶

背鳍与臀鳍金黄色

腹鳍、尾鳍银白色

【形态特征】体高而呈卵圆形；背部轮廓较腹部突出。吻短，口端位。上下颌具小梳状齿。矩形的前鳃盖具弱锯齿。体被小型鳞片；侧线完全，终于尾鳍基部。体银白色或淡灰色，头部深灰色；体侧自背鳍第 3～6 棘及软条部基部下方具金黄色的三角形斑。**背鳍与臀鳍金黄色**；**胸鳍为淡灰色**；**腹鳍、尾鳍银白色**。最大全长 18cm。

【分布范围】分布于印度洋—太平洋海域，西起圣诞岛，东至夏威夷群岛、莱恩群岛及皮特凯恩群岛，北至日本南部，南至新喀里多尼亚岛。我国主要分布于东海和南海海域。

【生态习性】主要栖息于礁区或近海沿岸水域。分布水深为 3～60m。

蝴蝶鱼科 Chaetodontidae

105. 金口马夫鱼

Heniochus chrysostomus Cuvier, 1831

【英文名】threeband pennantfish
【别　名】南洋关刀、关刀

体甚侧扁，背缘高而隆起，略呈三角形

体侧具 3 条黑色横带

【形态特征】体甚侧扁，背缘高而隆起，略呈三角形。头短小。吻尖突而不呈管状。前鼻孔后缘具鼻瓣。上下颌约等长，两颌齿细尖。体被中大弱栉鳞，头部、胸部与鳍具小鳞，吻端无鳞。体银白色，**体侧具 3 条黑色横带**，第 1 条黑横带自头背部向下覆盖眼、胸鳍基部及腹鳍，第 2 条黑横带自背鳍第 4~5 棘向下延伸至臀鳍后部，第 3 条黑横带则约自背鳍第 9~12 棘向下延伸至尾鳍基部；吻部背面灰黑色。背鳍软条部及尾鳍淡黄色；臀鳍软条部具眼斑；胸鳍基部及腹鳍黑色。最大全长 18cm。

【分布范围】分布于印度洋—太平洋海域，西起印度西部，东至皮特凯恩群岛，北至日本南部，南至新喀里多尼亚岛及昆士兰南部。我国主要分布于东海和南海海域。

【生态习性】主要栖息于珊瑚丛生礁盘区、潟湖及面海的珊瑚礁区。分布水深为 2~40m。

106. 四带马夫鱼

Heniochus singularius Smith & Radcliffe, 1911

【英文名】singular bannerfish
【别　名】花关刀、关刀、举旗仔、花关刀

颈部具明显的强硬骨质突起

背鳍软条部及尾鳍淡黄至鲜黄色；胸鳍基部黑色，其余淡黄色

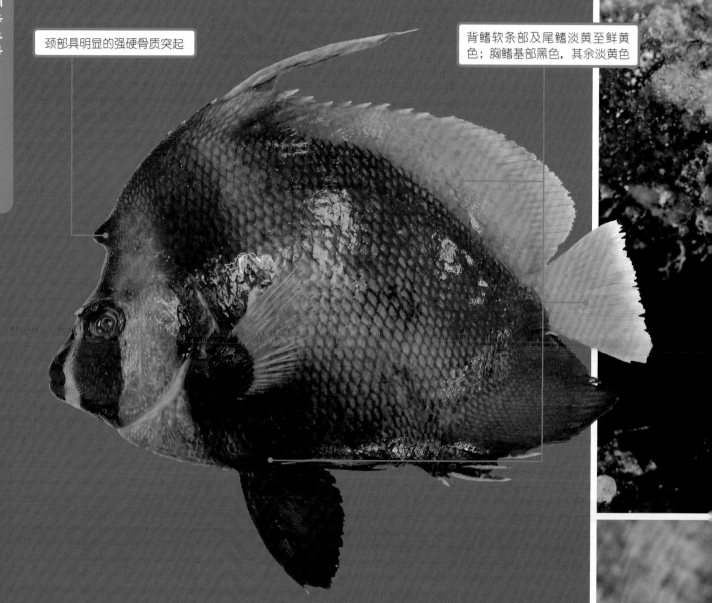

【形态特征】体甚侧扁，背缘高而隆起，略呈三角形。头短小；**成鱼眼眶上骨具一短钝棘；颈部具明显的强硬骨质突起。**吻尖突而不呈管状。前鼻孔后缘具鼻瓣。上下颌约等长，两颌齿细尖。体被中大弱栉鳞，头部、胸部与鳍具小鳞，吻端无鳞。体黄白色。体侧具 2 条黑色横带，第 1 条黑横带自背鳍起点前方向下延伸至腹鳍，第 2 条黑横带则约自背鳍第 7~9 棘向下延伸至臀鳍后部；眼带明显，由眼上方向下延伸至间鳃盖缘；吻部向下环绕一黑色圈。**背鳍软条部及尾鳍淡黄至鲜黄色；胸鳍基部黑色，其余淡黄色；**臀鳍前缘白色，后部黑色；腹鳍黑色。最大全长 30cm。

【分布范围】分布于西中太平洋海域，西起安达曼群岛，东至萨摩亚，北至日本南部，南至新喀里多尼亚岛。我国主要分布于东海和南海海域。

【生态习性】主要栖息于较深的潟湖及面海的珊瑚礁区。分布水深为 2~250m。

107. 鹰金鳞

Cirrhitichthys falco **Randall, 1963**

【英文名】dwarf hawkfish

【别　名】短嘴格、格仔、花狮

背鳍单一，硬棘部及软条部间具缺刻，硬棘部的鳍膜末端呈簇须状

胸鳍最长的鳍条末端达臀鳍起点

【形态特征】体延长而呈长椭圆形；头背部于眼上方略凹；体背隆起，腹缘近平直。吻略钝。眼中大，近头背缘。前鳃盖骨后缘具强锯齿；鳃盖骨后缘具棘。上下颌齿细小；锄骨齿及腭骨齿皆存在。体被圆鳞；眼眶间隔具鳞。**背鳍单一，硬棘部及软条部间具缺刻，硬棘部的鳍膜末端呈簇须状**，第1软条延长，但不呈丝状；胸鳍最长的鳍条末端达臀鳍起点。体灰白色至淡褐色，腹部较淡，体侧具5条红褐色至暗褐色横带，其前2条为小斑点组成，后3条为大斑点组成，皆延伸至背鳍；头部眼下方另具2条红褐色斜带；吻部亦具1条褐色斜带。各鳍淡黄色或透明，背鳍及尾鳍具红褐色斑点。最大全长7cm。

【分布范围】分布于西太平洋海域，由菲律宾至萨摩亚，北至琉球群岛及小笠原群岛，南至大堡礁及新喀里多尼亚岛等沿海。我国主要分布于东海和南海海域。

【生态习性】主要栖息于珊瑚繁生的区域，通常喜欢停栖于珊瑚头的基部。分布水深为4~46m。

108. 翼鲗

Cirrhitus pinnulatus (Forster, 1801)

【英文名】stocky hawkfish

【别　名】短嘴格、格仔、石狗公、花身仔、狮瓮

背鳍、臀鳍及尾鳍具红褐色斑点

头部及体侧散布大小不一的
白色及红褐色至黑褐色斑点

【形态特征】体延长而呈长椭圆形；
头背部微突；体背略隆起，腹缘弧形。
吻钝。眼中大，近头背缘。前鳃盖骨后
缘具许多小锯齿；鳃盖骨后缘具棘。上颌
骨达眼中央下缘；上下颌带状，外列齿为犬齿；
锄骨齿及腭骨齿皆存在。体被小圆鳞；眼眶间
隔裸露。背鳍单一，硬棘部及软条部间具缺刻，
硬棘部的鳍膜末端呈裂须状，第1软条不延长；
胸鳍最长的鳍条末端仅至肛门前。体灰褐色至
褐色，腹部较淡，**头部及体侧散布大小不一的
白色及红褐色至黑褐色斑点**。各鳍淡灰色至淡
黄色，**背鳍、臀鳍及尾鳍具红褐色斑点**。最大
全长30cm。

【分布范围】分布于印度洋—太平洋海域，自
红海、非洲东部至夏威夷群岛、马克萨斯群岛，
北至日本南部，南至拉帕岛。南非西南部的东
南大西洋也有分布。我国主要分布于东海和南
海海域。

【生态习性】主要栖息于沿岸裸露于浪潮冲击
的岩礁或面海的礁石上。分布水深为0~23m。

109. 副�

Paracirrhites arcatus (Cuvier, 1829)

【英文名】arc-eye hawkfish
【别　名】白线格、格仔

眼后具一黄、粉红及白色相间的"U"形斑

间鳃盖另具3条镶红边的黄色斜带，斜带间则为浅蓝色

【形态特征】体延长而呈长椭圆形；头背部微呈弧形；体背略隆起，腹缘弧形。吻钝。眼中大，近头背缘。前鳃盖骨后缘具强锯齿；鳃盖骨后缘具棘。上下颌齿呈带状，外列齿呈犬状；锄骨具齿，腭骨无齿。体被圆鳞；眼眶间隔具鳞；吻部无鳞；颊部与主鳃盖被鳞。背鳍单一，硬棘部及软条部间具缺刻，硬棘部的鳍膜末端呈单一须状，第1软条延长如丝；胸鳍最长的鳍条末端仅达腹鳍后缘；尾鳍弧形。身体一致为淡灰褐色至橙红色，腹部颜色较淡；**眼后具一黄、粉红及白色相间的"U"形斑；间鳃盖另具3条镶红边的黄色斜带，斜带间则为浅蓝色。**各鳍橙黄色。最大全长20cm。

【分布范围】分布于印度洋—太平洋海域，自非洲东部至夏威夷群岛、莱恩群岛，北至日本南部，南至澳大利亚、拉帕岛。我国主要分布于东海和南海海域。

【生态习性】主要栖息于潟湖及面海的珊瑚礁区域。分布水深为1~91m。

110. 福氏副䱷

Paracirrhites forsteri (Schneider, 1801)

【英文名】blackside hawkfish
【别　名】海豹格、副鳍、格仔、蝶仔

头部及身体前部散布
许多小红褐色斑点

沿侧带下方另具
乳黄色宽纵带

【形态特征】体延长而呈长椭圆形；头背部近平直；体背略隆起，腹缘弧形。吻钝。眼中大，近头背缘。前鳃盖骨后缘具强锯齿；鳃盖骨后缘具棘。上下颌齿呈带状，外列齿呈犬状；锄骨具齿，腭骨无齿。体被圆鳞；眼眶间隔具鳞；吻部无鳞；颊部与主鳃盖被鳞。背鳍单一，硬棘部及软条部间具缺刻，硬棘部的鳍膜末端呈单一须状，第 1 软条延长如丝；胸鳍最长的鳍条末端仅达腹鳍后缘；尾鳍弧形。体一致为淡红褐色至暗褐色，腹部偏淡黄色；沿后背侧具一深褐色宽纵带；**沿侧带下方另具乳黄色宽纵带；头部及身体前部散布许多小红褐色斑点**。各鳍淡黄色。最大全长 22cm。

【分布范围】分布于印度洋—太平洋海域，西起红海及非洲东部，东至夏威夷群岛、莱恩群岛及马克萨斯群岛，北至日本南部，南至澳大利亚及新喀里多尼亚，包括密克罗尼西亚群岛。我国主要分布于东海和南海海域。

【生态习性】主要栖息于潟湖面海的珊瑚礁区域。分布水深为 1~35m。

111. 䲟

Echeneis naucrates Linnaeus, 1758

【英文名】live sharksucker
【别　名】长印仔鱼、印鱼、屎印、牛屎印、狗屎印

顶端具由第一背鳍变形而成的吸盘

体侧经常具一黑色水平狭带，较眼径更宽，由下颌端经眼达尾鳍基底

顶端具由第一背鳍变形而成的吸盘

【形态特征】体极为延长，头部扁平，向后渐成圆柱状，**顶端具由第一背鳍变形而成的吸盘**，其鳍条由吸盘中央向两侧裂生成为鳍瓣；尾柄细，前端圆柱状，后端渐侧扁。吻平扁，前端略尖。口大，口裂宽，不可伸缩，下颌前突；上下颌、锄骨、腭骨及舌上均具齿。体被小圆鳞，除头部及吸盘无鳞外，全身均被鳞。背鳍2个，第一背鳍变形而成吸盘，第二背鳍和臀鳍相对；腹鳍胸位，小型；胸鳍尖圆；尾鳍尖长。体色棕黄或黑色，**体侧经常具一黑色水平狭带，较眼径更宽，由下颌端经眼达尾鳍基底**。最大全长110cm。

【分布范围】分布于全世界温暖的海域。我国主要分布于渤海、黄海、东海和南海海域。

【生态习性】大洋性鱼种，通常单独活动于近海的浅水处，也会吸附在大鱼或海龟等宿主身上，随着宿主四处游荡，宿主的变化很大，鲸、鲨、海龟、翻车鱼，甚至小船都可能是寄宿的对象，或随潜水员活动。分布水深为1~85m。

112. 燕鱼

***Platax teira* (Fabricius, 1775)**

【英文名】longfin batfish

【别　名】蝙蝠鱼、鲳仔、海燕、飞翼、牛屎鲳、店窗、锅盖、风吹铃

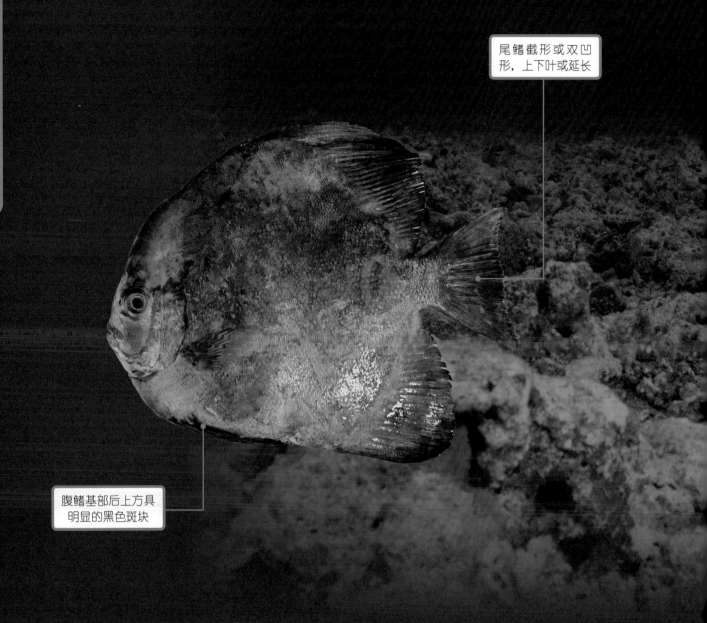

尾鳍截形或双凹形，上下叶或延长

腹鳍基部后上方具明显的黑色斑块

【形态特征】体呈菱形，极侧扁；头部背面眼至吻部间稍凹，眼后至背部间突出；眼间隔宽小于眼径。吻短而钝圆。口下位；上下颌约等长，下颌具小孔 5 对；每个颌齿都有 3 个尖端（三牙尖），约略等长；锄骨具齿，腭骨无齿。体被小栉鳞；侧线弧形；背鳍单一，背鳍硬棘与软条无缺刻，硬棘部 5 或 6，埋于鳍前缘，软条 29~34；臀鳍具硬棘，背鳍、臀鳍前方鳍条均延长，呈镰刀状；腹鳍延长；**尾鳍截形或双凹形，上下叶或延长**。体银黄色或暗灰色，腹部颜色较浅；体侧含眼带共具 3 条黑色宽横带；奇鳍具黑边；**腹鳍基部后上方具明显的黑色斑块**；尾鳍基部黑色横带不显著。最大全长 70cm。

【分布范围】分布于印度洋—太平洋海域，西起红海、非洲东部，东至巴布亚新几内亚，北至日本南部，南至澳大利亚。我国主要分布于东海和南海海域。

【生态习性】幼鱼比较孤僻，喜独自在浅海域活动，由于体色为枯黄褐色，会拟态成枯叶，在漂于水面的漂浮物下躲藏；成鱼喜欢成群结队在较深的珊瑚礁斜坡上活动。分布水深为 3~25m。

113. 长圆银鲈

***Gerres oblongus* Cuvier, 1830**

【英文名】slender silver-biddy

【别　名】碗米仔

银鲈科 Gerreidae

背鳍具黑缘；各鳍淡黄色

尾鳍深叉形，最长鳍条长约与胸鳍等长

【形态特征】体细而侧扁，体背于背鳍起点处略为弯曲，与水平方向轴约呈 30° 角。口小唇薄，能伸缩自如，伸出时向下垂。眼大，吻尖。上下颌齿细长，呈绒毛状；锄骨、腭骨及舌面皆无齿。体被薄圆鳞，易脱落；背鳍及臀鳍基底具鳞鞘；侧线完全，呈弧状。背鳍单一，硬棘部 9，第 2 棘最长而略呈丝状，略长于或等于头长；臀鳍第 2 棘细尖状，臀鳍基底长约为其 2 倍长；胸鳍长，幼鱼时，末端达及肛门后缘，随着成长，末端可达臀鳍第 1 棘的上方；**尾鳍深叉形，最长鳍条长约与胸鳍等长**。体色呈银白色，体背淡褐色；**背鳍具黑缘；各鳍淡黄色**。最大全长 36.95cm。

【分布范围】分布于印度洋—太平洋海域，西起红海、非洲东岸，西至所罗门群岛，北至琉球群岛，南至新喀里多尼亚。我国主要分布于东海和南海海域。

【生态习性】主要栖息于沿岸沙泥地，生殖季节可发现于珊瑚礁区周围的沙地。分布水深为 0~50m。

114. 奥奈银鲈

Gerres oyena (Fabricius, 1775)

【英文名】common silver-biddy

【别　名】碗米仔、埯米、长身埯米

尾鳍深叉形，最长鳍条长约与胸鳍等长，尾鳍亦具深灰色或黑色缘

胸鳍短，末端仅及肛门

【形态特征】体呈长卵圆形，体背于背鳍起点处略为弯曲，与水平方向轴约呈35°角。口小唇薄，能伸缩自如，伸出时向下垂。眼大，吻尖。上下颌齿细长，呈绒毛状；锄骨、腭骨及舌面皆无齿。体被薄圆鳞，易脱落；背鳍及臀鳍基底具鳞鞘；侧线完全，呈弧状。背鳍单一，硬棘部9，第2棘最长，但短于头长；臀鳍第2棘细尖状，短于或等于眼径长；**胸鳍短，末端仅及肛门**；**尾鳍深叉形，最长鳍条长约与胸鳍等长**。体色呈银白色，体背淡橄榄色；体侧具不显著的横带；背鳍硬棘部具黑缘，有时会延伸至软条部；**尾鳍亦具深灰色或黑色缘**。最大全长30cm。

【分布范围】分布于印度洋—西太平洋海域，西起红海及非洲东岸，东至西太平洋各群岛。我国主要分布于东海和南海海域。

【生态习性】主要栖息于沿岸沙泥地，亦可发现于河口、内湾、红树林等地，在珊瑚礁区周围的沙地亦常见。分布水深为0~20m。

115. 史氏钝塘鳢

Amblyeleotris steinitzi (Klausewitz, 1974)

【英文名】Steinitz' prawn-goby

【别　名】甘仔鱼、狗甘仔、史氏钝鲨

体侧具深棕色窄横带，向下而略向前斜

【形态特征】体延长，后部侧扁。口钝，口裂延伸至对应于眼中间的下方。尾鳍呈圆形，稍长于头长。头部与颈部中央无鳞。体呈白色至淡黄绿色，**体侧具深棕色窄横带，向下而略向前斜**，体侧横带边缘清晰，第 1 条位于颈部延伸至鳃盖下方，第 2 条位于第一背鳍后基部的下方，第 3 条和第 4 条分别位于第二背鳍前、后基部的下方，第 5 条位于尾柄部；颊部及鳃盖部第一横带处具若干个蓝色小点；第一和第二背鳍具许多黑色小斑；胸鳍透明无色；臀鳍淡黄色或白色，下方 1/3 处具深褐色纵纹；腹鳍淡黄色或白色；尾鳍灰白色，无明显的 "C" 形斑纹。最大全长 16.41cm。

【分布范围】分布于印度洋—太平洋海域，由红海至美属萨摩亚，北至中国、日本，南至大堡礁。我国主要分布于东海和南海海域。

【生态习性】主要栖息于热带沿岸珊瑚礁区或沙砾底上，与枪虾共生。分布水深为 2~43m。

116. 威氏钝塘鳢

Amblyeleotris wheeleri (Polunin & Lubbock, 1977)

【英文名】gorgeous prawn-goby
【别　名】甘仔鱼、狗甘仔、惠氏钝鲨、红纹钝鲨

体呈淡黄色，体具 6~7 条红色横带，向下而略向前斜

口角处具一红斑

【形态特征】体延长，后部侧扁。口钝，口裂延伸至对应于眼后缘的下方。尾鳍呈圆形。头部无鳞。**体呈淡黄色，体具 6~7 条红色横带，向下而略向前斜**，第 1 条位于眼后颈部延伸至口裂后端，第 2 条至第 6 条（或第 5 条）宽大，其宽度大于间隔，最后 1 条位于尾鳍基部。体前部及头部、胸鳍基部具许多浅蓝色亮斑；**口角处具一红斑**。背鳍灰白色，具 10 余个红色斑点；胸鳍透明无色；尾鳍灰白，鳍膜具放射状橘红色纹，下半叶有一较粗红色纵纹；臀鳍灰褐色，具 2 条橘红色线纹。腹鳍灰褐色。最大全长 12.3cm。

【分布范围】分布于印度洋—太平洋海域，由非洲东部至斐济，北至中国、日本冲绳，南至大堡礁。我国主要分布于东海和南海海域。

【生态习性】主要栖息于沿岸或珊瑚礁沙砾底质上，与枪虾共生。分布水深为 5~40m。

117. 特氏矶塘鳢

Eviota teresae Greenfield & Randall, 2016

【英文名】Terry's dwarfgoby
【别　名】甘仔鱼

背面具散落的小光斑；
侧面的红色斑点比较深

体透明，紧密地交替
分布红色和灰色色块

【形态特征】体延长，后部侧扁。**体透明，紧密地交替分布红色和灰色色块。**胸鳍基底无明显的褐色色素沉着；中尾柄无黑斑；头部和颈背上无横条；臀鳍比其他鳍色深；头部腹侧具明显的黑斑；虹膜淡红色，**背面具散落的小光斑；侧面的红色斑点比较深。**最大全长 2.7cm。

【分布范围】分布于印度洋—太平洋海域。我国主要分布于东海和南海海域。

【生态习性】主要栖息于浅水的潟湖或面海礁坪水域。分布水深为 0~26m。

118. 黑点鹦虾虎鱼

Exyrias belissimus (Smith, 1959)

【英文名】mud reef-goby

【别　名】苦甘仔

第 3 和第 4 棘通常最长

【形态特征】体侧扁，脸颊和眼颊完全被鳞。具 2 个背鳍，腹鳍呈吸盘状，第一背鳍上的棘细长成细丝，**第 3 和第 4 棘通常最长**；第二背鳍的脊柱呈现红色和白色交替的条纹，而其尾鳍大且呈圆形。最大全长 20.54cm。

【分布范围】分布于印度洋—西太平洋海域。我国主要分布于东海和南海海域。

【生态习性】主要栖息于浅海岩礁区及沙泥底水域。分布水深为 1~30m。

119. 丝条凡塘鳢

Valenciennea strigata (Broussonet, 1782)

【英文名】blueband goby
【别　名】红带塘鳢、狗甘仔、甘仔鱼

头黄色，颊部具青蓝色纵带

【形态特征】体细长而稍成圆柱状，头部稍侧扁；眼位于头前部背缘；后头部稍隆起；吻长而吻端钝；口裂大而开于吻端，呈斜位，上颌较下颌稍长；两颌均具尖齿，上颌具齿1列，前部齿较大，下颌具齿2列，后部具犬齿；左右鳃膜下端附着于喉部；第一背鳍棘长；尾鳍后缘圆；体被小型栉鳞；体背侧茶褐色，腹侧淡灰色，**头黄色，颊部具青蓝色纵带**；背鳍具淡红色纵带。最大全长18cm。

【分布范围】分布于印度洋—太平洋热带海域。我国主要分布于东海和南海海域。

【生态习性】主要栖息于礁石外围的沙地或软泥沙地，居住于沙地洞穴中。分布水深为1~25m。

120. 斑胡椒鲷

Plectorhinchus chaetodonoides Lacepède, 1801

【英文名】harlequin sweetlips

【别　名】小丑石鲈、燕子花旦、打铁婆、花脸、厚唇石鲈、番圭志、厚唇

体侧密布黑褐色斑点

【形态特征】体延长而侧扁，背缘隆起呈弧形，腹缘圆。头中大，背面隆起。吻短钝而唇厚，随着成长而肿大。口小，端位，上颌突出于下颌；颌齿呈多行不规则细小尖锥齿。颐部具6孔，但无纵沟亦无须。鳃耙细短。体被细小弱栉鳞，侧线完全。背鳍单一，中间缺刻不明显，无前向棘；臀鳍基底短；腹鳍末端延伸至肛门后；尾鳍几近截平。**幼鱼体色和成鱼差异极大**，幼鱼体呈褐色而具大型白色斑块散布其中，随着成长，身体颜色逐渐淡化，至成熟后变成全身灰色，愈近腹部体色愈淡，**体侧密布黑褐色斑点**。最大全长72cm。

【分布范围】分布于印度洋—西太平洋海域，西起苏门答腊，东至斐济，北至琉球群岛，南至新喀里多尼亚。我国主要分布于东海和南海海域。

【生态习性】主要栖息于干净的潟湖、岩礁及珊瑚礁区海域。分布水深为1~30m。

幼鱼体呈褐色而具大型白色斑块散布其中

121. 双带胡椒鲷

***Plectorhinchus diagrammus* (Linnaeus, 1758)**

【英文名】striped sweetlips
【别　名】花脸仔、打铁婆、六线妞妞、雷氏石鲈、厚嘴唇、粗圭志、厚皮老

背鳍、臀鳍和尾鳍散布有黑褐色斑点；胸鳍基部具黑褐色斑点

体侧具3条黑褐色的宽纵带，延伸至尾鳍

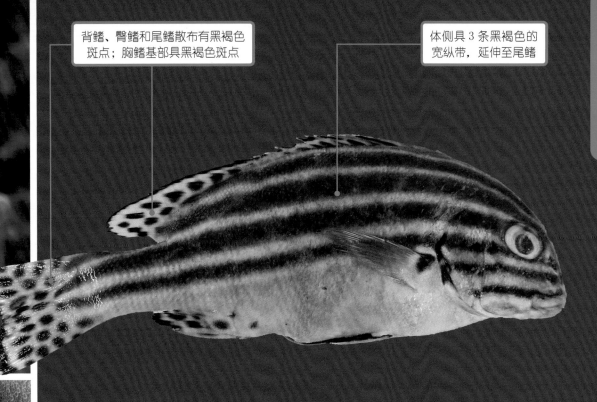

【形态特征】体延长而侧扁，背缘隆起呈弧形，腹缘圆。头中大，背面隆起。吻短钝而唇厚，随着成长而肿大。口小，端位，上颌突出于下颌；颌齿呈多行不规则细小尖锥齿。颐部具6孔，但无纵沟亦无须。鳃耙细短。体被细小弱栉鳞，侧线完全。背鳍单一，中间缺刻不明显，无前向棘；臀鳍基底短；尾鳍略内凹或几近截平。体灰白色，体于胸鳍上方的背侧具4条由吻端至体后部的暗褐色宽纵带，而头部于胸鳍下方具2条由吻端至鳃盖缘的暗褐色宽纵带。**背鳍、臀鳍和尾鳍散布黑褐色斑点；胸鳍基部具黑褐色斑点**；腹鳍外侧黑褐色，内侧白色。幼鱼期体色淡黄，**体侧具3条黑褐色的宽纵带，延伸至尾鳍**。最大全长40cm。

【分布范围】分布于西太平洋海域，西起马来西亚，东至法属波利尼西亚，北至日本南部，南至澳大利亚北部。我国主要分布于东海和南海海域。

【生态习性】主要栖息于珊瑚礁区及其外围沙泥地等，幼鱼喜欢躲藏在礁层缘下面，成鱼通常单独行动。

122. 条斑胡椒鲷

Plectorhinchus vittatus (Linnaeus, 1758)

【英文名】Indian Ocean oriental sweetlips

【别　名】打铁婆、花身舅仔、六线妞妞、多带石鲈

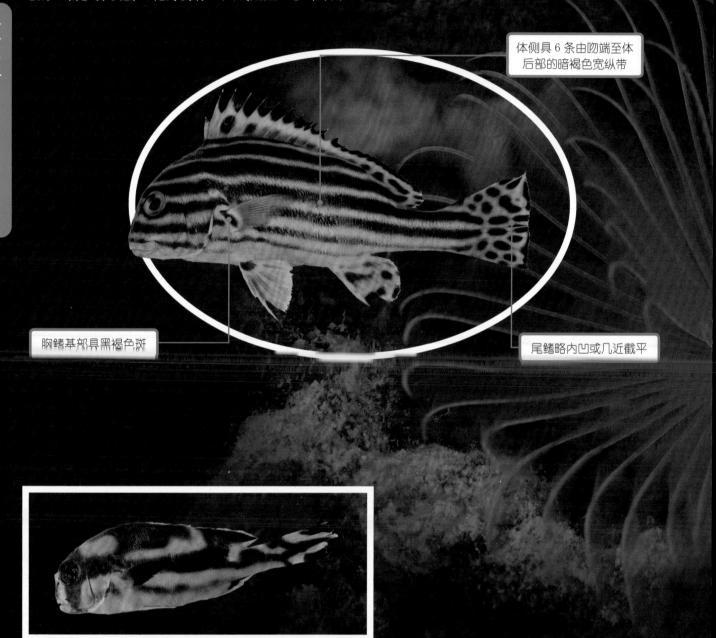

体侧具 6 条由吻端至体后部的暗褐色宽纵带

胸鳍基部具黑褐色斑

尾鳍略内凹或几近截平

【形态特征】体延长而侧扁，背缘隆起呈弧形，腹缘圆。头中大，背面隆起。吻短钝而唇厚，随着成长而肿大。口小，端位，上颌突出于下颌；颌齿呈多行不规则细小尖锥齿。颐部具 6 孔，但无纵沟亦无须。鳃耙细短。体被细小弱栉鳞，侧线完全。背鳍单一，中间缺刻不明显，无前向棘；臀鳍基底短；**尾鳍略内凹或几近截平**。体灰白色，**体侧具 6 条由吻端至体后部的暗褐色宽纵带**，而腹部的纵带较窄。各鳍淡黄色至白色，背鳍、臀鳍和尾鳍散布黑褐色斑点；**胸鳍基部具黑褐色斑点**；腹鳍外侧鲜黄色，内侧白色，基部红色。幼鱼体及各鳍呈褐色而有大型白色斑块散布其中。最大全长 80.63cm。

【分布范围】分布于印度洋—太平洋海域，西起非洲东岸，东至萨摩亚，北至日本，南至新喀里多尼亚。我国主要分布于东海和南海海域。

【生态习性】主要栖息于面海的珊瑚礁区域。分布水深为 2~25m。

123. 长鳍鲵

Kyphosus cinerascens (Forsskål, 1775)

【英文名】blue sea chub
【别　名】白毛、开旗、黑番、元仔板、开基、黑毛

尾鳍叉形

身上具许多黄色纵斑；眼眶下方具白纹

【形态特征】体呈长椭圆形，侧扁，头背微突。头短，吻钝，唇较薄。眼中大或小。口小，口裂近水平。上颌骨不为眶前骨所覆盖。颌齿多行，外行齿呈门齿状，内行齿呈绒毛状；锄骨、腭骨和舌上皆具齿。体被中大栉鳞，不易脱落；头部被细鳞；吻部无鳞；背鳍、臀鳍及尾鳍基部均具细鳞；侧线完全，与背缘平行。背鳍最长软条长于最长的硬棘；**尾鳍叉形**。体灰褐色至青褐色，背部颜色较深，腹部颜色较淡，偏银白色，**身上具许多黄色纵斑；眼眶下方具白纹**；各鳍深灰色。最大全长 55.21cm。

【分布范围】分布于印度洋—太平洋海域，自红海、非洲东部至夏威夷群岛，北至日本南部，南至澳大利亚。我国主要分布于东海和南海海域。

【生态习性】主要栖息于面海的岩礁区、海藻床、潟湖或外礁激浪区等。分布水深为 1~45m。

124. 低鳍鲀

Kyphosus vaigiensis (Quoy & Gaimard, 1825)

【英文名】brassy chub
【别　名】白毛、白闷、开基

背鳍最长软条同于
或短于最长的硬棘

【形态特征】体呈长椭圆形，侧扁，头背微突。头短，吻钝，唇较薄。眼中大或小。口小，口裂近水平。上颌骨不为眶前骨所覆盖。颌齿多行，外行齿呈门齿状，内行齿呈绒毛状；锄骨、腭骨和舌上皆具齿。体被中大栉鳞，不易脱落；头部被细鳞；吻部无鳞；背鳍、臀鳍及尾鳍基部均具细鳞；侧线完全，与背缘平行。**背鳍最长软条同于或短于最长的硬棘**；尾鳍叉形。体灰褐色至青褐色，亦有黄化的种类，背部颜色较深，腹部颜色较淡，偏银白色；身上具许多黄色纵斑。眼眶下方具白纹。各鳍深褐色或黑色。最大全长 70cm。

【分布范围】分布于印度洋—太平洋海域，自红海、非洲东部、非洲南部至夏威夷群岛、土阿莫土群岛，北至日本南部，南至澳大利亚。我国主要分布于东海和南海海域。

【生态习性】主要栖息于面海的岩礁区、海藻床、潟湖或外礁激浪区等。分布水深为0~40m。

125. 荧斑阿南鱼

Anampses caeruleopunctatus Rüppell, 1829

【英文名】bluespotted wrasse

【别　名】青斑龙、青点鹦鲷、青衣、青威 (雄鱼)、娘仔鱼 (雌鱼)、鹦哥、曶令

幼鱼体黄绿至淡黄褐色，头、体侧、背鳍及臀鳍散布大小不一的黑色斑驳

【形态特征】体长形，侧扁。口小；唇稍厚，内侧具皱褶；上下颌前方各具 1 对向前伸出的门状齿，扁平而有切截缘。体被大或中大鳞，头部眼前无鳞，胸部鳞片比体侧小；侧线连续。胸鳍圆形；腹鳍第 1 棘或延长；幼鱼尾鳍圆形，成鱼稍圆至截形。体色随鱼龄及性别而异：**幼鱼体黄绿至淡黄褐色，头、体侧、背鳍及臀鳍散布大小不一的黑色斑驳。**雌鱼体橄榄褐色，每一鳞片具一镶黑边蓝点，尾鳍亦具细蓝点，体腹偏红，头、胸部具许多镶黑边蓝线，背鳍及臀鳍鳍膜偏红且具 2~3 列短蓝纹，鳍缘蓝色；雄鱼蓝绿色，每一鳞片具一垂直纹，头腹面稍蓝，上下唇蓝色，眼眶间隔具一蓝宽带，胸鳍上方的体侧具一宽黄绿色垂直带，各鳍蓝色，背鳍中央具红褐色条带，臀鳍具 2 列细红褐带，尾鳍上下缘具宽褐边。最大全长 42cm。

【分布范围】分布于印度洋—太平洋海域，由红海、南非至复活节岛，北至琉球群岛，南至澳大利亚海域等。我国主要分布于东海和南海海域。

【生态习性】主要栖息于岸边的珊瑚礁浅海域，尤其是珊瑚礁较繁茂的区域。分布水深为 3~30m。

126. 乌尾阿南鱼

Anampses melanurus Bleeker, 1857

【英文名】white-spotted wrasse
【别　名】尾斑真珠龙、黑尾真珠龙、乌尾鹦鲷、娘仔鱼

隆头鱼科 Labridae

体侧每一鳞片具一白点

尾鳍基部黄色，后缘为一黑色宽横带

【形态特征】体长形，侧扁。口小；唇稍厚，内侧具皱褶；上下颌前方各具1对向前伸出的门状齿，扁平面有切截缘。体被大或中大鳞，头部眼前无鳞，胸部鳞片比体侧小；侧线连续。尾鳍圆形。体色随鱼龄及性别变化不大，一般皆为黑褐色，**体侧每一鳞片具一白点**；头部具大如瞳孔的白点或白带；**尾鳍基部黄色，后缘为一黑色宽横带**；鳃盖膜后缘具一黑色圆斑。最大全长12cm。

【分布范围】分布于太平洋海域，由印度尼西亚至复活节岛，北至琉球群岛，南至斯科特礁海域等。我国主要分布于东海和南海海域。

【生态习性】主要栖息于面海的珊瑚礁海域，或是礁坡区域。分布水深为15～40m。

127. 黄尾阿南鱼

Anampses meleagrides Valenciennes, 1840

【英文名】spotted wrasse

【别　名】珍珠龙、真珠龙、黄尾龙、北斗鹦鲷、娘仔鱼(雌鱼)

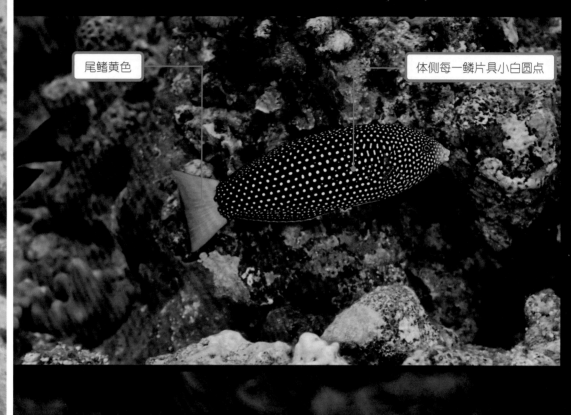

尾鳍黄色

体侧每一鳞片具小白圆点

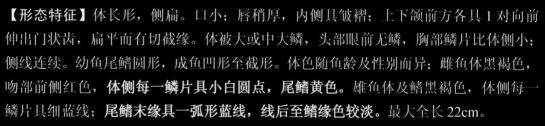

【形态特征】体长形，侧扁。口小；唇稍厚，内侧具皱褶；上下颌前方各具 1 对向前伸出门状齿，扁平而有切截缘。体被大或中大鳞，头部眼前无鳞，胸部鳞片比体侧小；侧线连续。幼鱼尾鳍圆形，成鱼凹形至截形。体色随鱼龄及性别而异；雌鱼体黑褐色，吻部前侧红色，**体侧每一鳞片具小白圆点，尾鳍黄色**。雄鱼体及鳍黑褐色，体侧每一鳞片具细蓝线；**尾鳍末缘具一弧形蓝线，线后至鳍缘色较淡**。最大全长 22cm。

【分布范围】分布于印度洋—太平洋海域，由红海及非洲东岸至萨摩亚，北至琉球群岛，南至新喀里多尼亚及汤加海域等。我国主要分布于东海和南海海域。

【生态习性】主要栖息于面海的礁沙混合区域，亦常见于珊瑚或海绵的栖息地。分布水深为 3~60m。

128. 星阿南鱼

Anampses twistii Bleeker, 1856

【英文名】yellowbreasted wrasse

【别　名】黄肚龙、双斑鹦鲷、娘仔鱼、罾令

【形态特征】体长形，侧扁。口小；唇稍厚，内侧具皱褶；上下颌前方各具 1 对向前伸出门状齿，扁平而有切截缘。体被大或中大鳞，头部眼前无鳞，胸部鳞片比体侧小；侧线连续。尾鳍圆形。体黑褐色，每一鳞片具一蓝点；头下半部从吻端至肛门金黄色，鳃盖后上端具一红斑，鳃盖膜具一黑斑，红、黑斑点周围具许多小绿点；**背鳍与臀鳍褐色具蓝点**，其软条部后端各具一蓝边黑点；胸鳍黄色，基部黑褐色；**尾鳍红褐色具蓝点**。最大全长 18cm。

【分布范围】分布于印度洋—太平洋海域，由红海至土阿莫土群岛，北至琉球群岛，南至拉帕海域等。我国主要分布于东海和南海海域。

【生态习性】主要栖息于岸边的珊瑚礁浅海域，尤其是珊瑚礁较繁茂的区域，或潟湖礁区，且经常出现于礁沙混合区域。分布水深为 5~30m。

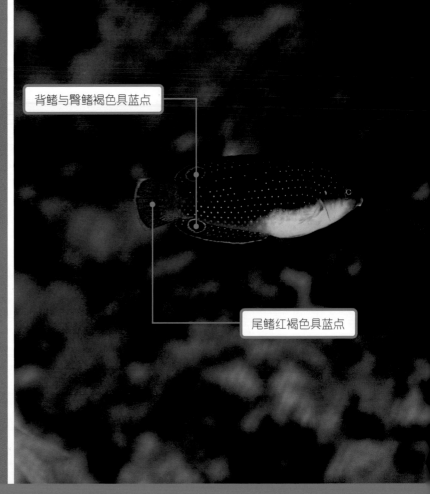

背鳍与臀鳍褐色具蓝点

尾鳍红褐色具蓝点

129. 腋斑普提鱼

Bodianus axillaris (Bennett, 1832)

【英文名】axilspot hogfish

【别　名】三齿仔、红娘仔、日本婆仔、腋斑寒鲷

背鳍软条、臀鳍、胸鳍与尾鳍淡黄色

背鳍棘部及软条部各具一黑点；胸鳍基与臀鳍软条各具一圆黑斑

【形态特征】体长形，侧扁；头尖；眼眶间隔稍突。眼眶前与前鳃盖被鳞。齿圆锥状，上下颌前侧具2对犬齿。背鳍软条部圆形；臀鳍第3棘长且硬；腹鳍尖形；尾鳍稍圆。幼鱼体一致呈黑色；头部及体侧约散布9个白色圆斑。成鱼体前部紫褐色，后半部黄红色；背鳍棘部及软条部各具一黑点；胸鳍基与臀鳍软条各具一圆黑斑；腹鳍黄色，外缘黑色；背鳍软条、臀鳍、胸鳍与尾鳍淡黄色。最大全长26.25cm。

【分布范围】分布于印度洋—太平洋海域，由红海、南非至马绍尔群岛、马克萨斯群岛及土阿莫土群岛，北至琉球群岛。我国主要分布于东海和南海海域。

【生态习性】主要栖息于干净的珊瑚礁潟湖和珊瑚礁面海面。分布水深为2~100m。

130. 双带普提鱼

***Bodianus bilunulatus* (Lacepède, 1801)**

【英文名】tarry hogfish

【别　名】三齿仔、红娘仔、黄莺鱼、日本婆仔、双带寒鲷、四齿

背鳍后部下方具一大黑斑，且达尾柄上半部

背鳍透明至粉红色，第1至3、4棘间具黑点；尾鳍粉红

【形态特征】体长形，侧扁。上下颌突出，前侧具4强犬齿，上颌每侧具一大圆犬齿。颊部与鳃盖被鳞；下颌无鳞。尾鳍截形，上下缘鳍条稍延长。体色会随成长而改变，幼鱼头背至背鳍中部鲜黄色，前2/3体侧为白色，且具深褐色或黑色纵条纹，后1/3体侧为黑色且延伸至背鳍软条部及臀鳍，尾柄白色，尾鳍透明。成鱼体上半部粉红色至红色，腹面颜色较淡；体侧具纵条纹；**背鳍后部下方具一大黑斑，且达尾柄上半部**；头部眼前具红纹，下颌白色且延伸至鳃盖缘；**背鳍透明至粉红色，第1至3、4棘间具黑点；尾鳍粉红**。最大全长55cm。

【分布范围】广泛分布于印度洋—太平洋海域。我国主要分布于东海和南海海域。

【生态习性】主要栖息于珊瑚礁或岩礁水域。分布水深为3~160m。

131. 绿尾唇鱼

Cheilinus chlorourus (Bloch, 1791)

【英文名】floral wrasse

【别　名】绿色龙、三齿仔、油散仔、红斑绿鹦鲷、搭秉

体褐色至橄榄色，具许多白色至粉红色
小点；体侧具小白点；尾鳍基部白色

头具许多橙红色点或短纹

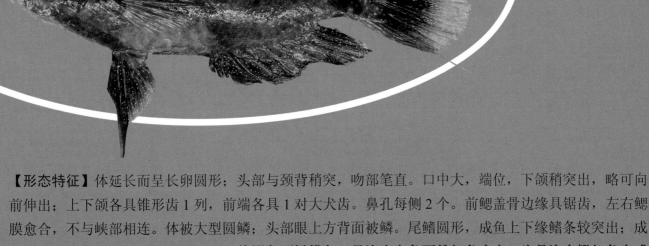

【形态特征】体延长而呈长卵圆形；头部与颈背稍突，吻部笔直。口中大，端位，下颌稍突出，略可向前伸出；上下颌各具锥形齿 1 列，前端各具 1 对大犬齿。鼻孔每侧 2 个。前鳃盖骨边缘具锯齿，左右鳃膜愈合，不与峡部相连。体被大型圆鳞；头部眼上方背面被鳞。尾鳍圆形，成鱼上下缘鳍条较突出；成鱼腹鳍第 1 软条延长，向后达肛门。**体褐色至橄榄色，具许多白色至粉红色小点；头具许多橙红色点或短纹；奇鳍与腹鳍具白点；背鳍第 1 与第 2 棘间具一灰斑。**幼鱼眼周围具黑纹；**体侧具小白点；尾鳍基部白色。**最大全长 45cm。

【分布范围】分布于印度洋—太平洋海域，由非洲东部至马克萨斯群岛及土阿莫土群岛，北至琉球群岛，南至拉帕岛及新喀里多尼亚。我国主要分布于东海和南海海域。

【生态习性】主要栖息于礁沙混合的珊瑚礁海域中，偶尔也出现在水草繁茂的地方。分布水深为 1~30m。

132. 横带唇鱼
Cheilinus fasciatus (Bloch, 1791)

【英文名】redbreasted wrasse

【别　名】横带龙、三齿仔、汕散仔、横带鹦鲷

尾鳍中央具一黑横带，鳍缘黑色

体侧具7条宽的黑色横带，各鳞片具黑横纹

【形态特征】体延长而呈长卵圆形；体高约等于或稍长于头长；头部背面轮廓圆突。口中大，前位，略可向前伸出。鼻孔每侧2个。吻长，突出；下颌较上颌突出，成鱼下颌尤明显；上下颌各具锥形齿1列，前端各具1对大犬齿。前鳃盖骨边缘具锯齿；左右鳃膜愈合，不与峡部相连。体被大型圆鳞；背侧部侧线与体背缘平行而略弯，后段在背鳍鳍条基部后下方中断。背鳍连续；幼鱼尾鳍圆形，成鱼尾鳍上下缘则呈丝状；成鱼腹鳍第1软条不延长而向后达肛门。体白色或粉红色，头部红橙色，吻及头背黑褐色；**体侧具7条宽的黑色横带，各鳞片具黑横纹**；各鳍白色或粉红色，体侧横带延伸至背鳍、臀鳍中央，**尾鳍中央具一黑横带，鳍缘黑色**。最大全长48.2cm。

【分布范围】分布于印度洋—太平洋海域，由红海及非洲东部至密克罗尼西亚及萨摩亚，北至琉球群岛。我国主要分布于东海和南海海域。

【生态习性】主要栖息于沿岸珊瑚礁海域或礁石旁的沙地上。分布水深为4~60m。

133. 三叶唇鱼
Cheilinus trilobatus **(Lacepède, 1801)**

【英文名】tripletail wrasse
【别　名】三叶龙、石蚱仔、油散仔、三叶鹦鲷、搭秉

头部绿色，具橙色点及短线

尾鳍黑色，鳍缘红色，胸鳍黄色

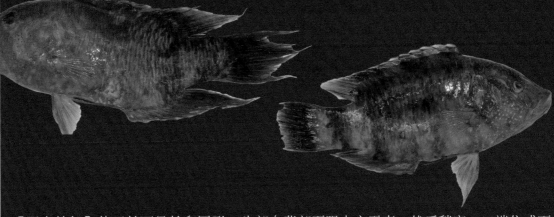

【形态特征】体延长而呈长卵圆形；头部自背部至眼上方平直，然后稍突。口端位或下颌稍突出；上下颌各具锥形齿1列，前端各具1对大犬齿。前鳃盖骨边缘具锯齿，左右鳃膜愈合，不与峡部相连。体被大型圆鳞，头部眼上方被鳞。成鱼背鳍与臀鳍延长，达尾鳍基部；腹鳍亦长达肛门之后；尾鳍圆形，成熟雄鱼上、下及中叶软条延长，形成三叶状。幼鱼体白色或淡绿色，吻部淡绿色；体各鳞片具一红色细横线，头部具许多红色短线及点；体具4条黑色宽横带，1条在尾柄上；各鳍与体色相同，体侧横带延伸至背鳍及臀鳍，尾鳍黑色，基部白色，鳍缘淡红色。**成鱼体红褐色，头部绿色，体侧横带较不明显，各鳞具红色细横线，头部具橙色点及短线**；背鳍、臀鳍与体色同，鳍缘红色，后方延长鳍条红色，**尾鳍黑色，鳍缘红色，胸鳍黄色**。最大全长45cm。

【分布范围】分布于印度洋—太平洋海域，由非洲东部至土阿莫土群岛，北至琉球群岛，南至新喀里多尼亚。我国主要分布于东海和南海海域。

【生态习性】主要栖息于沿岸珊瑚礁和岩礁区，珊瑚礁海域较多，偶尔可以在海藻堆发现其踪迹。分布水深为1~30m。

134. 蓝身丝隆头鱼

Cirrhilabrus cyanopleura (Bleeker, 1851)

【英文名】blueside wrasse

【别　名】红娘仔、柳冷仔、蓝身鹦哥

胸鳍基部具一暗褐色斜斑

【形态特征】体延长而侧扁。前鳃盖上缘具小而尖锐锯齿。颊部具2列鳞片（少数1列）；侧线不连续，中断于背鳍软条部中段的下方。成熟雄鱼腹鳍极长；雄鱼尾鳍矛尾形，雌鱼圆形。体前上半部黑褐色，后半部红褐色；奇鳍与腹鳍深蓝色；成鱼鳞片后缘通常为深蓝色；**胸鳍基部具一暗褐色斜斑**；雄鱼胸鳍后方具一橙黄色斑；背鳍、臀鳍与尾鳍基部红褐色，末梢浅蓝色具不规则波浪状橙褐纹；腹鳍第1与第2软条为褐色。最大全长17.7cm。

【分布范围】分布于印度洋—西太平洋海域，由印度、斯里兰卡至菲律宾，北至中国，南至大堡礁海域等。我国主要分布于东海和南海海域。

【生态习性】主要栖息于近海珊瑚礁水域。分布水深为2～30m。

135. 艳丽丝隆头鱼
Cirrhilabrus exquisitus Smith, 1957

【英文名】exquisite wrasse
【别　名】红娘仔、柳冷仔

雌鱼一致为淡红色，背鳍棘下方褐色

尾柄中央稍上具一大黑斑

【形态特征】体延长而侧扁。前鳃盖上缘具小而尖锐锯齿。侧线不连续，中断于背鳍软条部中段的下方。成熟雄鱼腹鳍不特别长；成鱼尾鳍双凹形。雄鱼体上半部红褐色或蓝绿色，下半部色淡或淡红色；眼下缘具一暗纵纹，纹下方色淡，眼后具一红色纵纹斜上至胸鳍上方，上颌具一红纵纹经眼上缘至颈部；胸鳍后方的体中线具一蓝纹至尾鳍基部；**尾柄中央稍上具一大黑斑**；胸鳍基具一蓝色或褐色斜纹，胸鳍透明，鳍缘红色；背鳍、臀鳍基底淡黄色，鳍缘具一宽红带，鳍末梢具一细蓝线，后方软条在红色及淡黄色之间为黑色，且具瞳孔般大小的蓝斑；尾鳍具许多蓝点。**雌鱼一致为淡红色，背鳍棘下方褐色**。最大全长13.94cm。

【分布范围】分布于印度洋—太平洋海域，由红海及非洲东部至土阿莫土群岛，北至琉球群岛。我国主要分布于东海和南海海域。

【生态习性】主要栖息于近海珊瑚礁区、礁坡缘及砾石区等。分布水深为6~40m。

136. 黑缘丝隆头鱼

Cirrhilabrus melanomarginatus Randall & Shen, 1978

【英文名】blackfin fairy-warsse

【别　名】红娘仔、柳冷仔、乌边鹦哥、沙丁斑

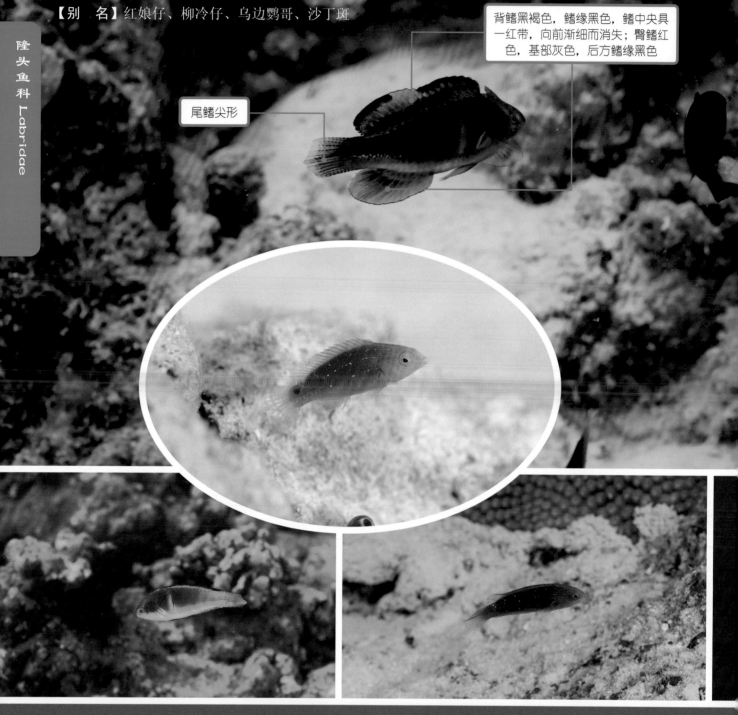

背鳍黑褐色，鳍缘黑色，鳍中央具一红带，向前渐细而消失；臀鳍红色，基部灰色，后方鳍缘黑色

尾鳍尖形

【形态特征】体延长而侧扁。前鳃盖上缘具小而尖锐锯齿。上颌达眼与后鼻孔垂直线中央；上颌前方具3对犬齿，下颌前方具1对。鳃耙短。吻部与眼间隔处无鳞；侧线不连续，中断于背鳍软条部中段的下方。背鳍起点在鳃裂上方；腹鳍具腋生鳞；**尾鳍尖形**。体黑褐色，腹部色淡；腹鳍与尾鳍黑褐色；胸鳍透明，腋下稍黄；**背鳍黑褐色，鳍缘黑色，鳍中央具一红带，向前渐细而消失；臀鳍红色，基部灰色，后方鳍缘黑色**。最大全长 16.56cm。

【分布范围】分布于西中太平洋海域，由日本至中国南海及菲律宾海域等。我国主要分布于东海和南海海域。

【生态习性】主要栖息于近海礁石水域。分布水深为 6~40m。

137. 红缘丝隆头鱼
Cirrhilabrus rubrimarginatus Randall, 1992

【英文名】red-margined wrasse
【别　名】红娘仔、柳冷仔

背鳍及尾鳍具宽红带，鳍缘具细蓝线，红带下具黑线

雄鱼粉红色；头、胸及腹部蓝色

【形态特征】体延长而侧扁。前鳃盖上缘具小而尖锐锯齿。侧线不连续，中断于背鳍软条部中段的下方。雄鱼腹鳍延长，越过臀鳍基；尾鳍圆形。雌鱼紫粉红色，吻部及头背黄色；头具不规则且不连续的黄线延伸至颈部；背鳍及尾鳍鳍缘具宽红带。**雄鱼粉红色；头、胸及腹部蓝色**，具黄线及黄点，头顶具大黄斑；体侧具橙色的点及短线；**背鳍及尾鳍具宽红带，鳍缘具细蓝线，红带下具黑线**。最大全长 15.2cm。

【分布范围】分布于印度洋—西太平洋海域，由印度尼西亚至汤加，北至中国、日本海域等。我国主要分布于东海和南海海域。

【生态习性】主要栖息于近海珊瑚礁区、礁坡缘及砾石水域等。分布水深为 25~52m。

138. 鳃斑盔鱼

Coris aygula Lacepède, 1801

【英文名】clown coris
【别　名】红喉鹦鲷、柳冷仔、白尨、花龙、花面、海猪鱼

背鳍前后另具 2 个大眼斑

成鱼头部眼上方具一肉峰

成鱼腹鳍延长成丝状；成鱼
尾鳍截形而软条延长成梳状

【形态特征】体延长而侧扁；**成鱼头部眼上方具一肉峰**。上下颌突出，各具2个犬齿；下颌犬齿向后侧而渐小。背鳍连续，成鱼第1~2棘延长；**成鱼腹鳍延长成丝状；成鱼尾鳍截形而软条延长成梳状**，幼鱼为圆形。侧线在背鳍后部下方陡向下；颊部、鳃盖与下颌无鳞。体色随成长而异，成鱼体呈墨绿色具红纹，头、体背与鳍皆具红点；鳃盖膜具一黑斑；幼鱼白色，头与体前侧散布黑点；背鳍、臀鳍及尾鳍亦为白色，且散布黑点；**背鳍前后另具 2 个大眼斑，而体背就在背鳍眼斑的下方各另具一大红斑**。最大全长 120cm。

【分布范围】分布于印度洋—太平洋海域，由红海及非洲东部至莱恩群岛、迪西岛，北至琉球群岛，南至罗德豪维岛及拉帕岛等。我国主要分布于东海和南海海域。

【生态习性】主要栖息于温暖的珊瑚礁水域。分布水深为 2~30m。

139. 背斑盔鱼
Coris dorsomacula Fowler, 1908

【英文名】pale-barred coris
【别　名】背斑鹦鲷、柳冷仔、白线龙、鹦哥、丁斑、海猪鱼、蟋蟀仔

鳃盖后上角具一黑斑

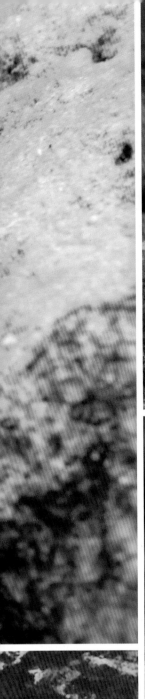

【形态特征】体长形，侧扁；头圆锥状。口中型，唇厚；上颌前方具 2 对犬齿，下颌具 1 对。体被小鳞，颊与鳃盖裸露；侧线连续。前鳃盖缘平滑。腹鳍第 1 软条延长，达肛门；尾鳍圆形。体色随成长而异，体淡黄色，头上半部黑褐色；体侧具 6 条黄橙色至蓝黑色宽横带，横带于背侧蓝黑色，腹侧浅黄色，横带间隙极窄，其中第 3 条横带末端近臀鳍处形成一深黑斑；体侧另具 3 条粉红至橙色细纵带，而胸鳍基部具 2 条平行的橙色斜纹伸至腹部；头部具 3 条红橙色细纵带，第 1 条从上颌经眼至鳃盖缘上方，与体侧第 1 条纵带相连，第 2 条从眼后下方至鳃盖缘，第 3 条近喉峡部；**鳃盖后上角具一黑斑**。背鳍黑褐色，第 1~3 棘间具一黑斑；臀鳍粉红至橘红色，末梢具 3 条浅蓝色纵纹；尾鳍黄褐色，具一红色的半环纹，环纹前或具少许红色斑点。最大全长 38cm。

【分布范围】分布于西太平洋海域，由日本至澳大利亚海域，东至汤加等。我国主要分布于东海和南海海域。

【生态习性】主要栖息于温暖的珊瑚礁水域。分布水深为 2~40m。

140. 露珠盔鱼
Coris gaimard (Quoy & Gaimard, 1824)

【英文名】African coris
【别　名】盖马氏鹦鲷、柳冷仔、红龙、丁斑、蟋蟀仔

幼鱼橙红色，背部具3个镶黑边不规则白斑

尾鳍淡黄色，基部具白色半环，环前缘黑色

后部较暗且具蓝色小点；头部具数条辐射纹；尾鳍淡黄色，外侧红色

【形态特征】体延长而侧扁；鳃盖骨无鳞；口中型，唇厚；上颌前方具2对犬齿；下颌具1对，往后侧而渐小。成鱼背鳍第1~2棘延长；腹鳍延长。体色随成长而异，**雄鱼体橄榄褐色，后部较暗且具蓝色小点；头部具数条辐射纹**；背鳍第6~9棘下方具一淡绿色横带；**尾鳍淡黄色，外侧红色**。雌鱼体黄褐色，后部较暗且散布蓝色小点；头部具数条辐射纹；背鳍、臀鳍与体同色且亦具蓝色小点。**幼鱼橙红色，背部具3个镶黑边不规则白斑**；头顶与枕部各具一黑边白斑；**尾鳍淡黄色，基部具白色半环，环前缘黑色**；背鳍与臀鳍具黑带。最大全长40cm。

【分布范围】分布于印度洋—太平洋海域，由圣诞岛及科科斯群岛至社会群岛及土阿莫土群岛，北至琉球群岛与夏威夷群岛海域，南至澳大利亚等。我国主要分布于东海和南海海域。

【生态习性】主要栖息于温暖的珊瑚礁水域。分布水深为1~50m。

141. 伸口鱼
Epibulus insidiator (Pallas, 1770)

【英文名】sling-jaw wrasse
【别　名】阔嘴郎

一般头体一致为黄色、暗黄褐色、黑褐色或橄榄绿色等；鳞片具黑褐色斑，而形成点状列

成鱼尾鳍上下缘延长为丝状

【形态特征】体延长；头尖；体中高；背鳍前方头部背面圆突，眼前与眼上方稍凹。口特别突出；上下颌可强度伸缩；下颌骨向后超越鳃膜；上下颌齿各 1 列，前方各具 1 对犬齿；鳞片大型，颊鳞 2 列，下颌无鳞；侧线间断。**成鱼尾鳍上下缘延长为丝状。**体色多变异，且易随栖息地而改变体色深浅，一般头体一致为黄色、暗黄褐色、黑褐色或橄榄绿色等；**鳞片具灰色斑，而形成点状列；**背鳍第 1 与第 2 棘间具一黑褐色斑，向后形成黑色纵带；各鳍与体同色。幼鱼体褐色，具 3 条白色细横带，眼具放射状细白纹。最大全长 68.53cm。

【分布范围】分布于印度洋—太平洋海域，由红海及南非至夏威夷群岛、土阿莫土群岛，北至琉球群岛，南至新喀里多尼亚海域等。我国主要分布于东海和南海海域。

【生态习性】主要栖息于珊瑚礁处或礁湖水域。分布水深为 1~42m。

142. 杂色尖嘴鱼
Gomphosus varius **Lacepède, 1801**

【英文名】bird wrasse

【别　名】染色尖嘴鱼、突吻鹦鲷、鸟鹦鲷、鸟仔鱼、出角鸟、尖嘴龙、青鸭、鸭嘴龙

成鱼尾鳍截形，雄鱼深蓝色，各鳍淡绿色

幼鱼尾鳍圆形

【形态特征】体长形；头尖；吻突出成管状且随鱼体增大而渐延长。鳃膜与峡部相连。上颌长于下颌；上下颌具1列齿，上颌前方具2枚犬齿。体被大鳞，腹鳍具鳞鞘；侧线连续。背鳍棘明显较软条为短；腹鳍尖形；**幼鱼尾鳍圆形，成鱼尾鳍截形**，上下缘或延长。幼鱼蓝绿色；体侧具2条黑纵带，吻较不突出；**雄鱼深蓝色，各鳍淡绿色**，尾鳍具新月形纹；雌鱼体前部淡褐色，后部深褐色；上颌较下颌色深，眼前后具成列黑斑；奇鳍色深；胸鳍具横斑；尾鳍后缘白色；每一鳞片具一暗斑纹。最大全长36.5cm。

【分布范围】分布于印度洋—太平洋海域，由科科斯群岛至夏威夷群岛、马克萨斯群岛及土阿莫土群岛，北至琉球群岛，南至罗德豪维岛及拉帕岛等。我国主要分布于东海和南海海域。

【生态习性】主要栖息于被珊瑚礁围绕起来的环礁、面海的礁坡区以及潟湖礁水域。分布水深为1~35m。

143. 双眼斑海猪鱼

Halichoeres biocellatus Schultz, 1960

【英文名】red-lined wrasse
【别　名】双线龙、柳冷仔、双斑儒艮鲷

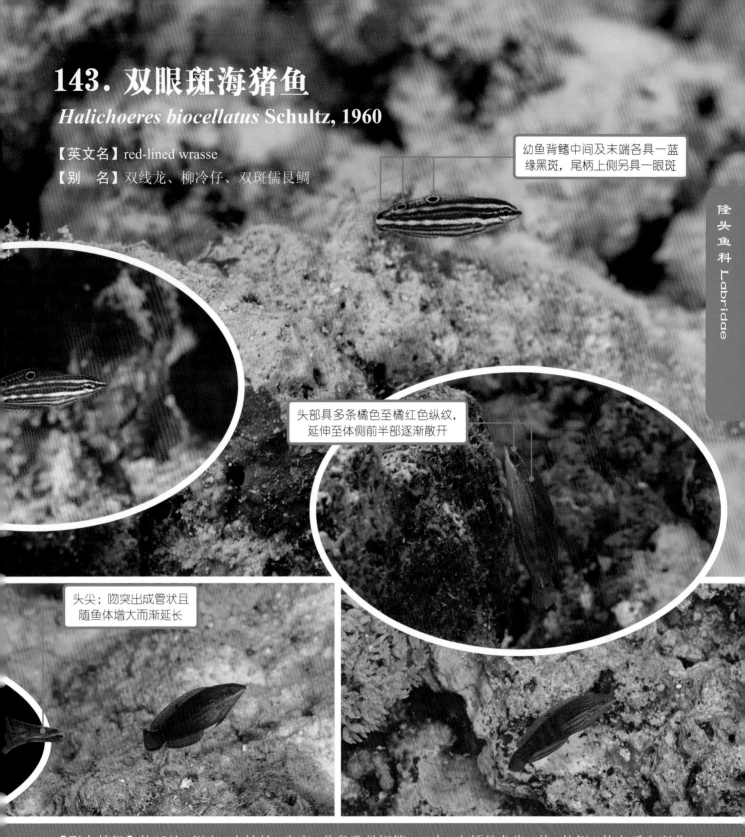

幼鱼背鳍中间及末端各具一蓝缘黑斑，尾柄上侧另具一眼斑

头部具多条橘色至橘红色纵纹，延伸至体侧前半部逐渐散开

头尖；吻突出成管状且随鱼体增大而渐延长

【形态特征】体延长，侧扁。吻较长，尖突。前鼻孔具短管。口小；上颌具犬齿4枚，外侧2枚向后方弯曲。前鳃盖缘平滑；鳃盖膜常与峡部相连。体被中大圆鳞，胸部鳞片小于体侧，颊部无鳞；背鳍与臀鳍无鳞鞘；侧线完全，在尾柄前方急剧下降。腹鳍外侧延长达肛门之前；尾鳍圆形。幼鱼色淡，全身具多条橘色至橘红色纵纹，背鳍中间及末端各具一蓝缘黑斑，尾柄上侧另具一眼斑；雌鱼体呈绿色，头部具多条橘色至橘红色纵纹，延伸至体侧前半部逐渐散开，至体侧后半部形成点状列，头部腹面至体侧臀鳍以前的腹面色淡，眼后具一绿斑，背鳍第1~3及9~11软条间各具一蓝缘黑斑；雄鱼类似雌鱼，但眼斑消失，体侧后半部具3条不明显的黑色横斑，尾柄上另具一平躺的"U"字纹。最大全长12cm。
【分布范围】分布于西太平洋海域，由日本至澳大利亚海域，东至萨摩亚等。我国主要分布于东海和南海海域。
【生态习性】主要栖息于珊瑚礁海域。分布水深为6~35m。

144. 格纹海猪鱼
Halichoeres hortulanus (Lacepède, 1801)

【英文名】checkerboard wrasse

【别　名】黄花龙、四齿仔、花面龙、鹦仔、雷仔、鹦哥、柳冷仔、四点儒艮鲷、方斑儒艮鲷、四齿

雄鱼类似雌鱼，但体为蓝绿色，尾鳍橙红色具黄点

幼鱼体白色，头部黑色，体中央具一宽黑横带

【形态特征】体延长，侧扁。吻较长，尖突。前鼻孔具短管。口小；上颌具犬齿 4 枚，外侧 2 枚向后方弯曲。前鳃盖后缘具锯齿；鳃盖膜常与峡部相连。体被中大圆鳞，胸部鳞片小于体侧，主鳃盖上方具小簇鳞片；眼后也具一簇垂直小鳞；眼眶间距随鱼龄渐大而增加。体色随性别与个体而异，**幼鱼体白色，头部黑色，体中央具一宽黑横带**，或扩散成斑驳，尾柄黑色，背鳍中央具一镶黄边的黑斑，尾鳍黄色；**雌鱼体白色**；各鳞具一垂直横纹，背侧横纹较大；背鳍第 4~5 棘基部具一大黄斑，其后为一黑斑，头绿色具粉红色带，尾鳍黄色。雄鱼类似雌鱼，但体为蓝绿色；尾鳍橙红色具黄点。最大全长 27cm。

【分布范围】分布于印度洋—太平洋海域，由红海及南非至莱恩群岛、马克萨斯群岛、土阿莫土群岛，北至琉球群岛，南至大堡礁等。我国主要分布于东海和南海海域。

【生态习性】主要栖息于沿岸珊瑚礁区、礁沙混合区、礁坡或潟湖水域等。分布水深为 1~30m。

145. 星云海猪鱼
Halichoeres nebulosus (Valenciennes, 1839)

【英文名】nebulous wrasse
【别　名】七彩龙、柳冷仔、云纹儒艮鲷、青汕冷

雌鱼体上半部黄褐色，腹部后缘具一大的粉红斑，鳃盖膜具一黑斑

雌鱼体白色，各鳞具一垂直横纹，背侧横纹较大；背鳍第 4~5 棘基部具一大黄斑，头绿色具粉红色带，尾鳍黄色

【形态特征】体延长，侧扁。吻较长，尖突。前鼻孔具短管。口小；上颌具犬齿 4 枚，外侧 2 枚向后方弯曲。前鳃盖后缘具锯齿；鳃盖膜常与峡部相连。体被中大圆鳞，胸部鳞片小于体侧，颊部无鳞；背鳍与臀鳍无鳞鞘；侧线完全，在尾柄前方急剧下降。**雌鱼体上半部黄褐色，鳞片具红褐至黑褐色缘，腹部色淡，具大小不一的白斑，腹部后缘具一大的粉红斑，鳃盖膜具一黑斑**，眼后另具一小黑斑，前方背鳍具一小黑点，背鳍中央具一镶黄边的黑斑，胸鳍基无黑点；雄鱼橄榄绿色而具红褐色点，色点偶尔相连形成黑褐色横带或斑驳，腹部粉红色斑渐消失，头部及鳃盖膜的黑点亦渐消失或缩小，头部绿色，眼前仅具一红带延伸至口角，眼后 2 条放射状条纹角度较大，眼下具长弯形红纹，鳃盖后下缘至峡部具淡粉红色纹，背鳍淡黄至黄褐色，具不明显的排列不规则的斑点，**背鳍中央亦具一黑斑**，臀鳍淡褐色，中央具纵列的蓝纹。最大全长 12cm。

【分布范围】分布于印度洋—西太平洋海域。我国主要分布于东海和南海海域。

【生态习性】主要栖息于潮间带至水深约 40m 的沿岸海域。分布水深为 1~40m。

146. 黑额海猪鱼

Halichoeres prosopeion (Bleeker, 1853)

【英文名】twotone wrasse

【别　名】黑头龙、柳冷仔、黑额儒艮鲷

成鱼头与体前半部蓝灰色，后部渐呈黄色，胸鳍基上缘具一小黑斑；尾鳍黄色

【形态特征】体延长，侧扁；眼间隔稍突。口端位，稍倾斜；上下颌各具4与2枚犬齿，后犬齿极大。头部无鳞，鳍无鳞鞘。背鳍软条部稍高于棘部；腹鳍第1棘延长至肛门；尾鳍截形或稍圆。成鱼头与体前半部蓝灰色，后部渐呈黄色；鳞片多具橙黄色垂直纹；背鳍前部褐色，后部淡蓝色具黄灰纹；背鳍第2~4棘间具一大黑斑；**胸鳍基上缘具一小黑斑**；腹鳍灰黑色；**尾鳍黄色**。幼鱼头与体具4条黑褐色纹；背鳍、臀鳍近基部具纵纹；背鳍前部具一黑斑。最大全长14.76cm。

【分布范围】分布于西太平洋海域，由印度尼西亚至萨摩亚及汤加，北至日本，南至澳大利亚海域等。我国主要分布于东海和南海海域。

【生态习性】主要栖息于浅水域的珊瑚礁区及沿岸。分布水深为2~40m。

147. 侧带海猪鱼
Halichoeres scapularis (Bennett, 1832)

【英文名】zigzag wrasse
【别　名】项带龙、柳冷仔、项带儒艮鲷

雄鱼淡绿色，在胸鳍基上方形成一黑斑

幼雌鱼体背侧由橄榄黄至黄褐色，腹侧白色

【形态特征】体延长，侧扁。吻较长，尖突。前鼻孔具短管。口小；上颌具犬齿4枚，外侧2枚向后方弯曲。前鳃盖后缘具锯齿；鳃盖膜常与峡部相连。体被中大圆鳞，胸部鳞片小于体侧，鳃盖上方具一小簇鳞片；眼下方或后方无鳞。体色随性别与个体而异，**幼雌鱼体背侧由橄榄黄至黄褐色，腹侧白色**，体侧具一黑色连续似"Z"字形纵带，此纵带在头后部另具黄色纵纹掺杂，尤其是下侧最为明显，而且向前延伸至吻部，形成另一黄色纵纹，尾柄上侧无黑斑；**雄鱼淡绿色，纵带渐退或消失，而在胸鳍基上方形成一黑斑**，体侧鳞片出现粉红色垂直缘，头部亦具粉红色斑块或线纹，从胸鳍至腹部另具一斜红纹，背鳍、臀鳍及尾鳍各具多条粉红色纵纹或垂直纹。最大全长20cm。

【分布范围】分布于印度洋—西太平洋海域，由红海、非洲东部至巴布亚新几内亚，北至琉球群岛，南至大堡礁海域等。我国主要分布于东海和南海海域。

【生态习性】主要栖息于礁区外缘的海草平台、沙石地，以及浅水礁湖及海湾。分布水深为1~20m。

148. 三斑海猪鱼

Halichoeres trimaculatus (Quoy & Gaimard, 1834)

【英文名】threespot wrasse

【别　名】蚝鱼、三重斑点濑鱼、青汕冷、三斑儒艮鲷、三点儒艮鲷、四齿

雄鱼头及体上半部淡绿色，头部具红纹，眼后红斑列较多

尾柄上侧具一明显的大眼斑，胸鳍上方具另一小眼斑

【形态特征】体延长，侧扁。吻较长，尖突。前鼻孔具短管。口小；上颌具犬齿 4 枚，外侧 2 枚向后方弯曲。前鳃盖后缘具锯齿；鳃盖膜常与峡部相连。体被中大圆鳞，胸部鳞片小于体侧，鳃盖上方具一小簇鳞片；眼下方或后方无鳞。体色随性别与个体而异，雌鱼体淡黄色，腹面白色，头上半部淡绿色，眼前具 2 条红色的纵纹，眼下具 1 条红纵纹，眼后具数条红斑列，尾柄上侧具一不明显的大眼斑；**雄鱼头及体上半部淡绿色，头部具如雌鱼般的红纹，眼后红斑列较多，且沿鳃盖骨缘向下延伸至喉峡部，体侧各鳞具稍深绿色的横纹，从胸鳍至腹部具一斜红纹，尾柄上侧具一明显的大眼斑，胸鳍上方具另一小眼斑**。最大全长 27cm。

【分布范围】分布于印度洋—太平洋海域，由圣诞岛至莱恩群岛、迪西岛，北至琉球群岛，南至罗德豪维岛等。我国主要分布于东海和南海海域。

【生态习性】主要栖息于珊瑚礁平台的外缘沙地上、潟湖区风平浪静的面海礁坡，以及食物丰盛的海藻床水域。分布水深为 2~30m。

149. 横带厚唇鱼

Hemigymnus fasciatus (Bloch, 1792)

【英文名】barred thicklip

【别　名】斑节龙、大口倍良、阔嘴郎、黑带鹦鲷、大口鹦鲷、条纹半裸鱼、厚嘴丁斑

隆头鱼科 Labridae

尾鳍黑色或黑黄色

头浅黄色或浅绿色，
具带蓝边的粉红色带

【形态特征】体长椭圆形，侧扁；头中大；眼中大。吻长，突出；唇厚，上唇内侧具皱褶，下唇中央具沟，分成两叶；上下颌各具 1 列锥状齿，前端具 1 对犬齿。前鳃盖骨缘平滑；左右鳃膜愈合，与峡部相连。体被大圆鳞，颈部与胸部被较小鳞；侧线完全。背鳍连续；腹鳍第 1 棘延长；尾鳍稍圆形。体黑色，具 5 条白色横带；胸部白色；**头浅黄色或浅绿色，具带蓝边的粉红色带；尾鳍黑色或黑黄色**。幼鱼眼周围具辐射状白色带。最大全长 30cm。

【分布范围】分布于印度洋—太平洋海域，由红海及南非至大溪地，北至琉球群岛，南至大堡礁等。我国主要分布于东海和南海海域。

【生态习性】主要栖息于岩礁区，小鱼一般只在浅海的礁区活动，大鱼活动范围广，常出现于独立礁或礁沙混合区。分布水深为 1~25m。

150. 黑鳍厚唇鱼
Hemigymnus melapterus (Bloch, 1791)

【英文名】blackeye thicklip
【别　名】黑白龙、垂口倍良、阔嘴郎、黑鳍鹦鲷、垂口鹦鲷

背鳍起点至臀鳍起点连线的后部为黑色，且每一鳞片具一蓝或蓝绿纹

头浅灰黄色，眼周围具辐射状黑红带，眼后具一黑斑

【形态特征】体长椭圆形，侧扁；头中大；眼中大。吻长，突出；唇厚，上唇内侧具皱褶，下唇中央具沟，分成两叶；上下颌各具1列锥状齿，前端具1对犬齿。前鳃盖骨缘平滑；左右鳃膜愈合，与峡部相连。体被大圆鳞，颈部与胸部被较小鳞；侧线完全。背鳍连续；腹鳍第1棘延长；尾鳍稍圆形或截形。体前部为淡灰色，而自背鳍起点至臀鳍起点连线的后部为黑色，且每一鳞片具一蓝或蓝绿纹；头浅灰黄色，眼周围具辐射状黑红带，眼后具一黑斑。幼鱼自背鳍前方至腹部前方具一白色带；头与体前部浅灰色；尾鳍与尾柄浅黄色。最大全长39.6cm。

【分布范围】分布于印度洋—太平洋海域，由红海及非洲东部至波利尼西亚，北至琉球群岛，南至大堡礁等。我国主要分布于东海和南海海域。

【生态习性】主要栖息于珊瑚礁海域，特别是亚潮带的珊瑚平台、被珊瑚礁包围的礁湖及面海礁坡上的珊瑚或岩石块与沙地的混合水域。分布水深为1~30m。

151. 环纹细鳞盔鱼

Hologymnosus annulatus **(Lacepède, 1801)**

【英文名】ring wrasse
【别　名】铅笔龙、软钻仔、环纹鹦鲷、环纹细鳞鹦鲷、鹦哥丁斑

头腹部黑色，体上半部黄色

【形态特征】体细长；口中型；上下颌具1列齿，前方具4犬齿，无后犬齿。鳞片小，头部除颈背外，其余无鳞；侧线在背鳍后部下方陡向下斜。背鳍连续，幼、雌鱼尾鳍稍圆，雄鱼凹形。幼鱼体腹部及**头腹部黑色，体上半部黄色**，近**背鳍基部处具一黑色细纵带。**雌鱼体呈褐色至橄榄褐色，体侧具17~19个暗褐色短垂直带，鳃盖膜具一蓝黑斑，尾鳍末端具明显白色新月斑；雄鱼体背蓝色，体腹蓝绿色，若有则在肛门上方，尾鳍蓝色而具绿色的新月斑，末缘透明。最大全长40cm。

【分布范围】分布于印度洋—太平洋海域，由红海及南非至社会群岛及皮特凯恩群岛，北至琉球群岛，南至大堡礁等。我国主要分布于东海和南海海域。

【生态习性】主要栖息于面海珊瑚礁区及礁沙混合水域。分布水深为8~40m。

152. 狭带细鳞盔鱼

Hologymnosus doliatus (Lacepède, 1801)

【英文名】pastel ringwrasse
【别　名】铅笔龙、软钻仔、清尾鹦鲷、长面细鳞鹦鲷、沙丁斑

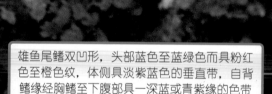

雄鱼尾鳍双凹形，头部蓝色至蓝绿色而具粉红色至橙色纹，体侧具淡紫蓝色的垂直带，自背鳍缘经胸鳍至下腹部具一深蓝或青紫缘的色带

【形态特征】体细长；口中型；上下颌具1列齿，前方具4犬齿，无后犬齿。鳞片小，头部除颈背外，其余无鳞；侧线在背鳍后部下方陡向下斜。背鳍连续，幼、雌鱼尾鳍稍圆，雄鱼双凹形。幼鱼体呈白色，具3条橙红纹；雌鱼体呈绿、蓝或粉红色，体侧具20~23个橙褐色短垂直带，**鳃盖膜具一蓝黑斑**；雄鱼体呈淡蓝绿色至淡红色，**头部蓝色至蓝绿色而具粉红色至橙色纹，体侧具淡紫蓝色的垂直带，自背鳍缘经胸鳍至下腹部具一深蓝或青紫缘的色带**，尾柄具2~3条纵带。最大全长50cm。

【分布范围】分布于印度洋—太平洋海域，由南非及非洲东部至萨摩亚及莱恩群岛，北至琉球群岛，南至大堡礁等。我国主要分布于东海和南海海域。

【生态习性】主要栖息于面海珊瑚礁区及礁沙混合水域。分布水深为1~35m。

153. 单线突唇鱼
Labrichthys unilineatus (Guichenot, 1847)

【英文名】tubelip wrasse
【别　名】黑倍良、假漂漂、柳冷仔、单线鹦鲷

雄鱼胸鳍上方体侧具一大型黄色斑块，尾鳍靠近鳍缘具一淡蓝色半环纹

【形态特征】体长形，侧扁；头尖。口小；唇厚而多肉质状，口闭合时形成一短管状；上颌前方具2对犬齿，下颌具1对。体被大鳞，头部除颊部外布满鳞片，胸部鳞较小；侧线完全。幼鱼与雌鱼的腹鳍短，雄鱼极长；尾鳍圆形。幼鱼体黑色，唇淡黄色；从口端经眼下缘至尾鳍末端具一白纵带，体腹另具一白纵带，此2带会随成长渐变细而消失；背鳍、臀鳍黑色，尾鳍缘白色。雌鱼体一致为黑褐色，体侧白纵带模糊或不显。雄鱼体色较雌鱼鲜亮，唇为黄色；每一鳞片具一蓝纵线，而连成许多细纵线，细纵线向前延伸至头部而形成不规则且较宽的斑纹；**胸鳍上方体侧具一大型黄色斑块**；各鳍亦为黑褐色，背鳍、臀鳍膜各具3条蓝色细纵带，**尾鳍靠近鳍缘具一淡蓝色半环纹**。最大全长17.5cm。

【分布范围】分布于印度洋—太平洋海域，由非洲东部至萨摩亚，北至琉球群岛，南至大堡礁等。我国主要分布于东海和南海海域。

【生态习性】主要栖息于浅潟湖或珊瑚礁区半保护面且珊瑚繁生的海域。分布水深为0~20m。

154. 双色裂唇鱼

Labroides bicolor Fowler & Bean, 1928

【英文名】bicolor cleaner wrasse

【别　名】鱼医生、两色倍良、假漂漂、柳冷仔、两色拟隆鲷、两色鹦鲷

体前半部深蓝色，后半部淡蓝色或淡黄色，尾鳍淡黄色或偏黄，末端具黑色环纹，上下鳍缘末端白色

【形态特征】体长形，侧扁；头尖锥状。下唇分成两叶；齿小，上下颌前方各具 1 对突出的犬齿。鳞片中型，颊部具 4 列小鳞片。尾鳍圆形。**幼鱼体白色，自吻端经眼至体后端具黑纵带**，随年龄渐长，黑带从后端渐消失：**背鳍与臀鳍黑色，末缘白色；尾鳍白色，具黑缘**。成鱼体侧黑带渐消失，**体前半部深蓝色，后半部淡蓝色或淡黄色**，体鳞常具一黑点；各鳍黑色，背鳍、臀鳍鳍缘白色；**尾鳍淡黄色或偏黄，末端具黑色环纹，上下鳍缘末端白色**。最大全长 15cm。

【分布范围】分布于印度洋—太平洋海域，由非洲东部至莱恩群岛、马克萨斯群岛及社会群岛，北至琉球群岛，南至罗德豪维岛等。我国主要分布于东海和南海海域。

【生态习性】主要栖息于岩礁区等温热带海域。分布水深为 0~40m。

155. 裂唇鱼

Labroides dimidiatus (Valenciennes, 1839)

【英文名】bluestreak cleaner wrasse

【别　名】鱼医生、蓝倍良、漂漂、柳冷仔、半带拟隆鲷、蓝带裂唇鲷、鱼仔医生

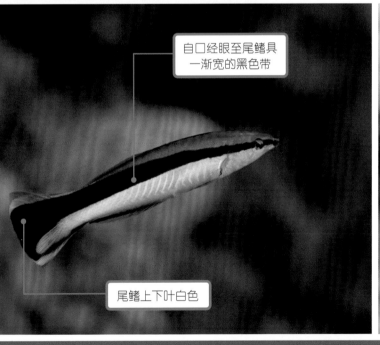

自口经眼至尾鳍具一渐宽的黑色带

尾鳍上下叶白色

【形态特征】体长形，侧扁；头圆锥状，口小，下唇分成两片；齿小且尖，前方具 1 对犬齿；前鳃盖缘平滑；鳞片小，颊与鳃盖被鳞；侧线完全。尾鳍截形或稍圆形。体白色，体背蓝黑色，**自口经眼至尾鳍具一渐宽的黑色带**；背鳍第 1 与第 3 棘间具一黑斑；臀鳍白色，基部具黑纵带；**尾鳍上下叶白色**；偶鳍无色。最大全长 14cm。

【分布范围】分布于印度洋—太平洋海域，由红海、非洲东部至莱恩群岛、马克萨斯群岛及迪西岛，北至琉球群岛，南至罗德豪维岛及拉帕岛等。我国主要分布于东海和南海海域。

【生态习性】主要栖息于浅珊瑚礁水域。分布水深为 1~40m。

156. 多纹褶唇鱼

Labropsis xanthonota **Randall, 1981**

【英文名】yellowback tubelip
【别　名】倍良、柳冷仔、多纹拟隆鲷

雌鱼体背侧渐呈黄色，背鳍黄色而具暗斑

体侧后部至尾鳍渐呈紫蓝色，臀鳍与尾鳍具黑缘

【形态特征】体长形，侧扁；头钝圆，吻部络笼状，截平；唇厚而有褶；齿小，上颌前方具2对犬齿，下颌具1对；鳞片中型，颊与鳃盖被小鳞片。尾鳍圆形，雄鱼弯月形。幼鱼体一致黑色，具多条带白色的蓝纵线；**雌鱼体背侧渐呈黄色，背鳍黄色而具暗斑**，背鳍前端具一黑斑，**体侧后部至尾鳍渐呈紫蓝色，臀鳍与尾鳍具黑缘**；雄鱼体侧黑色，鳃盖缘具黄斑，鳞片中央均具一金黄色小点，头部具紫蓝色纹，背鳍、臀鳍黄褐色，腹鳍橘色，尾鳍上下叶紫蓝色，中央呈现一楔状的白斑。最大全长13cm。

【分布范围】分布于印度洋—太平洋海域，由非洲东部至萨摩亚，北至琉球群岛，南至大堡礁等。我国主要分布于东海和南海海域。

【生态习性】主要栖息于水质清澈的潟湖或藻礁且珊瑚繁生的海域。分布水深为7~55m。

157. 珠斑大咽齿鱼

Macropharyngodon meleagris (Valenciennes, 1839)

【英文名】blackspotted wrasse

【别　名】石斑龙、娘仔鱼、朱斑大咽鹦鲷、网纹曲齿鹦鲷、珠鹦鲷

幼鱼及雌鱼体浅黄色，头与体具密布不规则黑褐斑

腹鳍尖形，腹鳍具黑褐点；尾鳍具黑褐纹

每一鳞片具约瞳孔大的黑蓝点，尾鳍具网纹，上下缘黑褐色

【形态特征】体长形，侧扁。头高；吻尖。上下颌前方各 2 对犬齿，上颌外侧 1 对向后方弯曲，上颌后方具 1 对犬齿。前鳃盖骨后缘平滑，仅后下方游离；鳃膜与峡部相连。鳞片中型，吻部、颊部与鳃盖裸露。胸鳍圆形；**腹鳍尖形，第 1 棘或延长**；尾鳍稍圆形。**幼鱼及雌鱼体浅黄色，头与体具密布不规则黑褐斑**；背鳍与臀鳍基部具斜黑褐纹，鳍缘具橙斑；**腹鳍具黑褐点；尾鳍具黑褐纹**。雄鱼黑褐色，**每一鳞片具约瞳孔大的黑蓝点**，头部具黑蓝而稍平行的纵纹；鳃盖后上方具一黑点；背鳍前方棘部具一黑斑；**尾鳍具网纹，上下缘黑褐色**。最大全长 19.28cm。

【分布范围】分布于印度洋—太平洋海域，由科科斯群岛至大洋洲各群岛，北至琉球群岛，南至澳大利亚等。我国主要分布于东海和南海海域。

【生态习性】主要活动于沙砾、岩礁岸水域，尤其是亚潮带的珊瑚礁平台、潟湖外围及面海陡礁水域等。分布水深为 0~30m。

158. 带尾美鳍鱼

Novaculichthys taeniourus (Lacepède, 1801)

【英文名】rockmover wrasse

【别　名】角龙、娘仔鱼、带尾鹦鲷

尾鳍基具一白色短带

背鳍起点在前鳃盖后缘上方，胸鳍基部具一橙色斑

【形态特征】体长形，侧扁；头部背面轮廓约成45°角；上下颌前侧具2对钝犬齿；头部无鳞，但眼后具一短列而近垂直的中型鳞片。**背鳍起点在前鳃盖后缘上方**；幼鱼背鳍第1与第2棘延长；尾鳍圆形至稍截形。成鱼体灰色；**胸鳍基下方具一圆形黑色带**；**胸鳍基部具一橙色斑**；前腹部具一大红色区域；背鳍第1与第2棘膜皆具一黑点；**尾鳍基具一白色短带**；幼鱼体红色、绿色或褐色；体中央具4列不规则带黑边白点；眼周围具带黑边白色辐射纹。最大全长30cm。

【分布范围】分布于印度洋—太平洋海域，由红海、南非至土阿莫土群岛，北至琉球群岛，南至罗德豪维岛等。我国主要分布于东海和南海海域。

【生态习性】主要栖息于半开放且潮流温和的珊瑚礁平台，或潮池混有碎石和沙砾的水域。分布水深为3~25m。

159. 双线尖唇鱼
Oxycheilinus digramma (Lacepède, 1801)

【英文名】cheeklined wrasse
【别　名】双线龙、汕散仔、阔嘴郎、双线鹦鲷、龙王

头部具许多红色的点及并行线

尾鳍鳍条绿色，鳍膜黄绿色

【形态特征】体延长而呈长卵圆形；头部眼上方轮廓稍凹，然后稍突。口中大，前位，略可向前伸出；吻长，突出；鼻孔每侧2个；上下颌各具锥形齿1列，前端各具1对大犬齿；前鳃盖骨边缘具锯齿，左右鳃膜愈合，不与峡部相连；体被大型圆鳞。腹鳍短；尾鳍稍圆至截形或稍双凹形。幼鱼体色淡茶色，体侧具2条白色纵带，两纵带所夹区域或呈褐色。成鱼体色多变，由橙红色至橄榄绿色；**头部具许多红色的点及并行线**，并行线方向在眼上下缘与头背缘方向相同，眼下方并行线则斜下至鳃盖后下缘，眼后2条明显的平行纵线仅至鳃盖前端；体腹部色稍淡，体鳞具短横线，尾柄无白横带；**各鳍颜色与体色相同，但尾鳍鳍条绿色，鳍膜黄绿色**。最大全长46.35cm。

【分布范围】分布于印度洋—太平洋海域，由红海至马绍尔群岛及萨摩亚，北至日本、中国海域等。我国主要分布于东海和南海海域。

【生态习性】主要栖息于温暖的珊瑚礁海域，特别喜欢在礁湖及隐秘而茂盛的面海珊瑚林中。分布水深为3~60m。

160. 单带尖唇鱼

Oxycheilinus unifasciatus (Streets, 1877)

【英文名】ringtail maori wrasse

【别　名】单带龙、汕散仔、阔嘴郎、单带鹦鲷、玫瑰鹦鲷、厚嘴丁斑

雌鱼体色黄褐至红褐色，体背部色深，各鳞片具一横纹；头部偏绿色，具不规则橙红色斑点及短纹

雄鱼眼后纵线之间具白色带

【形态特征】体长卵圆形；头尖。吻中长，突出；口端位，下颌稍突出；上下颌每侧前方具一犬齿，每侧具 1 列圆锥齿，无后犬齿。前鳃盖骨边缘具锯齿，左右鳃膜愈合，不与峡部相连。体被大型圆鳞，鳃盖具 3 列鳞；背鳍与臀鳍基部具鳞鞘；侧线在背鳍鳍条基部后下方中断。背鳍棘膜无缺刻；腹鳍尖形，尾鳍圆形。**雌鱼体色黄褐至红褐色，体背部色深，各鳞片具一横纹；头部偏绿色**，具不规则橙红色斑点及短纹，眼周围则呈辐射状，眼后具 2 条平行纵线至胸鳍基上方；尾柄前具白色横带；各鳍红褐色，腹鳍末端白色。**雄鱼腹部色淡，眼后纵线之间具白色带**，其余与雌鱼相同。最大全长 46cm。

【分布范围】分布于印度洋—太平洋海域，由圣诞岛至夏威夷群岛、马克萨斯群岛及土阿莫土群岛，北至中国及日本，南至罗利沙洲、新喀里多尼亚及拉帕岛海域等。我国主要分布于东海和南海海域。

【生态习性】主要栖息于温暖珊瑚礁区，喜爱独游在干净、清澈且珊瑚生长旺盛的礁湖区，以及面海礁区。分布水深为 0~160m。

161. 姬拟唇鱼

Pseudocheilinus evanidus Jordan & Evermann, 1903

【英文名】striated wrasse
【别 名】姬拟鹦鲷、姬龙、汕冷仔

自口角向后方至前鳃盖上缘
具一淡蓝至蓝白色的纵带纹

鳃盖具一紫色纹

【形态特征】体延长而侧扁；头尖；吻尖。口小；上颌前方具 3 对小犬齿；下颌具 1 列犬齿。鳞片大型；背鳍与臀鳍具鳞鞘。前鳃盖膜平滑。臀鳍第 2 棘长于第 3 棘。体红色至橘红色，体侧具约 25 条白色细小纵纹；自口角向后方至前鳃盖上缘具一淡蓝至蓝白色的纵带纹；前鳃盖缘紫色；鳃盖具一紫色纹。最大全长 9cm。

【分布范围】分布于印度洋—太平洋海域，由红海、南非至夏威夷群岛及土阿莫土群岛，北至日本、中国海域等。我国主要分布于东海和南海海域。

【生态习性】主要栖息于岩礁海域的珊瑚礁斜坡或碎岩礁海域。分布水深为 6~61m。

162. 八带拟唇鱼

Pseudocheilinus octotaenia Jenkins, 1901

【英文名】eight-lined wrasse

【别　名】条纹拟鹦鲷、八带龙、油冷仔

背鳍、臀鳍具紫罗蓝色与黄色条纹

幼、雌鱼头部颜色同体色，口角后具一黄斑；胸鳍基部上方具一小块红色斑

尾鳍浅黄色，具黄橙色小斑点

【形态特征】体延长而侧扁；头尖；吻尖。口小；上颌前侧具 2 对中犬齿，其后每侧具一极大向外弯曲的犬齿，下颌具 1 列犬齿。前鳃盖角缘具一膜瓣，其上缘平滑。臀鳍第 2 棘长于第 3 棘。体黄褐色，具 7~8 条紫色或紫褐色纵纹；**头具许多橙黄色斑点；背鳍、臀鳍具紫罗蓝色与黄色条纹；尾鳍浅黄色，具黄橙色小斑点**。最大全长 17.17cm。

【分布范围】分布于印度洋—太平洋海域，由红海、非洲东部至夏威夷群岛及迪西岛，北至日本、中国海域，南至澳大利亚等。我国主要分布于东海和南海海域。

【生态习性】主要栖息于温暖的珊瑚礁海域，珊瑚生长茂盛的面海礁坡，及小碎石水域内。分布水深为 2~50m。

163. 黑星紫胸鱼

Stethojulis bandanensis (Bleeker, 1851)

【英文名】red shoulder wrasse
【别　名】红肩龙、柳冷仔、油冷仔、纵线鹦鲷、斑达鹦鲷、笔香

雄鱼胸鳍基部上方具一新月形红色斑块

【形态特征】体长形；头圆锥状；鳃膜与峡部相连。吻中长；唇厚；口小；上下颌具 1 列门齿，前端无犬齿。体被大鳞，胸部鳞片较体侧大，除眼上方外，头部无鳞；颊部裸露；腹鳍无鳞鞘；侧线为"乙"字状连续。腹鳍短；尾鳍圆形。幼、雌鱼体上半部蓝灰色且散布许多细小白点，下半部鳞片基侧半边为暗灰色，外侧半边则为白色；头部颜色同体色，口角后具一黄斑；在胸鳍基部上方具一小块红色斑；在尾柄中央有 1~4 个黑色小点。雄鱼体色上半部蓝色至灰绿色，下半部淡蓝色，两区块由一淡蓝色细纹区隔；在胸鳍基部上方具一新月形红色斑块；头部具 4 条蓝线纹：最上 1 条经眼上缘至背鳍基部延伸至尾鳍；第 2 条由眼后延伸至胸鳍上方；第 3 条由颌部经眼下缘而向上弯曲，经过胸鳍上红斑而至胸鳍后方；最下方 1 条在头腹侧。最大全长 15cm。

【分布范围】分布于印度洋—太平洋海域，由东印度洋至东太平洋外的岛屿，北至日本，南至澳大利亚。我国主要分布于东海和南海海域。

【生态习性】主要栖息于较浅而干净的珊瑚礁平台或潮池，以及亚潮带的干净沙石底部。分布水深为 3~30m。

164. 钝头锦鱼

Thalassoma amblycephalum (Bleeker, 1856)

【英文名】bluntheaded wrasse

【别　名】四齿、砾仔、碇仔、青开叉、钝头叶鲷、钝吻叶鲷、丁斑

雌鱼尾鳍白色，上下鳍缘橙色

雌鱼自吻部至尾鳍基部具一黑色宽带

雄鱼颊部与鳃盖具2条金黄色斜纹

【形态特征】体稍长且侧扁。吻部短；上下颌具1列尖齿，前方各具2枚犬齿，无后犬齿。体被大型圆鳞，头部无鳞，背鳍前的胸部被较小鳞，颈部裸露；腹鳍具鳞鞘。尾鳍截形，或略呈凹形，成鱼时为半月形。体色因鱼龄大小与性别而差别极大，**雌鱼自吻部至尾鳍基部具一黑色宽带**；色带上方的头与身体为绿色，下方白色；**尾鳍白色，上下鳍缘橙色**。**雄鱼红色**，体侧具绿色垂直短纹；颈背及体侧前端黄色；头蓝绿色；**颊部与鳃盖具2条金黄色斜纹**；胸鳍黄色，外侧具黑缘蓝斑。最大全长22.38cm。

【分布范围】分布于印度洋—太平洋海域，由索马里、南非至莱恩群岛、马克萨斯群岛及土阿莫土群岛等，北至日本、中国海域，南至罗德豪维岛及新西兰等。我国主要分布于东海和南海海域。

【生态习性】主要栖息于珊瑚礁海域。分布水深为1~15m。

165. 鞍斑锦鱼

***Thalassoma hardwicke* (Bennett, 1830)**

【英文名】sixbar wrasse

【别　名】四齿、砾仔、六带龙、柳冷仔、青汕冷、青铜管、哈氏叶鲷、丁斑

隆头鱼科 Labridae

具 6 条短黑色斜横带，横带向后渐短

头具不规则粉红色带

体后部具粉红条纹

【形态特征】体稍长且侧扁。吻部短；上下颌具 1 列尖齿，前方各具 2 枚犬齿，无后犬齿。体被大型圆鳞，头部除鳃盖背面被小鳞片外，其余皆裸露。幼鱼尾鳍截形，成鱼凹形。体蓝绿色，**具 6 条短黑色斜横带，横带向后渐短，体后部具粉红条纹；头具不规则粉红色带，颈背具 2 条黑色带**。最大全长 20cm。

【分布范围】分布于印度洋—太平洋海域，西起斯里兰卡，由非洲东部至莱恩群岛及土阿莫土群岛等，北至日本、中国海域，南至罗德豪维岛等。我国主要分布于东海和南海海域。

【生态习性】主要栖息于潮间带到浅潮池、岩礁及珊瑚区，出没的地方通常都混杂着珊瑚礁、碎石及沙。分布水深为 0~15m。

166. 新月锦鱼
Thalassoma lunare (Linnaeus, 1758)

【英文名】moon wrasse

【别　名】四齿、砾仔、绿花龙、菁衣、红衣、花衣、青猫公、青开叉、青汕冷、月斑叶鲷、丁斑、青猫公

胸鳍红色，外围具一蓝环纹

尾鳍前半部蓝绿色，延至上下缘呈暗红色，呈新月状纹，鳍后端中央为黄色

【形态特征】体稍长且侧扁；吻部普通；上下颌具 1 列尖齿，前方各具 2 枚犬齿，无后犬齿。体被大鳞，头部大多无鳞，腹鳍具鳞鞘，背鳍前的胸部被较小鳞。腹鳍尖形；尾鳍截形，上下缘或有延长。体蓝绿色，每一鳞片具一垂直红纹，头部暗红色，具许多与体色相同的条纹，1 条在头部下方呈半环纹，2 条从眼前缘至上颌，1 条从眼上缘至头背部，3 条从眼后缘至鳃盖缘，其中最下 1 条为环纹，上 2 条在鳃盖缘相连成环纹；**胸鳍红色，外围具一蓝环纹**；背鳍与臀鳍蓝绿色，近鳍缘处具一红纵带，鳍缘为蓝、黄色；**尾鳍前半部蓝绿色，延至上下缘呈暗红色，呈新月状纹，鳍后端中央为黄色。**最大全长 45cm。

【分布范围】分布于印度洋—太平洋海域，由红海、非洲东部至莱恩群岛，北至日本、中国海域，南至罗德豪维岛及新西兰北部等。我国主要分布于东海和南海海域。

【生态习性】主要栖息于潮间带到亚潮带珊瑚礁区。喜爱在礁湖或珊瑚礁上缘，或风平浪静的面海礁区活动。分布水深为 1~20m。

167. 紫锦鱼

***Thalassoma purpureum* (Forsskål, 1775)**

【英文名】surge wrasse

【别　名】四齿、砾仔、紫衣、猫仔鱼、汕冷仔、紫叶鲷、丁斑

体侧具 2 条粉红色纵带 —————

眼后下缘具一粉红色带 —————

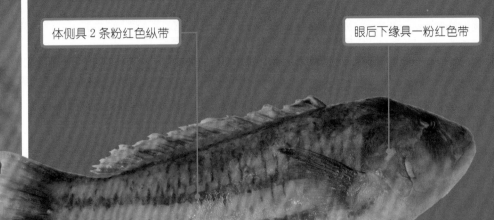

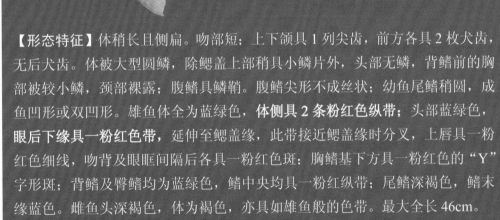

【形态特征】体稍长且侧扁。吻部短；上下颌具 1 列尖齿，前方各具 2 枚犬齿，无后犬齿。体被大型圆鳞，除鳃盖上部稍具小鳞片外，头部无鳞，背鳍前的胸部被较小鳞，颈部裸露；腹鳍具鳞鞘。腹鳍尖形不成丝状；幼鱼尾鳍稍圆，成鱼凹形或双凹形。雄鱼体全为蓝绿色，**体侧具 2 条粉红色纵带**；头部蓝绿色，**眼后下缘具一粉红色带**，延伸至鳃盖缘，此带接近鳃盖缘时分叉，上唇具一粉红色细线，吻背及眼眶间隔后各具一粉红色斑；胸鳍基下方具一粉红色的"Y"字形斑；背鳍及臀鳍均为蓝绿色，鳍中央均具一粉红纵带；尾鳍深褐色，鳍末缘蓝色。雌鱼头深褐色，体为褐色，亦具如雄鱼般的色带。最大全长 46cm。

【分布范围】分布于印度洋—太平洋海域，由非洲东部至夏威夷群岛、马克萨斯群岛及复活节岛，北至日本、中国海域，南至罗德豪维岛及拉帕岛等。我国主要分布于东海和南海海域。

【生态习性】主要栖息于潮间带到岩礁海域，尤其是在浪潮汹涌的珊瑚礁平台外缘、岩岸，甚至在岩礁暴露的极浅岸边，也可以看到它。分布水深为 0~10m。

168. 纵纹锦鱼

Thalassoma quinquevittatum (Lay & Bennett, 1839)

【英文名】fivestripe wrasse
【别　名】四齿、砾仔、红线龙、猫仔鱼、青贡冷、青猫公、青打结、五带叶鲷、丁斑

体上半 2/3 具蓝绿与粉红交互的纵纹

头部具 4 条幅射状蓝绿色带

【形态特征】体稍长且侧扁。吻部短；上下颌具 1 列尖齿，前方各具 2 枚犬齿，无后犬齿。头部无鳞，仅鳃盖上部具少许鳞片；颈部裸露。尾鳍截形或尾叶稍延长，成熟雄鱼深凹形。**体上半 2/3 具蓝绿与粉红交互的纵纹**；背鳍基部蓝绿色；胸与胸鳍基部前的腹部具 2 条蓝绿色带；**头部具 4 条辐射状蓝绿色带**，颊部具一半圆形蓝绿色环；背鳍第 1、2 棘膜具一黑斑；尾鳍无鳞，为黄橙色；尾叶具蓝绿色带。最大全长 17cm。

【分布范围】分布于印度洋—太平洋海域，由红海、非洲东部至夏威夷群岛、马克萨斯群岛及土阿莫土群岛，北至日本、中国海域，南至澳大利亚等。我国主要分布于东海和南海海域。

【生态习性】主要栖息于潮间带到珊瑚礁海域。分布水深为 0~40m。

169. 三叶锦鱼

Thalassoma trilobatum (Lacepède, 1801)

【英文名】christmas wrasse

【别　名】四齿、砾仔、猫仔鱼、青贡冷、三叶叶鲷、绿斑叶鲷、海代仔

头部橙褐色，无任何色斑

体侧具 2 条蓝绿色纵带

【形态特征】体稍长且侧扁。吻部短，上下颌具 1 列尖齿，前方各具 2 枚犬齿，无后犬齿。头部无鳞，仅鳃盖上部具少许鳞片，颈部裸露。尾鳍截平或双凹形。成鱼体橙褐色，**体侧具 2 条蓝绿色纵带**，第 1 条纵带上方另具 4 条蓝绿色的细横带，横带连接体侧纵带及背鳍基底的蓝带；**头部橙褐色，无任何色斑**，胸鳍基亦无 "Y" 字形斑。最大全长 30cm。

【分布范围】分布于印度洋—太平洋海域，由非洲东部至皮特凯恩群岛，北至日本、中国海域，南至澳大利亚等。我国主要分布于东海和南海海域。

【生态习性】主要栖息于潮间带到深达 10m 的岩礁区海域。喜爱在礁湖或珊瑚礁上缘，或风平浪静的面海礁区活动。分布水深为 0~10m。

170. 金带齿颌鲷

Gnathodentex aureolineatus (Lacepède, 1802)

【英文名】striped large-eye bream
【别　名】黄点鲷、龙占、龙占舅

裸颊鲷科 *Lethrinidae*

尾柄背部近背鳍后方软条基底具一大型黄斑

下方体侧银至灰色，具若干金黄色至橘褐色纵线

【形态特征】体延长而呈长椭圆形。吻尖。眼大。口端位；两颌具犬齿及绒毛状齿，下颌犬齿向外；上颌骨上缘具锯齿。颊部具鳞4~6列；胸鳍基部内侧无鳞；背鳍单一，无深缺刻，具硬棘；尾鳍深分叉，两叶先端尖锐。体背暗红褐色，具数条银色窄纵纹；**下方体侧银至灰色，具若干金黄色至橘褐色纵线；尾柄背部近背鳍后方软条基底具一大型黄斑。**各鳍淡红色或透明。最大全长30cm。

【分布范围】分布于印度洋—太平洋海域，西起非洲东岸，东至土阿莫土群岛，北至日本南部，南至澳大利亚。我国主要分布于东海和南海海域。

【生态习性】主要栖息于潟湖礁石平台或面海珊瑚礁的上缘区。分布水深为3~30m。

171. 阿氏裸颊鲷

***Lethrinus atkinsoni* Seale, 1910**

【英文名】pacific yellowtail emperor
【别　名】龙尖、龙占、红龙

背鳍单一，无深缺刻，具硬棘

体背侧蓝灰至橄榄黄色，腹面白色

【形态特征】体延长而呈长椭圆形。吻中短而略钝，吻上缘与上颌间的角度为65°~70°。眼间隔突起或微突。眼大，位于近于头背侧。口端位；两颌具犬齿及绒毛状齿，后方侧齿呈圆形或臼齿状；上颌骨上缘平滑或稍呈锯齿状。颊部无鳞；胸鳍基部内侧具鳞；**背鳍单一，无深缺刻，具硬棘**；尾鳍分叉，两叶先端尖形。**体背侧蓝灰色至橄榄黄色，腹面白色**；头部褐色，唇部红色。各鳍淡黄色或橘红色，具红缘。最大全长50cm。
【分布范围】分布于太平洋海域，西起印度尼西亚、菲律宾，东至土阿莫土群岛，北至日本南部，南至澳大利亚北部。我国主要分布于东海和南海海域。
【生态习性】主要栖息于潟湖或岩礁区外缘的沙泥地。分布水深为 2~30m。

172. 赤鳍裸颊鲷

Lethrinus erythropterus Valenciennes, 1830

【英文名】longfin emperor

【别　名】龙尖、龙占

背鳍单一，无深缺刻

尾柄处有时具 2 条淡红色横带

【形态特征】体延长而呈长椭圆形。吻中短而略钝，吻上缘与上颌间的角度为 53°~64°。眼间隔突起。眼大，位于近于头背侧，但随着成长而渐分离。口端位；两颌具犬齿及绒毛状齿，后方侧齿呈白齿状；上颌骨上缘平滑或稍呈锯齿状。颊部无鳞；胸鳍基部内侧具鳞；**背鳍单一，无深缺刻**；尾鳍分叉，两叶先端钝圆形。头及体侧褐色或锈红色，腹面较淡；**尾柄处有时具 2 条淡红色横带**；眼周围、眼下斜至吻端、唇部及胸鳍基部红色。各鳍鲜红或橘红色。最大全长 50cm。

【分布范围】分布于印度洋—西太平洋海域，包括坦桑尼亚、莫桑比克、查戈斯群岛，东至菲律宾、帕劳及加罗林群岛，北至中国，南至澳大利亚北部。我国主要分布于东海和南海海域。

【生态习性】主要栖息于沿岸珊瑚礁或岩礁区外缘的沙泥地。分布水深为 2~25m。

173. 黑点裸颊鲷

Lethrinus harak (Fabricius, 1775)

【英文名】thumbprint emperor
【别　名】龙尖、龙占、龙占舅、红龙

背鳍单一，无深缺刻

体侧中央在侧线下方具一明显
且有时具黄缘的大椭圆黑斑

【形态特征】体延长而呈长椭圆形。吻中短而略钝，吻上缘与上颌间的角度为 60°~70°。眼间隔突起或几平坦。眼大，位于近于头背侧。口端位；两颌具犬齿及绒毛状齿，后方侧齿呈圆形或臼齿状；上颌骨上缘平滑或稍呈锯齿状。颊部无鳞；胸鳍基部内侧具鳞。**背鳍单一，无深缺刻**，具硬棘，第 4 或第 5 棘最长；臀鳍具硬棘；尾鳍分叉，两叶先端尖形。体背侧绿褐色或灰色，腹面银白色，**体侧中央在侧线下方具一明显且有时具黄缘的大椭圆黑斑**，在受惊吓或睡眠时，身体会出现若干杂斑。各鳍淡粉红色或淡橙色。最大全长 54.9cm。

【分布范围】分布于印度洋—西太平洋海域，西起红海、非洲东部，东至萨摩亚，北至日本南部，南至澳大利亚北部。我国主要分布于东海和南海海域。

【生态习性】主要栖息于沿岸珊瑚礁、岩礁区外缘、沼泽区、红树林区或海藻床的沙泥地。分布水深为 0~20m。

174. 尖吻裸颊鲷

Lethrinus olivaceus Valenciennes, 1830

【英文名】longface emperor
【别　名】猪哥仔、龙尖、海猪哥、猪哥撬、青嘴鸟

背鳍单一，无深缺刻

吻长而尖

【形态特征】体延长而呈长椭圆形。**吻长而尖**，吻上缘与上颌间的角度为 40º~50º。眼间隔微突或平坦。眼大，位于近于头背侧。口端位；两颌具犬齿及绒毛状齿，后方侧齿呈犬齿状；上颌骨上缘平滑。颊部无鳞；胸鳍基部内侧无鳞。**背鳍单一，无深缺刻**；尾鳍分叉，两叶先端尖形。体呈灰褐色至黄褐色，散布许多不明显的不规则斑驳；吻部具暗褐色波纹；上颌偏红，尤其口角处为深红色。最大全长 100cm。

【分布范围】分布于印度洋—西太平洋海域，西起红海、非洲东部，东至萨摩亚，北至日本南部，南至澳大利亚北部。我国主要分布于东海和南海海域。

【生态习性】主要栖息于较深的潟湖、岩礁区或珊瑚礁外缘沙泥地，幼鱼一般活动于沿岸。分布水深为 1~185m。

175. 短吻裸颊鲷
Lethrinus ornatus Valenciennes, 1830

【英文名】ornate emperor
【别　名】龙尖、红龙、猪哥仔、厚唇

背鳍单一，无深缺刻

体呈浅黄褐色，体侧具
5~6条黄色或橙色纵带

【形态特征】体延长而呈长椭圆形。吻短而钝，吻上缘与上颌间的角度为 64°~73°。眼间隔突起。眼大，位于近于头背侧。口端位；两颌具犬齿及线毛状齿，后方侧齿呈圆形而有犬齿尖或白齿但呈块状；上颌骨上缘平滑或稍呈锯齿状。颊部无鳞；胸鳍基部内侧具鳞；**背鳍单一，无深缺刻**；尾鳍分叉，两叶先端尖形。**体呈浅黄褐色，体侧具 5~6 条黄色或橙色纵带**；鳃盖缘及眼缘上下具少许红色斑。背鳍、尾鳍呈朱红色；胸鳍、腹鳍及臀鳍黄色。最大全长 45cm。

【分布范围】分布于印度洋—西太平洋海域，西起马尔代夫，东至巴布亚新几内亚，北至日本南部，南至澳大利亚北部。我国主要分布于东海和南海海域。

【生态习性】主要栖息于潟湖、内湾、珊瑚礁区或海草床，或其外缘沙地上巡游。分布水深为 5~30m。

176. 红裸颊鲷

Lethrinus rubrioperculatus Sato, 1978

【英文名】spotcheek emperor

【别　名】龙尖、红龙、猪哥撬

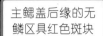

主鳃盖后缘的无鳞区具红色斑块

【形态特征】体延长而呈长椭圆形。吻长而尖，吻上缘与上颌间的角度为54°~65°。眼间隔微突或平坦。眼大，位于近于头背侧。口端位；两颌具犬齿及绒毛状齿，后方侧齿呈犬齿状；上颌骨上缘平滑或稍呈锯齿状。颊部无鳞；胸鳍基部内侧无鳞。**背鳍单一，无深缺刻；**尾鳍分叉，两叶先端尖形。体橄榄绿色，散布许多不规则斑驳。唇部红色，**主鳃盖后缘的无鳞区具红色斑块。**各鳍淡红色至粉红色。最大全长50cm。

【分布范围】分布于印度洋—太平洋海域，西起非洲东部，东至马克萨斯群岛，北至日本南部，南至澳大利亚。我国主要分布于东海和南海海域。

【生态习性】主要栖息于较深的大陆架斜坡外缘沙泥地，幼鱼一般活动于沿岸。分布水深为10~198m。

177. 半带裸颊鲷

Lethrinus semicinctus Valenciennes, 1830

【英文名】black blotch emperor

【别　名】龙尖、龙占

背鳍单一，无深缺刻

体橄榄绿色至褐色，散布许多不规则斑驳

背鳍单一，无深缺刻

【形态特征】体延长而呈长椭圆形。吻长而尖，吻上缘与上颌间的角度为55º~67º。眼间隔微突或平坦。眼大，位于近于头背侧。口端位；两颌具犬齿及绒毛状齿，后方侧齿呈犬齿状；上颌骨上缘平滑或稍呈锯齿状。颊部无鳞；胸鳍基部内侧无鳞。**背鳍单一，无深缺刻**，具硬棘，第3或第4棘最长；臀鳍硬棘3，软条8，第1软条通常最长，但等于或短于软条部的基底长；胸鳍软条13；尾鳍分叉，两叶先端尖形。**体橄榄绿色至褐色，散布许多不规则斑驳**；体侧在背鳍软条部下方的侧线下具一大型斜斑。各鳍淡红色至粉红色。最大全长35cm。

【分布范围】分布于东印度洋—西太平洋海域，包括斯里兰卡、印度尼西亚、澳大利亚北部至所罗门群岛，北至日本南部。我国主要分布于东海和南海海域。

【生态习性】主要栖息于潟湖、内湾、珊瑚礁区或海草床，或其外缘沙地上巡游。分布水深为4~35m。

178. 黄唇裸颊鲷

Lethrinus xanthochilus **Klunzinger, 1870**

【英文名】yellowlip emperor
【别　名】龙尖、龙占

唇部黄色，尤以上唇为甚

背鳍单一，无深缺刻

【形态特征】体延长而呈长椭圆形。吻中短而略钝，吻上缘与上颌间的角度为45°~60°。眼间隔凹入。眼大，位于近于头背侧。口端位；两颌具犬齿及绒毛状齿，后方侧齿呈犬齿状；上颌骨上缘平滑。颊部无鳞；胸鳍基部内侧无鳞。**背鳍单一，无深缺刻**；尾鳍分叉，两叶先端尖形。体灰黄色，散布不规则的暗点；**唇部黄色，尤以上唇为甚**；胸鳍基部具红点。背鳍、尾鳍灰黄色至黄褐色；其余淡黄色。最大全长 74.79cm。

【分布范围】分布于印度洋—太平洋海域，西起红海、非洲东部，东至马克萨斯群岛，北至日本南部，南至澳大利亚。我国主要分布于东海和南海海域。

【生态习性】主要栖息于潟湖、内湾、珊瑚礁区或海草床，或在其外缘沙地上巡游。分布水深为 5~150m。

179. 单列齿鲷
Monotaxis grandoculis (Forsskål, 1775)

【英文名】humpnose big-eye bream
【别　名】眼黑鲷、月白、大目黑格

背鳍单一，无深缺刻

幼鱼体侧具 3 条宽黑色横带

【形态特征】体略延长而呈椭圆形；眼前的头背部隆起。吻略钝圆。眼大，近于头背部。口端位；两颌具绒毛状细齿及圆锥状齿；上颌骨上缘平滑。颊部具鳞；胸鳍基部内侧具鳞。**背鳍单一，无深缺刻**，具硬棘；尾鳍分叉，两叶前端尖形。体褐色而带银色光泽；唇部橘黄色，胸鳍除黑色的基部外为红色。背鳍及臀鳍基部黑色。**幼鱼体侧具 3 条宽黑色横带**，尾鳍上下缘均黑色。最大全长 60cm。

【分布范围】分布于印度洋—太平洋海域，西起红海、非洲东部，东至东太平洋秘鲁，北至夏威夷群岛及日本南部，南至澳大利亚。我国主要分布于东海和南海海域。

【生态习性】主要栖息于较深的岩礁区或珊瑚礁外缘沙泥地，幼鱼一般活动于沿岸。分布水深为 0~100m。

180. 异牙单列齿鲷
Monotaxis heterodon (Bleeker, 1854)

【英文名】redfin emperor
【别　名】大眼黑鲷、异黑鲷

裸颊鲷科 *Lethrinidae*

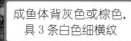

成鱼体背灰色或棕色，
具3条白色细横纹

胸鳍基部具一黑斑

【形态特征】体略延长而呈椭圆形；眼前的头背部隆起。吻略钝圆。眼大，近于头背部。**成鱼体背灰色或棕色，具3条白色细横纹**；幼鱼体背部深黑色，具3条白色细横纹；**胸鳍基部具一黑斑**，体下部灰色，尾鳍红色至黄色。最大全长60cm。

【分布范围】分布于印度洋—西太平洋海域，从塞舌尔和马尔代夫至马绍尔群岛；南至大堡礁和新喀里多尼亚。我国主要分布于东海和南海海域。

【生态习性】主要栖息于沿岸礁坡、潟湖或外礁坡水域。

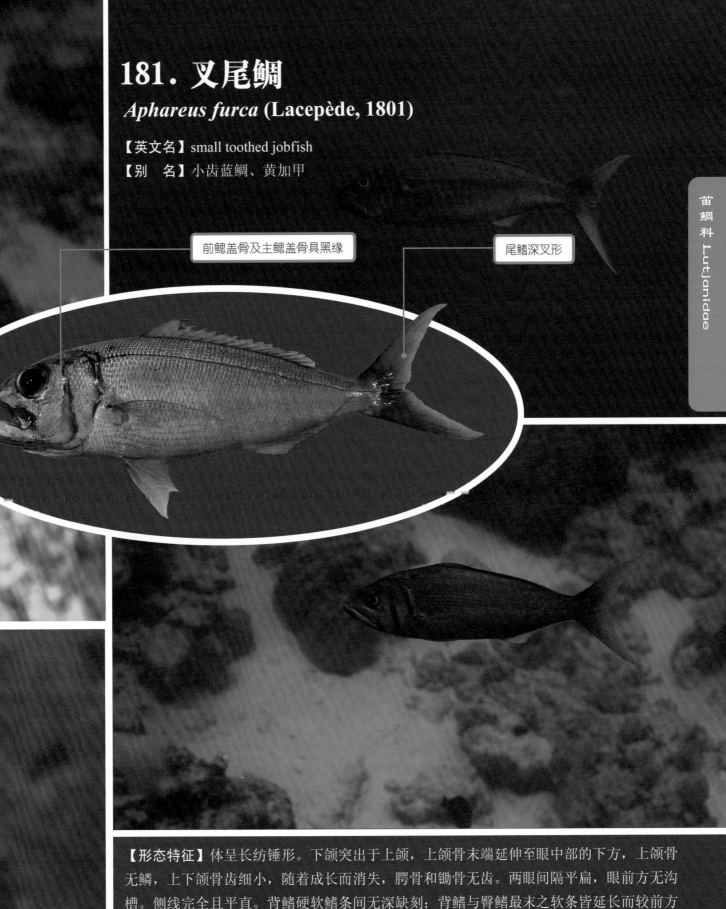

181. 叉尾鲷

Aphareus furca (Lacepède, 1801)

【英文名】small toothed jobfish
【别　名】小齿蓝鲷、黄加甲

前鳃盖骨及主鳃盖骨具黑缘

尾鳍深叉形

【形态特征】体呈长纺锤形。下颌突出于上颌，上颌骨末端延伸至眼中部的下方，上颌骨无鳞，上下颌骨齿细小，随着成长而消失，腭骨和锄骨无齿。两眼间隔平扁，眼前方无沟槽。侧线完全且平直。背鳍硬软鳍条间无深缺刻；背鳍与臀鳍最末之软条皆延长而较前方鳍条长；**尾鳍深叉形**；背鳍、腹鳍与臀鳍鲜黄色至黄褐色；胸鳍淡黄色至黄色；尾鳍暗褐色而带黄缘。体被中小型栉鳞，背鳍及臀鳍上均裸露无鳞。**前鳃盖骨及主鳃盖骨具黑缘。**体背蓝灰色，体侧浅紫蓝色而带有黄色光泽。最大全长 70cm。
【分布范围】分布于印度洋—太平洋的热带海域。西起非洲东岸，东至夏威夷群岛，北至日本南部，南至澳大利亚。我国主要分布于东海和南海海域。
【生态习性】主要栖息于沿岸礁区。分布水深为 1~122m。

182. 蓝短鳍笛鲷

Aprion virescens Valenciennes, 1830

【英文名】green jobfish
【别　名】青吾鱼、蓝鲷、蓝笛鲷、赤笔仔、汕午、龙占舅

下颌突出于上颌，上颌骨末端仅延伸至眼前的下方

胸鳍短而圆，远短于头长

尾鳍深叉形

【形态特征】体呈长纺锤形。下颌突出于上颌，上颌骨末端仅延伸至眼前的下方，上颌骨无鳞，上下颌具多列细齿，外列齿扩大。两眼间隔平扁，**眼前具一深槽**。侧线完全且平直。背鳍硬软鳍条间无深缺刻；**背鳍与臀鳍最末之软条皆延长而较前方鳍条长；胸鳍短而圆，远短于头长；尾鳍深叉形**。体被中大型栉鳞，背鳍及臀鳍上均裸露无鳞。体一致为深蓝色。最大全长112cm。

【分布范围】分布于印度洋—太平洋的热带海域。西起非洲东岸，东至夏威夷群岛，北至日本南部，南至澳大利亚。我国主要分布于东海和南海海域。

【生态习性】主要栖息于热带、亚热带沿岸礁区陡坡上缘、海峡或潟湖附近开放水域。分布水深为0~180m。

183. 白斑笛鲷

Lutjanus bohar (Forsskål, 1775)

【英文名】two-spot red snapper
【别　名】海豚哥、红鱼曹、花脸、红槽

体一致为赤褐色，但体背部颜色较深且沿背缘具 2 个白斑

尾鳍叉形

胸鳍长，末端达臀鳍起点

【形态特征】体长椭圆形，背缘呈弧状弯曲。上下颌两侧具尖齿，外列齿较大，上颌前端具犬齿数颗，下颌前端则为排列疏松之圆锥状齿。锄骨齿带三角形，其后方没有突出部，腭骨亦具绒毛状齿，舌面无齿。两眼间隔平坦，鼻孔下方具一沟通至眼前。侧线上方的鳞片斜向后背缘排列，下方的鳞片则与体轴平行。体被中大栉鳞，颊部及鳃盖具多列鳞。背鳍、臀鳍和尾鳍基部大部分亦被细鳞；背鳍软硬鳍条部间无明显深缺刻；臀鳍基底短而与背鳍软条部相对；**胸鳍长，末端达臀鳍起点；尾鳍叉形**。奇鳍及腹鳍外缘颜色亦较深。前鳃盖缺刻不显著，浅或缺如。**体一致为赤褐色，但体背部颜色较深且沿背缘具 2 个白斑**。最大全长 90cm。

【分布范围】分布于印度洋—西太平洋海域。西起非洲东岸，东至马克萨斯群岛及莱恩群岛，北至琉球群岛，南至澳大利亚。我国主要分布于东海和南海海域。

【生态习性】主要栖息于珊瑚礁区，包括潟湖区或外礁。分布水深为 4~180m。

184. 金焰笛鲷
Lutjanus fulviflamma (Forsskål, 1775)

【英文名】dory snapper
【别　名】红鸡仔、赤笔仔、黑点、乌点仔、海鸡母、红花仔、黄记仔

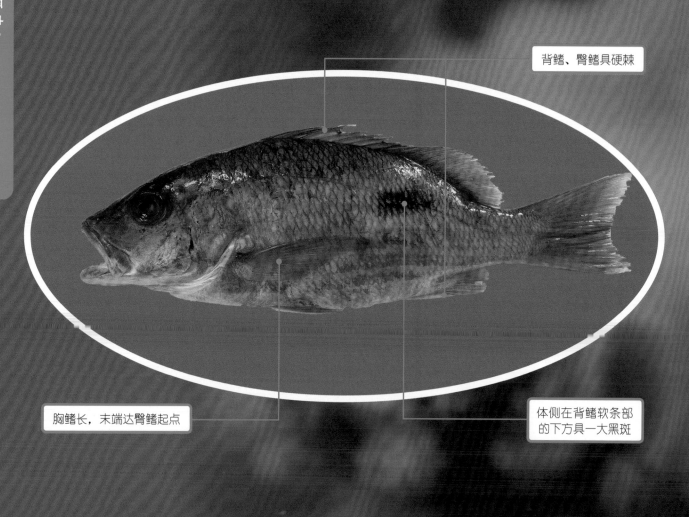

背鳍、臀鳍具硬棘

胸鳍长，末端达臀鳍起点

体侧在背鳍软条部的下方具一大黑斑

【形态特征】体长椭圆形，背缘呈弧状弯曲。两眼间隔平坦。前鳃盖缺刻不显著。上下颌具细齿多列，外列齿稍扩大，上颌前端具 2 枚犬齿，内列齿绒毛状；下颌具 1 列稀疏细尖齿，后方者稍扩大；锄骨齿带三角形，其后方具有突出部；腭骨亦具绒毛状齿；舌面无齿。体被中大栉鳞，颊部及鳃盖具多列鳞；背鳍鳍条部及臀鳍基部具细鳞；头背部前额区鳞列数 4~5，且左右接近；侧线上方的鳞片斜向后背缘排列，下方的鳞片则与体轴平行。背鳍软硬鳍条部间无明显深缺刻；臀鳍基底短而与背鳍软条部相对；**背鳍、臀鳍具硬棘；胸鳍长，末端达臀鳍起点**；尾鳍内凹。体侧黄褐色至黄色，腹部银红色至粉红色；**体侧具 6~7 条黄色纵带；体侧在背鳍软条部的下方具一大黑斑**，黑斑 2/3 位于侧线下方。**各鳍黄色**。最大全长 35cm。

【分布范围】分布于印度洋—太平洋海域，西起红海、非洲东岸，东至萨摩西，北至琉球群岛，南至澳大利亚。我国主要分布于东海和南海海域。

【生态习性】主要栖息于沿岸礁区，有时会与其他种笛鲷聚集成一大群巡游于群礁间，幼鱼有时可发现于红树林区、河口或河川下游。分布水深为 3~35m。

185. 焦黄笛鲷
Lutjanus fulvus (Forster, 1801)

【英文名】blacktail snapper
【别　名】石鸡仔、红公眉、赤笔仔、火烧仔、红槽、黄鸡母

背鳍褐色，并具白缘

胸鳍长，末端达臀鳍起点

尾鳍叉形

【形态特征】体长椭圆形，背缘呈弧状弯曲。上下颌具细齿多列，外列齿稍扩大，内列齿绒毛状；下颌具 1 列稀疏细尖齿，后方则稍扩大。锄骨齿带三角形，其后方无突出部，腭骨亦具绒毛状齿，舌面无齿。两眼间隔平坦。侧线上方的鳞片斜向后背缘排列，下方的鳞片则与体轴平行。背鳍软硬鳍条部间无明显深缺刻；臀鳍基底短而与背鳍软条部相对；**胸鳍长，末端达臀鳍起点；尾鳍叉形。背鳍褐色，并具白缘；尾鳍暗色亦具白缘；腹鳍和臀鳍黄色。**体被中大栉鳞，颊部及鳃盖具多列鳞，背鳍鳍条部及臀鳍基部具细鳞。**前鳃盖缺刻及间鳃盖结极为显著。**体背红褐色，腹部银白；**体侧有时具若干黄纵线而无黑斑。**最大全长 40cm。

【分布范围】分布于印度洋—太平洋海域。西起非洲东岸，东至马克萨斯群岛及莱恩群岛，南至澳大利亚，北至琉球群岛。我国主要分布于东海和南海海域。

【生态习性】主要栖息于珊瑚礁或潟湖区。分布水深为 1~75m。

186. 隆背笛鲷

Lutjanus gibbus (Forsskål, 1775)

【英文名】humpback red snapper
【别　名】红鸡仔、海豚哥、红鱼仔、红鸡鱼、铁汕婆

尾鳍叉形

背鳍软鳍条基部斜向尾柄下缘具明显的黑色斑块

胸鳍长，末端达臀鳍起点

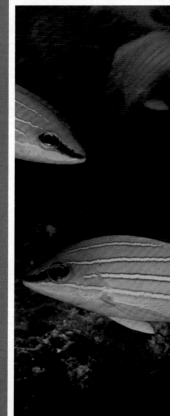

【形态特征】体长椭圆形而高，体背于头上方陡直，有别于本属其他鱼种。上下颌具细齿多列，外列齿稍扩大，内列齿绒毛状；下颌具1列稀疏细尖齿，后方者稍扩大。锄骨齿带三角形，其后方无突出部；腭骨亦具绒毛状齿，舌面无齿。两眼间隔平坦。背鳍软硬鳍条部间无明显深缺刻；臀鳍基底短而与背鳍软条部相对；**胸鳍长，末端达臀鳍起点；尾鳍叉形**。体被中大栉鳞，颊部及鳃盖具多列鳞；背鳍鳍条部及臀鳍基部具细鳞；侧线上方的鳞片斜向后背缘排列，下方的鳞片亦与体轴呈斜角。前鳃盖缺刻及间鳃盖结极为显著。幼鱼体色呈浅灰色，具许多细带，且由**背鳍软条基部斜向尾柄下缘具明显的黑色斑块**；尾鳍末缘为黄色。**成鱼体色一致为鲜红色，尾鳍、背鳍和臀鳍之末端颜色较深，呈红黑色**。最大全长50cm。
【分布范围】广泛分布于印度洋—西太平洋海域。由红海及非洲东部至莱恩群岛和社会群岛，北至日本南部，南至澳大利亚海域。我国主要分布于东海和南海海域。
【生态习性】主要栖息于珊瑚礁区或礁沙混合区。分布水深为1~150m。

187. 四线笛鲷

Lutjanus kasmira (Forsskål, 1775)

【英文名】common bluestripe snapper
【别　名】四线赤笔、条鱼、四线、赤笔仔

胸鳍长，末端达臀鳍起点

体侧具4条蓝色纵带，且在第2至第3条蓝带间具一不明显之黑点

尾鳍内凹

【形态特征】体长椭圆形，背缘呈弧状弯曲。上下颌两侧具尖齿，外列齿较大；下颌前端则为排列疏松之圆锥状齿；锄骨、腭骨均具绒毛状齿；舌面无齿。两眼间隔平坦。背鳍软硬鳍条部间无深缺刻；臀鳍基底短而与背鳍软条部相对；**胸鳍长，末端达臀鳍起点；尾鳍内凹。**各鳍黄色，背鳍与尾鳍具黑缘。体被中大栉鳞，颊部及鳃盖具多列鳞；背鳍、臀鳍和尾鳍基部大部分亦被细鳞；侧线上方的鳞片斜向后背缘排列，下方的鳞片则与体轴平行。**体鲜黄色，腹部微红；体侧具4条蓝色纵带，且在第2至第3条蓝带间具一不明显的黑点；**腹面具小蓝点排列而成的细纵带。最大全长40cm。

【分布范围】分布于印度洋—太平洋海域。西起非洲东岸，东至马克萨斯群岛及莱恩群岛，南至澳大利亚，北至日本南部。我国主要分布于东海和南海海域。

【生态习性】主要栖息于沿岸礁区、潟湖区或独立礁区。分布水深为3~265m。

188. 斑点羽鳃笛鲷

Macolor macularis Fowler, 1931

【英文名】midnight snapper
【别　名】琉球黑毛

尾鳍叉形

上半部黑色具白斑

前鳃盖下缘具深缺刻

尾鳍叉形

【形态特征】体高而侧扁；呈长椭圆形。口中大；上下颌具细小齿带，外列齿扩大，锄骨具齿。幼鱼时，背鳍硬软鳍条间具深缺刻，随着成长而消失；背鳍与臀鳍最末之软条皆不延长而较前方鳍条短；幼鱼时，腹鳍窄而长，随着成长而呈宽而短；**尾鳍叉形**。体被中小型栉鳞，背鳍与臀鳍基底上被鳞；侧线完全。**前鳃盖下缘具深缺刻**。成鱼体色一致为灰黑色，随着成长而逐渐变黄，且头部具蓝色纵纹及斑点；**幼鱼体侧上半部黑色具白斑，下半部白色具一黑色宽阔纵带，有一黑色宽横带贯通眼部，各鳍黑色**。最大全长 60cm。

【分布范围】分布于西太平洋，由琉球群岛至澳大利亚。我国主要分布于东海和南海海域。

【生态习性】主要栖息于礁石区面海的陡坡。分布水深为 3~90m。

189. 黑背羽鳃笛鲷

Macolor niger (Forsskål, 1775)

【英文名】black and white snapper
【别　名】琉球黑毛、黑鸡仔、黑加脊、黑加志、厚嘴唇、番毛

上半部黑色具白斑

前鳃盖下缘具深缺刻，
黑色宽横带贯通眼部

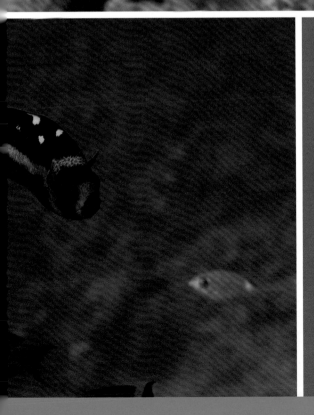

【形态特征】体高而侧扁，呈长椭圆形。口中大；上下颌具细小齿带，外列齿扩大，锄骨具齿。**前鳃盖下缘具一深缺刻。**体被中小型栉鳞，背鳍与臀鳍基底上被鳞；侧线完全。幼鱼时，背鳍硬软鳍条间就已无深缺刻；背鳍与臀鳍最末之软条皆不延长而较前方鳍条短；幼鱼时，腹鳍就已宽而短；**尾鳍叉形。**成鱼体色一致为灰黑色，头部无蓝色纵纹及斑点；幼鱼**体侧上半部黑色具白斑，下半部白色具一黑色宽阔纵带，有一黑色宽横带贯通眼部**，各鳍黑色。最大全长 75cm。

【分布范围】分布于印度洋—太平洋的热带海域。西起非洲东岸，东至萨摩亚，南至澳大利亚，北至日本南部。我国主要分布于东海和南海海域。

【生态习性】主要栖息于沿岸珊瑚礁面海面陡坡区。分布水深为 2~90m。

190. 短吻弱棘鱼

Malacanthus brevirostris Guichenot, 1848

【英文名】quakerfish
【别　名】软棘鱼、黄鸳莺、鲗吉仔、假柳冷仔

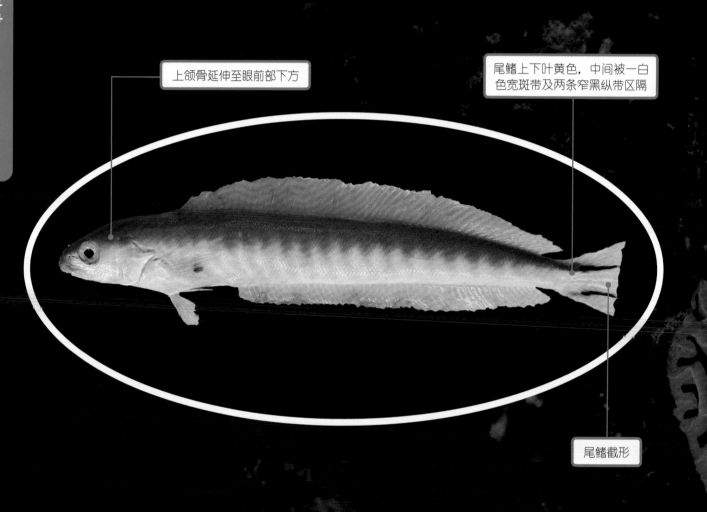

上颌骨延伸至眼前部下方

尾鳍上下叶黄色，中间被一白色宽斑带及两条窄黑纵带区隔

尾鳍截形

【形态特征】体极长；背鳍前无任何高突的脊。吻短。口大，端位；**上颌骨延伸至眼前部下方**；上下颌齿具细小圆锥状齿，前主上颌骨后部具一犬齿。前鳃盖边缘平滑，主鳃盖棘发育完全。鳃耙短。背鳍基底长，**具硬棘**；臀鳍亦长，具硬棘；**尾鳍截形**。体背侧橄榄绿，腹侧银白。背鳍淡粉红色而具黄缘；**尾鳍上下叶黄色，中间被一白色宽斑带及两条窄黑纵带区隔**。最大全长 32cm。

【分布范围】分布于印度洋—太平洋海域，西起红海，东至巴拿马，北至日本，南至新喀里多尼亚。我国主要分布于东海和南海海域。

【生态习性】主要栖息于珊瑚礁外缘沙质底海域。分布水深为 5~50m。

191. 黄带拟羊鱼

Mulloidichthys flavolineatus (Lacepède, 1801)

【英文名】yellowstripe goatfish

【别　名】秋姑、须哥、油秋哥仔

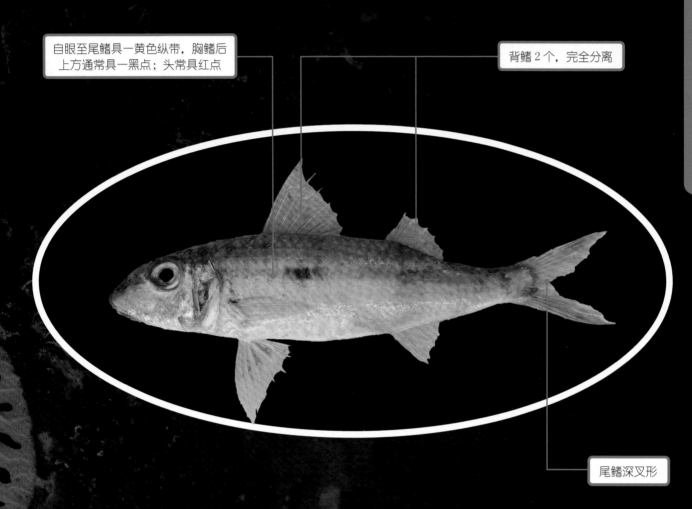

自眼至尾鳍具一黄色纵带，胸鳍后上方通常具一黑点；头常具红点

背鳍 2 个，完全分离

尾鳍深叉形

【形态特征】体延长而稍侧扁，呈长纺锤形。吻钝尖，口小；上颌后部圆，不达眼前缘下方；颏须达前鳃盖后缘垂线；上下颌齿绒毛状，锄骨与腭骨无齿。**背鳍 2 个，完全分离**；臀鳍与第二背鳍相对；**尾鳍深叉形**。鳞片小，头与体被栉鳞，腹鳍基部具一腋鳞，眼前及吻端无鳞；侧线完整，侧线鳞之侧线管分支。**具一扁平鳃盖棘**。体上半部黄褐色，下半部白色；**自眼至尾鳍具一黄色纵带，胸鳍后上方通常具一黑点；头常具红点**。背鳍与尾鳍淡至灰黄色，余鳍白色。颏须白色。最大全长 43cm。

【分布范围】分布于印度洋—太平洋海域，西起红海，东至夏威夷群岛、马克萨斯群岛及迪西岛，北至琉球群岛，南至罗德豪维岛及拉帕岛。我国主要分布于东海和南海海域。

【生态习性】主要栖息于沙质地或软泥地水域。分布水深为 1~76m。

192. 无斑拟羊鱼

Mulloidichthys vanicolensis (Valenciennes, 1831)

【英文名】yellowfin goatfish

【别　名】秋姑、须哥、臭肉

背鳍2个，完全分离

尾鳍深叉形

颏须达前鳃盖后缘垂线

【形态特征】体延长而稍侧扁，呈长纺锤形。吻钝尖，口小；**上颌后部圆，不达眼前缘下方；颏须达前鳃盖后缘垂线**；上下颌齿绒毛状，锄骨与腭骨无齿。**背鳍2个，完全分离**；臀鳍与第二背鳍相对；**尾鳍深叉形**。鳞片小，头与体被栉鳞，腹鳍基部具一腋鳞，眼前及吻端无鳞；侧线完整，侧线鳞之侧线管分支。具一扁平鳃盖棘。体背红褐色，**体侧淡红色至白色，腹部呈白色；体侧具一金黄色纵带，胸鳍后上方无黑点。**鱼体新鲜时，各鳍呈现鲜黄色。最大全长38cm。

【分布范围】分布于印度洋—太平洋海域，西起红海，东至夏威夷群岛、马克萨斯群岛及土阿莫土群岛，北至琉球群岛，南至罗德豪维岛。我国主要分布于东海和南海海域。

【生态习性】主要栖息于礁区外缘的沙地或软泥地水域。分布水深为1~113m。

193. 条斑副绯鲤

***Parupeneus barberinus* (Lacepède, 1801)**

【英文名】dash-and-dot goatfish
【别　名】大条、秋姑、须哥、番秋哥、海油秋哥

背鳍 2 个，完全分离

尾鳍叉尾形

具颏须 1 对，末端达眼眶后缘下方，或稍后方

【形态特征】体延长而稍侧扁，呈长纺锤形。头稍大；口小；吻长而钝尖；上颌达近吻部 2/3 处；上下颌均具单列齿，齿中大，较钝，排列较疏。**背鳍 2 个，完全分离；尾鳍叉尾形。**体被弱栉鳞，易脱落，腹鳍基部具一腋鳞，眼前无鳞。**具颏须 1 对，末端达眼眶后缘下方，或稍后方。**前鳃盖骨后缘平滑；鳃盖骨具 2 个短棘。体银白或粉红色，由吻部经眼睛至背鳍软条部下方具一黑褐色纵带；**尾柄近尾鳍基部具一大圆形黑斑；**背鳍棘部灰色具浅粉色红斑，软条部与臀鳍浅红褐色；腹鳍与尾鳍红褐色；颏须浅红褐色。最大全长 60cm。

【分布范围】分布于印度洋—太平洋海域，西起非洲东部，东至莱恩群岛、马克萨斯群岛及土阿莫土群岛，北至琉球群岛，南至澳大利亚。我国主要分布于东海和南海海域。

【生态习性】主要栖息于温暖面海礁坡礁区、潟湖等内外侧泥沙地，或满布绿色植被的海藻床。分布水深为 1~100m。

194. 短须副绯鲤
Parupeneus ciliatus (Lacepède, 1802)

【英文名】whitesaddle goatfish
【别　名】秋姑、须哥、蓬莱海绯鲤、红秋哥

背鳍2个，完全分离

具一深褐色纵带，纵带上下各具一白色带

尾鳍叉尾形

【形态特征】体延长而稍侧扁，呈长纺锤形。头稍大；口小；吻长而钝尖；上颌仅达吻部的 1/3 处；上下颌均具单列齿，齿中大，较钝，排列较疏。**背鳍2个，完全分离；尾鳍叉尾形**。体被弱栉鳞，易脱落，腹鳍基部具一腋鳞，眼前无鳞。**具颏须 1 对，末端达眼眶后缘下方**。前鳃盖骨后缘平滑；鳃盖骨具 2 个**短棘**。体色多变，灰白色至淡红色，除腹部外，各鳞片具红褐色至暗褐色；**自吻经眼睛至背鳍软条基具一深褐色纵带，纵带上下各具一白色带**；背鳍软条后部具一白斑或不显，白斑后另具一鞍状斑或不显；背鳍与尾鳍灰绿色至淡红色；背鳍及臀鳍膜散布白色斑点有时不显；胸鳍、臀鳍与腹鳍黄褐色至淡红色；颏须淡褐色至黄褐色。最大全长 38cm。

【分布范围】分布于印度洋—太平洋海域，西起西印度洋，东至莱恩群岛、马克萨斯群岛及土阿莫土群岛，北至琉球群岛，南至澳大利亚及拉帕岛。我国主要分布于东海和南海海域。

【生态习性】主要栖息于岩礁区沿岸或内湾的沙质海底或海藻床。分布水深为 2~91m。

195. 圆口副绯鲤

***Parupeneus cyclostomus* (Lacepède, 1801)**

【英文名】gold-saddle goatfish
【别　名】秋姑、须哥、秋哥

背鳍 2 个，完全分离

颔须 1 对，极长达鳃盖后缘之后，甚至几达腹鳍基部

尾鳍叉尾形

【形态特征】体延长而稍侧扁，呈长纺锤形。头稍大；口小；吻长而钝尖；上颌仅达吻部的中央处；上下颌均具单列齿，齿中大，较钝，排列较疏。**背鳍 2 个，完全分离；尾鳍叉尾形**。体被弱栉鳞，易脱落，腹鳍基部具一腋鳞，眼前无鳞。**具颔须 1 对，极长达鳃盖后缘之后，甚至几达腹鳍基部**。前鳃盖骨后缘平滑；鳃盖骨具 2 个短棘。体色具二型：一为灰黄色，各鳞片具蓝色斑点，尾柄具**黄色鞍状斑**，眼下方具多条**不规则的蓝纹**，各鳍与颔须皆为黄褐色，第二背鳍和臀鳍具**蓝色斜纹**，尾鳍具**蓝色平行纹**；一为黄化种，体一致为黄色，尾柄具亮黄色鞍状斑，眼下方具多条不规则之蓝纹。最大全长 50cm。

【分布范围】分布于印度洋—太平洋海域，西起红海，东至夏威夷群岛、马克萨斯群岛及土阿莫土群岛，北至琉球群岛，南至新喀里多尼亚及拉帕岛。我国主要分布于东海和南海海域。

【生态习性】主要栖息于沿岸珊瑚礁、岩礁区、潟湖区或内湾的沙质海底或海藻床。分布水深为 2~125m。

196. 印度副绯鲤

Parupeneus indicus (Shaw, 1803)

【英文名】Indian goatfish
【别　名】秋姑、须哥、番秋哥、黑点秋哥

羊鱼科 Mullidae

背鳍2个，完全分离

颏须1对，末端达眼眶后方

背鳍2个，完全分离

体侧具5条横带

颏须1对，极长达鳃盖后缘之后，甚至几达腹鳍基部

尾柄每侧具一大圆形黑斑

尾鳍叉尾形

【形态特征】体延长而稍侧扁，呈长纺锤形。头稍大；口小；吻长而钝尖；上颌仅达吻部的中央，后缘为斜向弯曲；上下颌均具单列齿，齿中大，较钝，排列较疏。**背鳍2个，完全分离；尾鳍叉尾形**。体被弱栉鳞，易脱落，腹鳍基部具一腋鳞，眼前无鳞。具**颏须1对，末端达眼眶后方**。前鳃盖骨后缘平滑；鳃盖骨具2个短棘；体黄褐色至灰绿色；尾柄**每侧具一大圆形黑斑**；背鳍棘部与软条间之侧线上具一金黄斑；背鳍棘部褐色，软条部与臀鳍透明具3~4条褐色水平纹；颏须黄褐色。最大全长45cm。

【分布范围】分布于西太平洋海域，西起非洲东部，东至萨摩亚，北至琉球群岛，南至新喀里多尼亚及加里曼丹岛东部等。我国主要分布于东海和南海海域。

【生态习性】主要栖息于岩礁或珊瑚礁间外围的沙泥地，或温暖的海草床。分布水深为10~30m。

197. 多带副绯鲤
Parupeneus multifasciatus (Quoy & Gaimard, 1825)

【英文名】manybar goatfish
【别　名】老爷、秋姑、须哥、黑点秋哥、黑尾秋哥

尾鳍叉尾形

最后软条特长

【形态特征】体延长而稍侧扁，呈长纺锤形。头稍大；口小；吻长而钝尖；上颌仅达吻部的中央，后缘为斜向弯曲；上下颌均具单列齿，齿中大，较钝，排列较疏。**背鳍2个，完全分离；第二背鳍最后软条特长；尾鳍叉尾形。**体被弱栉鳞，易脱落，腹鳍基部具一腋鳞，眼前无鳞。**具颏须1对，末端达眼眶后方。**前鳃盖骨后缘平滑；鳃盖骨具2个短棘。体淡灰至棕红色；吻部至眼后具一短纵带；第二背鳍基及其鳍后呈黑色，末缘及臀鳍膜上具黄色纵带斑纹。体侧具5条横带，第1条在第一背鳍前方体侧，第2条在第一背鳍下方体侧，第3条较窄在第一与第二背鳍间，第4条在第二背鳍下方体侧，第5条在尾柄侧方。最大全长35cm。

【分布范围】分布于印度洋—太平洋海域，西起印度洋的圣诞岛，东至夏威夷群岛、马克萨斯群岛及土阿莫土群岛，北至琉球群岛，南至罗德豪维岛及拉帕岛。我国主要分布于东海和南海海域。

【生态习性】主要栖息于珊瑚礁外缘的沙地或者碎礁地水域。分布水深为3~161m。

198. 黑斑副绯鲤

Parupeneus pleurostigma (Bennett, 1831)

【英文名】sidespot goatfish

【别　名】秋姑、须哥、黑点秋哥、外海秋哥

背鳍 2 个，完全分离

【形态特征】体延长而稍侧扁，呈长纺锤形。头稍大；口小；吻长而钝尖；上颌仅达吻部的中央；上下颌均具单列齿，齿中大，较钝，排列较疏。背鳍 2 个，完全分离；第二背鳍最后软条延长；尾鳍叉尾形。体被弱栉鳞，易脱落，腹鳍基部具一腋鳞，眼前无鳞。具颏须 1 对，末端达眼眶后缘下方，或稍后方。前鳃盖骨后缘平滑；鳃盖骨具 2 个短棘。体呈黄灰色至淡红色；体侧鳞片上通常具淡蓝色至紫色斑点和不规则的蓝纹围绕着眼眶；第一背鳍后部下方具一黑斑，其后具另一白色大椭圆斑；第二背鳍基底黑色。最大全长 33cm。

【分布范围】分布于印度洋—太平洋海域，西起非洲东岸，东至夏威夷群岛、马克萨斯群岛及土阿莫土群岛，北至琉球群岛，南至罗德豪维岛及拉帕岛。我国主要分布于东海和南海海域。

【生态习性】主要栖息于面海礁坡沙石底质的栖地或海藻密生的隐秘处。分布水深为 1~120m。

颏须 1 对，末端达眼眶后方

具一黑斑，其后具另一白色大椭圆斑

199. 三带副绯鲤
Parupeneus trifasciatus (Lacepède, 1801)

【英文名】doublebar goatfish
【别　名】秋姑、须哥、蓬莱海绯鲤

眼后另具一大黑斑，虹彩内缘亮红色

2个大型椭圆黑斑

尾鳍叉尾形

【形态特征】体白色，鳞缘黄色或灰黄色，后缘常扩展成显眼的黄色斑点；躯干的上 2/3 区域具 **2个大型椭圆黑斑**，其中第一椭圆黑斑位于第一背鳍棘前之下部，第二椭圆黑斑位于第二背鳍棘前半或过半的下部，并延伸至鳍基部；头部**眼后另具一大黑斑**，范围涵盖大部分眼眶，并且斜下扩散至嘴角上方；第二背鳍宽广的外围部分与臀鳍为蓝底搭配镶斜细深蓝色边的黄带；尾鳍具灰蓝与黄色条纹；**虹彩内缘亮红色**。最大全长 35cm。

【分布范围】分布于印度洋—西太平洋海域，包括东印度洋及西太平洋：东印度洋至斐济、加里曼丹岛东部及加罗林群岛，北至琉球群岛，南至澳大利亚等。我国主要分布于东海和南海海域。

【生态习性】主要栖息于礁区外围的沙泥地上。分布水深为 0~80m。

200. 黄带锥齿鲷

Pentapodus aureofasciatus Russell, 2001

【英文名】yellowstripe threadfin bream
【别　名】红尾冬仔

尾鳍深叉形，红色

中间具一黄色条纹

【形态特征】体呈纺锤形；眼睛中大，约与吻等长；眼下有小区域光滑无鳞；背鳍前鳞往前延伸至眼眶之前；前鳃盖骨下部具 2~3 列鳞；腹鳍略微延长，仅达肛门或肛门前；**尾鳍深叉形**，上下叶均不延长。体上半部为绿褐色，**中间具一黄色条纹**，下方白色；**尾鳍红**；其余各鳍淡红色半透明状。最大全长 25cm。

【分布范围】分布于日本至热带太平洋海域。我国主要分布于东海和南海海域。

【生态习性】主要栖息于珊瑚礁区域的沙泥底。分布水深为 5~35m。

201. 犬牙锥齿鲷

Pentapodus caninus (Cuvier, 1830)

【英文名】small-toothed whiptail

【别　名】红尾冬仔

犬齿，且下颌前端 2 枚犬齿向外呈微斜水平方向突出

体侧具 3 条黄色纵带

尾鳍半月形，上下叶先端均呈延长，但上叶长于下叶

【形态特征】体延长，侧扁，略呈鱼雷形。头端尖细，头背几成直线，两眼间隔区不隆突。口中大，端位；具**犬齿，且下颌前端 2 枚犬齿向外呈微斜水平方向突出**。眼大；眶下骨后上角具锐棘，下缘平滑，上缘无前向棘。背鳍连续而无深缺刻；腹鳍几达肛门；**尾鳍半月形，上下叶先端均呈延长，但上叶长于下叶**。体被大栉鳞；头部鳞域向前伸展至前鼻孔，且于左右鼻孔之间有楔形内凹无鳞域区；前鳃盖下枝骨脊具鳞。体黄绿色，腹面较浅，体侧具 **3 条黄色纵带**，第 1 条较细纵行于侧线与背鳍基底间，第 2 条较宽，自胸鳍基部直达尾鳍基部，另 1 条具蓝色上缘，起自喉部沿行腹缘直达尾鳍基部腹面。背鳍与胸鳍红色；臀鳍与腹鳍黄色；尾鳍红褐色而具黄色后缘。最大全长 35cm。

【分布范围】分布于西太平洋海域，西起印度尼西亚，东至所罗门、瓦努阿图及马绍尔群岛，北至琉球群岛，南至澳大利亚及新喀里多尼亚。我国主要分布于东海和南海海域。

【生态习性】主要栖息于珊瑚礁区的底层水域。分布水深为 2~35m。

202. 乌面眶棘鲈

Scolopsis affinis Peters, 1877

【英文名】Peters' monocle bream

【别　名】红尾冬仔、乌面赤尾冬、赤尾冬、龙占舅

尾鳍上下叶不呈丝状延长

眶下骨的后上角具一锐棘，下缘具细锯齿

【形态特征】体长椭圆形，侧扁；头端尖细，头背几成直线，两眼间隔区不隆突。口中大，端位；颌齿细小，带状；锄骨、腭骨及舌面均无齿。吻中大。眼大，**眶下骨的后上角具一锐棘，下缘具细锯齿**，上缘无前向棘。背鳍连续而无深缺刻，腹鳍达肛门，**尾鳍上下叶不呈丝状延长**。体被大栉鳞；头部鳞域向前伸展至后鼻孔；前鳃盖下枝骨脊具鳞。体浅灰褐色，腹面银白色，具一黄褐色带自眼睛直行至尾鳍基部背缘；**两眼间具一蓝带横越，眼下另具一蓝色纵带**。各鳍淡黄色。最大全长 24cm。

【分布范围】分布于西太平洋海域，由琉球群岛至澳大利亚。我国主要分布于南海海域。

【生态习性】主要栖息于礁岩地区或礁岩外缘的沙地水域。分布水深为 3~60m。

203. 双带眶棘鲈
Scolopsis bilineata (Bloch, 1793)

【英文名】two-lined monocle bream
【别　名】双带赤尾冬、石兵、鸡仔、红尾冬仔、双带乌尾冬、龙占舅、狮贵仔

背鳍后方若干软条之基部具一白色大斑，臀鳍前部及尾鳍上下缘深红色或黑色

腹鳍达臀鳍起点

双边镶黑边的白色斜带

【形态特征】体长椭圆形，侧扁；头端尖细，头背几成直线，两眼间隔区不隆突。口中大，端位；上颌末端上缘无锯齿状；颌齿细小，带状。眼大；眶下骨**后上角具一锐棘，下缘具细锯齿，上缘具前向棘。背鳍连续而无深缺刻，腹鳍达臀鳍起点**；胸鳍达肛门；尾鳍上下叶不呈丝状延长。体被大栉鳞；头部鳞域向前伸展至前鼻孔。成鱼体黄绿色或灰褐色，腹面银白色，体侧具一**双边镶黑边的白色斜带**，自眼下斜行至背鳍第10棘及第1软条间之基底处，另具一黄线自侧线起点至第5背鳍棘基底，背鳍后方若干软条**基部具一白色大斑**。背鳍软条部前部上缘、臀鳍前部及尾鳍上下缘**深红色或黑色**。幼鱼体具3条黑纵线，纵线间为黄色，背鳍软条部前部上缘、臀鳍前部及尾鳍上下缘黑色。最大全长25cm。

【分布范围】分布于印度洋—西太平洋海域，西起印度尼西亚，东至瓦努阿图，北至日本南部，南至澳大利亚及新喀里多尼亚皆有分布。我国主要分布于东海和南海海域。

【生态习性】主要栖息于礁岩地区或礁岩外缘的沙地水域。分布水深为1~25m。

204. 线纹眶棘鲈

Scolopsis lineata Quoy & Gaimard, 1824

【英文名】striped monocle bream

【别　名】黄带赤尾冬、红海鲫鱼、赤尾冬仔、赤尾冬、龙占舅、狮贵仔

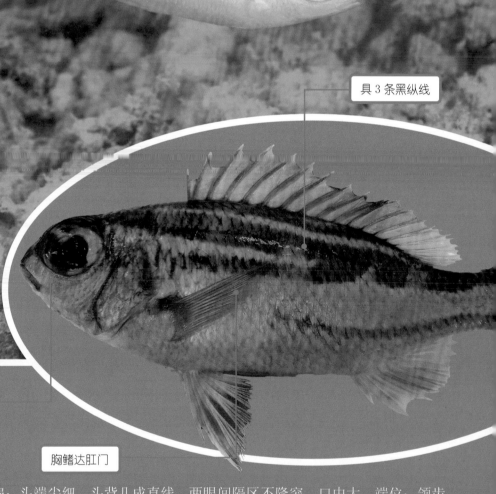

具3条黑纵线

眶下骨后上角具一
锐棘，下缘具细锯齿

胸鳍达肛门

【形态特征】体长椭圆形，侧扁；头端尖细，头背几成直线，两眼间隔区不隆突。口中大，端位；颌齿细小，带状；锄骨、腭骨及舌面均无齿。眼大，**眶下骨后上角具一锐棘，下缘具细锯齿**，上缘无前向棘。背鳍连续而无深缺刻；腹鳍不达臀鳍起点；**胸鳍达肛门**；尾鳍上下叶不呈丝状延长。体被大栉鳞；头部鳞域向前伸展至后鼻孔。体黄绿色，腹面银白色，幼鱼体具 **3 条黑纵线**，纵线间为黄色，长成时则断裂不连续。幼鱼背鳍棘前方具一**黑斑**，背鳍软条部、臀鳍及尾鳍透明。最大全长 25cm。

【分布范围】分布于印度洋—西太平洋海域，西起科科斯群岛，东至瓦努阿图，北至日本南部，南至澳大利亚皆有分布。我国主要分布于东海和南海海域。

【生态习性】主要栖息于礁岩地区或礁岩外缘的沙地水域。分布水深为 1~20m。

205. 单带眶棘鲈

Scolopsis monogramma (Cuvier, 1830)

【英文名】monogrammed monocle bream
【别　名】黑带赤尾冬、赤尾冬仔、赤尾冬、龙占舅、黄鸡母

具一黑色纵带

幼小时尾鳍上下叶钝圆，长成则延长呈丝状

胸鳍达肛门

眶下骨后上角具一锐棘，下缘具细锯齿

【形态特征】体长椭圆形，侧扁；头端尖细，头背几成直线，两眼间隔区不隆突。口中大，端位；颌齿细小，带状；锄骨、腭骨及舌面均无齿。眼大；**眶下骨后上角具一锐棘，下缘具细锯齿**，上缘无前向棘。背鳍连续而无深缺刻，**腹鳍几达臀鳍起点；胸鳍达肛门；幼小时尾鳍上下叶钝圆，长成则延长呈丝状**。体被大栉鳞；头部鳞域向前伸展至眼前，但不及后鼻孔；前鳃盖下枝骨脊具鳞。幼小时体侧**具一黑色纵带**；长成则此带不明显，且眼前缘至主鳃盖上角，及眼下至主鳃盖正中各**具一蓝色纵带**，颊部具一黑色斜斑；体侧上半部有斜纹。最大全长 38cm。

【分布范围】分布于印度洋—西太平洋海域，西起安达曼海，东至巴布亚新几内亚，北至日本南部，南至澳大利亚皆有分布。我国主要分布于东海和南海海域。

【生态习性】主要栖息于礁岩地区或礁岩外缘的沙地水域。分布水深为 2~50m。

206. 三带眶棘鲈

Scolopsis trilineata Kner, 1868

【英文名】three-lined monocle bream
【别　名】三带赤尾冬、红尾冬仔

各具一白线纹

胸鳍达肛门

眶下骨后上角具一
锐棘，下缘具细锯齿

【形态特征】体长椭圆形，侧扁；头端尖细，头背几成直线，两眼间隔区不隆突。口中大，端位；颌齿细小，带状；锄骨、腭骨及舌面均无齿。眼大；**眶下骨后上角具一锐棘，下缘具细锯齿**，上缘无前向棘。背鳍连续而无深缺刻，**腹鳍达肛门**；尾鳍上下叶不呈丝状延长。体被大栉鳞；头部鳞域向前伸展至眼中部；前鳃盖下枝骨脊无鳞。体褐色，腹面银白；体侧由眼上缘至背鳍中部、眼中部至背鳍末端及沿侧线各具一白线纹；吻部具 3 条蓝白纹。各鳍透明。最大全长 25cm。

【分布范围】分布于西太平洋海域，由中国至澳大利亚东北部、加里曼丹岛东部及斐济等。我国主要分布于东海和南海海域。

【生态习性】主要栖息于礁岩地区或礁岩外缘的沙地水域。分布水深为 1~20m。

207. 四斑拟䲅

Parapercis clathrata Ogilby, 1910

【英文名】latticed sandperch

【别　名】海狗甘仔、举目鱼、雨伞闩、花狗母海、沙鲈、狗母梭、花狗母

头部具褐色斑点或斑块；
颊部另具许多小黑点

尾鳍圆形或近截形

上颌略短于下颌

【形态特征】体延长，近似圆柱状，尾部略侧扁；头稍小而似尖锥形。吻尖而平扁。口中大，略倾斜，**上颌略短于下颌**；颌齿呈绒毛状齿带，外侧列较大；锄骨具齿，腭骨无齿。眼中大，上侧位，稍突出于头背缘。背鳍连续，**硬棘部与软条部间具浅缺刻，尾鳍圆形或近截形**。体被细鳞，侧线简单而完全。体背红褐色，腹面淡白；**头部具褐色斑点或斑块；颊部另具许多小黑点**；雄性在后颈部具显著的**眼斑**。体侧具 9 条横带，横带中央稍下各具一黑斑，且与自胸鳍基部至尾鳍基之窄纵纹相连。背鳍软条部具 3 纵列黑点；尾鳍具 2 条黑色纵带，纵带间通常具一白色区域，周围另具许多小黑点散布。最大全长 24cm。

【分布范围】分布于西太平洋海域，由琉球群岛及大堡礁至马绍尔群岛及美属萨摩亚、加里曼丹岛东部等。我国主要分布于南海海域。

【生态习性】主要栖息于清澈的潟湖和面海礁石区中沙石与碎石的开放区域。分布水深为 3~50m。

208. 圆拟鲈

Parapercis cylindrica (Bloch, 1792)

【英文名】cylindrical sandperch
【别　名】海狗甘仔、举碏鱼、雨伞门、花狗母海、沙鲈

上颌略短于下颌

体侧具 9~10 条褐色的梭形横带

尾鳍圆形

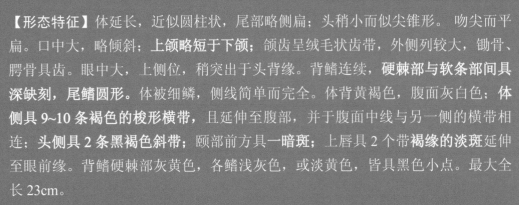

【形态特征】体延长，近似圆柱状，尾部略侧扁；头稍小而似尖锥形。吻尖而平扁。口中大，略倾斜；**上颌略短于下颌**；颌齿呈绒毛状齿带，外侧列较大，锄骨、腭骨具齿。眼中大，上侧位，稍突出于头背缘。背鳍连续，**硬棘部与软条部间具深缺刻，尾鳍圆形**。体被细鳞，侧线简单而完全。体背黄褐色，腹面灰白色；**体侧具 9~10 条褐色的梭形横带**，且延伸至腹部，并于腹面中线与另一侧的横带相连；**头侧具 2 条黑褐色斜带**；颐部前方具一暗斑；上唇具 2 个带**褐缘的淡斑**延伸至眼前缘。背鳍硬棘部灰黄色，各鳍浅灰色，或淡黄色，皆具黑色小点。最大全长 23cm。

【分布范围】分布于西太平洋海域，北至日本南部，南至澳大利亚新南威尔士州，东至斐济与马绍尔群岛。我国主要分布于东海和南海海域。

【生态习性】主要栖息于掩蔽的海湾、港湾及潟湖区内清澈的水域。分布水深为 1~20m。

209. 六睛拟鲈

Parapercis hexophtalma (Cuvier, 1829)

【英文名】speckled sandperch
【别　名】海狗甘仔、举目鱼、沙鲈

眼稍突出于头背缘

具许多黑色的线条、斑点和斑块

具一长方形黑斑

【形态特征】体延长，近似圆柱状，尾部略侧扁；头稍小而似尖锥形。吻尖而平扁。口中大，眼中大，上侧位，**稍突出于头背缘**。背鳍连续，硬棘部与软条部间具深缺刻，尾鳍圆形。体被细鳞。体白色，体背部浅灰色，有许多黑**色的线条、斑点和斑块**。背鳍硬棘部具黑斑，鳍条部具3~4行黑点；尾鳍中央具**一长方形黑斑**。最大全长29cm。

【分布范围】分布于印度洋—西太平洋海域。我国主要分布于南海海域。

【生态习性】主要栖息于沿岸礁坡、潟湖坡或外礁坪的沙地或碎石地水域。分布水深为2~25m。

210. 太平洋拟鲈

Parapercis pacifica Imamura & Yoshino, 2007

【英文名】speckled sandperch

【别　名】海狗甘仔、举目鱼、雨伞闩、花狗母海、沙鲈

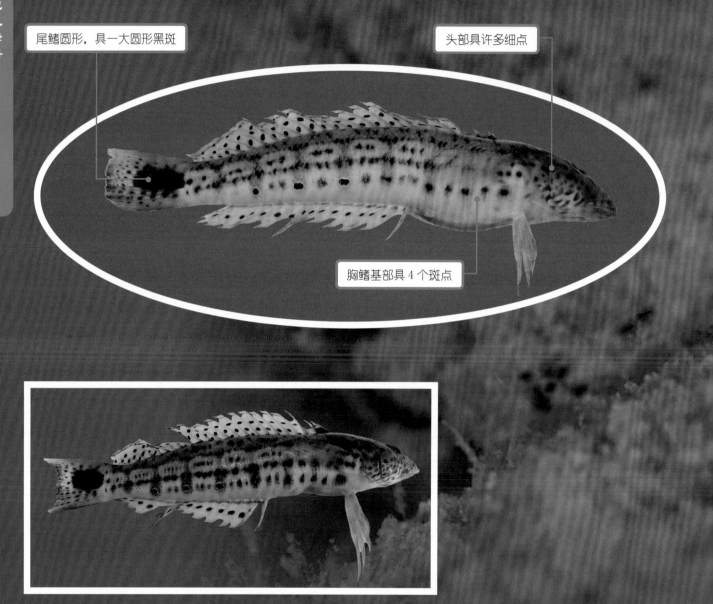

尾鳍圆形，具一大圆形黑斑

头部具许多细点

胸鳍基部具 4 个斑点

【形态特征】体延长，近似圆柱状，尾部略侧扁；头稍小而似尖锥形。吻尖而平扁。口中大，略倾斜；上颌略短于下颌；颌齿呈绒毛状齿带，外侧列较大，锄骨具齿，腭骨无齿。眼中大，上侧位，稍突出于头背缘。背鳍连续，硬棘部与软条部间具深缺刻，**尾鳍圆形**。体被细鳞，侧线简单而完全。体白色或淡灰色；**头部具许多细点**；体侧具 3 纵列黑点，另具 5 条横带，其中 4 条横带下端具眼斑；胸鳍基部**具 4个斑点**；尾鳍具许多小点，中央软条部具**一大圆形黑斑**。最大全长 23cm。

【分布范围】分布于印度洋—西太平洋海域，由红海及非洲东部至斐济，北至日本，南至澳大利亚。我国主要分布于南海海域。

【生态习性】主要栖息于潟湖浅滩以及有遮蔽的面海礁石区的沙泥或碎石底部的水域。分布水深为 0~6m。

211. 三点阿波鱼
Apolemichthys trimaculatus (Cuvier, 1831)

【英文名】threespot angelfish
【别　名】三点神仙、店窗、蓝嘴新娘

前鳃盖后缘具细锯齿，强棘无深沟

臀鳍具—宽黑带

【形态特征】体椭圆形；头部背面至吻部轮廓成直线。上颌齿强。前眼眶骨前缘中部无缺刻，无强棘；后缘不游离，亦无锯齿，**下缘突具强锯齿，盖住上颌一部分**。背鳍连续。体被中大型鳞，颊部被不规则小鳞；侧线终止于背鳍软条后下方。间鳃盖骨无强棘；**前鳃盖后缘具细锯齿，强棘无深沟**。体一致为黄色，头顶与鳃盖上方各具一瞳孔大小镶金黄色边的淡青色眼斑。臀鳍具一宽黑带。最大全长 26cm。

【分布范围】分布于印度洋—西太平洋海域，西起非洲东部，东至萨摩亚，北至日本南部，南至澳大利亚。我国主要分布于东海和南海海域。

【生态习性】主要栖息于潟湖及面海的珊瑚礁靠近珊瑚的水域。分布水深为 3~60m。

212. 双棘刺尻鱼

Centropyge bispinosa (Günther, 1860)

【英文名】twospined angelfish

【别　名】蓝闪电、琉璃神仙鱼、珊瑚美人

前鳃盖骨具锯齿，具一长强棘

体黄褐色至橙褐色，头部与背侧蓝紫色至黑褐色，胸部与腹面黄褐色

【形态特征】体椭圆形；背部与腹面轮廓约略相当。上下颌相等，齿细长。吻钝而小。眶前骨游离，**下缘突出，后方具棘**。背鳍与臀鳍软条部后端尖形；腹鳍尖形，第 1 棘几达臀鳍；尾鳍圆形。体被稍大栉鳞，躯干前背部具副鳞。**前鳃盖骨具锯齿，具一长强棘**；间鳃盖骨短圆，具向后 3 个棘。**体黄褐色至橙褐色**，头部与背侧蓝紫色至黑褐色，**胸部与腹面黄褐色**。胸鳍上方体侧具黑色短横斑或不显著；背鳍、臀鳍及尾鳍一致为蓝紫色至黑褐色；腹鳍及胸鳍黄色。最大全长 10cm。

【分布范围】分布于印度洋—太平洋海域，西起非洲东部，东至土阿莫土群岛，北至日本南部，南至罗德豪维岛。我国主要分布于东海和南海海域。

【生态习性】主要栖息于珊瑚丛生的潟湖及面海的礁区斜坡区域。分布水深为 3~60m。

213. 海氏刺尻鱼

Centropyge heraldi Woods & Schultz, 1953

【英文名】yellow angelfish

【别　名】黄新娘

刺盖鱼科 Pomacanthidae

前鳃盖骨具锯齿，具一长强棘，眼周围具黑褐色斑驳

背鳍与臀鳍软条部后端尖形

【形态特征】体椭圆形；背部轮廓略突出，头背于眼上方平直。上下颌相等，齿细长而稍内弯。吻钝而小。眶前骨游离，下缘突出，**后方具棘**。背鳍与臀鳍软条部**后端尖形**；腹鳍钝尖形；**尾鳍圆形**。体被稍大栉鳞，躯干前背部具副鳞。**前鳃盖骨具锯齿，具一长强棘**；间鳃盖骨短圆。体及各鳍一致为金黄色，**眼周围具黑褐色斑驳**；幼鱼及成鱼体色一致。最大全长 12cm。

【分布范围】分布于太平洋海域，西起中国，东至土阿莫土群岛，北至日本南部，南至大堡礁。我国主要分布于东海和南海海域。

【生态习性】主要栖息于外礁斜坡区域，偶可见于清澈的潟湖区。分布水深为 5~90m。

214. 白斑刺尻鱼
Centropyge tibicen (Cuvier, 1831)

【英文名】keyhole angelfish
【别　名】白点新娘、盖刺鱼、厚壳仔

体一致为紫黑色到黑色，体侧在中央侧线下方具一呈长椭圆形的白色横斑

前鳃盖骨具锯齿，具一长强棘

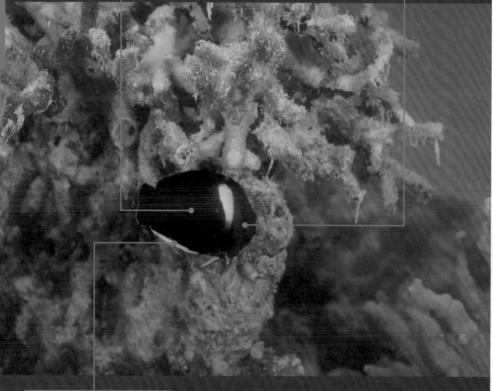

鳍后半部及臀鳍缘为黄色

【形态特征】体椭圆形；背部轮廓略突出，头背于眼上方略突。吻钝而小。上下颌相等，齿细长而稍内弯。眶前骨游离，下缘突出，后方具棘。背鳍与臀鳍软条部后端尖形；腹鳍钝形；尾鳍圆形。体被稍大栉鳞，躯干前背部具副鳞。**前鳃盖骨具锯齿，具一长强棘**；间鳃盖骨短圆。体一致为**紫黑色到黑色**，体侧在中央侧线下方具一呈长椭圆形的**白色横斑**。各鳍亦为紫黑色到黑色，**唯腹鳍后半部及臀鳍缘为黄色**。最大全长 19cm。

【分布范围】分布于印度洋—太平洋海域，由东印度洋的圣诞岛至密克罗尼西亚，北至日本，南至罗德豪维岛。我国主要分布于东海和南海海域。

【生态习性】主要栖息于潟湖及面海的珊瑚礁靠近珊瑚的水域。分布水深为 4~55m。

前鳃盖骨具锯齿，具一长强棘

215. 福氏刺尻鱼

Centropyge vrolikii (Bleeker, 1853)

【英文名】pearlscale angelfish

【别　名】黑尾新娘、店窗

背鳍、臀鳍及尾鳍具蓝边；胸鳍及腹鳍
淡黄褐色至乳黄色，尾鳍圆形，暗褐色

【形态特征】体椭圆形；背部轮廓略突出，头背于眼上方平直。吻钝而小。上下颌相等，齿细长而稍内弯。眶前骨游离，下缘突出，后方具棘。背鳍与臀鳍软条部后端钝长形；腹鳍钝形；尾鳍圆形。体被稍大栉鳞，躯干前背部具副鳞。**前鳃盖骨具锯齿，具一长强棘；**间鳃盖骨短圆。体、背鳍及臀鳍前半部淡黄褐色至乳黄色，后半部暗褐色，体侧无任何横斑。**背鳍、臀鳍及尾鳍具蓝边；胸鳍及腹鳍淡黄褐色至乳黄色；尾鳍暗褐色。**最大全长 12cm。

【分布范围】分布于印度洋—太平洋海域，由非洲东部至马绍尔群岛，北至日本，南至罗德豪维岛。我国主要分布于东海和南海海域。

【生态习性】主要栖息于潟湖及面海的珊瑚礁靠近珊瑚的水域。分布水深为 1~25m。

216. 黑斑月蝶鱼

Genicanthus melanospilos (Bleeker, 1857)

【英文名】spotbreast angelfish

【别　名】黑斑神仙、神仙

尾鳍深凹形，上下缘延长如丝状，上下叶具黑色带

前眼眶骨具数棘，后缘游离，且中央具深缺刻

体具若干白弧状纹，并与尾柄前白环形成同心圆

【形态特征】体卵圆形。吻钝圆。口小；两颌齿呈尖形。眼间隔稍凹。**前眼眶骨具数棘，后缘游离，且中央具深缺刻。**背鳍与臀鳍软条部后端尖形；**腹鳍尖形；尾鳍深凹形，上下缘延长如丝状。**体被中大圆鳞，头部与奇鳍较小；侧线完全，但止于尾柄。前鳃盖后缘具锯齿；前鼻孔圆形，小于卵形之后鼻孔。体乳黄色；雄鱼体侧具约**15条横带**，头背部由枕部至吻部同时具数条横纹，奇鳍具淡黄色点，尾鳍上下缘无黑色带；雌鱼及幼鱼体侧无横纹，鳞片中央色淡，眶间区至背鳍起点间具一淡蓝色区域，**尾鳍上下叶具黑色带。**最大全长18cm。

【分布范围】分布于西太平洋海域，由印度尼西亚和中国南海至斐济，北至琉球群岛，南至新喀里多尼亚。我国主要分布于东海和南海海域。

【生态习性】主要栖息于外礁斜坡附近。分布水深为20~45m。

217. 主刺盖鱼

Pomacanthus imperator (Bloch, 1787)

【英文名】emperor angelfish

【别　名】皇后神仙、大花脸、皇后、店窗、变身苦、崁鼠

尾鳍钝圆形

前鳃盖骨后缘及下缘具弱锯齿，具　长棘，鳃盖骨后缘平滑

一长形蓝黑斑块

【形态特征】体略高而呈卵圆形；背部轮廓略突出，头背于眼上方平直。吻钝而小。睛前骨宽突，不游离。背鳍与臀鳍软条部后端截平；腹鳍尖，第 1 软条延长，几达臀鳍；**尾鳍钝圆形**。体被中型圆鳞，具数个副鳞；头具绒毛状鳞，颊部与奇鳍具小鳞。**前鳃盖骨后缘及下缘具弱锯齿，具一长棘**；鳃盖骨后缘平滑。幼鱼体一致为深蓝色，体具若干白弧状纹，并与尾柄前白环形成同心圆，随着成长白弧纹愈多；中型鱼体逐渐偏黄褐色，弧纹亦逐渐成黄纵纹；成鱼体呈黄褐色至暗褐色，体侧具 10~25 条由鳃盖缘微斜上而延伸至背鳍及臀鳍之黄纵纹；眼带起于睛间至前鳃盖下缘；胸鳍基部延伸至腹部另具**一长形蓝黑斑块**。最大全长 47.9cm。

【分布范围】分布于印度洋—太平洋海域，自红海及非洲东部至夏威夷群岛、莱恩群岛及土阿莫土群岛，北至日本南部，南至澳大利亚。我国主要分布于东海和南海海域。

【生态习性】主要栖息于面海的珊瑚礁区或岩礁、水道区或清澈的潟湖等。分布水深为 1~100m。

218. 半环刺盖鱼

Pomacanthus semicirculatus (Cuvier, 1831)

【英文名】semicircle angelfish

【别　名】蓝纹神仙、神仙、店窗、崁鼠、蓝纹、柑仔

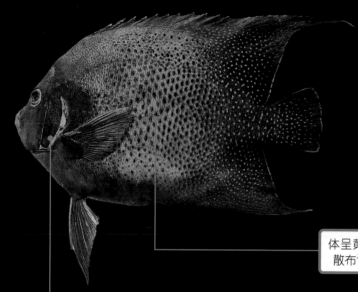

前鳃盖骨具棘；
间鳃盖骨无棘

体呈黄褐色至暗褐色，
散布许多深褐色小点

前鳃盖骨后缘及下缘具弱锯齿，
具一长棘；鳃盖骨后缘平滑。
前鳃盖骨及鳃盖骨后缘具蓝纹

幼鱼体一致为深蓝色，体具若干
白弧状纹，随着成长白弧纹愈多

【形态特征】体略高而呈卵圆形；背部轮廓略突出，头背于眼上方平直。吻钝而小。眶前骨宽突，不游离。背鳍与臀鳍软条部后端尖形，略呈丝状延长；腹鳍尖，第1软条延长，达臀鳍起点；尾鳍钝圆形。体被小型圆鳞，腹鳍基底具腋鳞。前鳃盖骨后缘及下缘具弱锯齿，具一长棘；鳃盖骨后缘平滑。幼鱼体一致为深蓝色，体具若干白弧状纹，随着成长白弧纹愈多；中型鱼体前后部位逐渐偏褐色，中央部位偏淡褐色，弧纹亦逐渐消失；成鱼体呈黄褐色至暗褐色，体侧弧形不显，取而代之的是散布许多深褐色小点，前鳃盖骨及鳃盖骨后缘具蓝纹，上下颌黄色，各鳍缘多少具蓝缘，亦具蓝色或白色小点。最大全长48.37cm。

【分布范围】分布于印度洋—西太平洋海域，自红海及非洲东部至斐济，北至日本南部，南至罗德豪维岛。我国主要分布于东海和南海海域。

【生态习性】主要栖息于珊瑚繁生的水域。分布水深为1~40m。

219. 双棘甲尻鱼

Pygoplites diacanthus (Boddaert, 1772)

【英文名】regal angelfish

【别　名】皇帝、帝王神仙鱼、锦纹盖刺鱼、盖刺鱼、店窗、变身苦、崁鼠

背鳍末端具一黑色眼斑

体呈黄色，横带增至
8~10 条且延伸至背鳍

【形态特征】体长卵形。头部眼前至颈部突出。吻稍尖。眶前骨下缘突出无棘。背鳍末端圆形或稍钝尖；尾鳍圆形。体被中小型栉鳞，颊部具鳞，头部与奇鳍被较小鳞；侧线达背鳍末端。**前鳃盖骨具棘；间鳃盖骨无棘。**幼鱼时，体一致为**橘黄色**，体侧具 4~6 条带**黑边之白色至淡青色之横带，背鳍末端具一黑色眼斑；**成鱼则**体呈黄色，横带增至 8~10 条且延伸至背鳍**，背鳍软条部暗蓝色，眼斑已消失；由背鳍前方至眼后亦具带黑边的淡青色带；臀鳍黄褐色，具数条青色弧形线条；尾鳍黄色。最大全长 30.75cm。

【分布范围】分布于印度洋—太平洋海域，西起红海及非洲东岸，东至土阿莫土群岛，北至琉球群岛，南至大堡礁。我国主要分布于东海和南海海域。

【生态习性】主要栖息于珊瑚礁区水域。分布水深最深为 80m。

220. 七带豆娘鱼

Abudefduf septemfasciatus (Cuvier, 1830)

【英文名】banded sergeant
【别　名】立身仔、厚壳仔、七带雀鲷、黑婆

雀鲷科 Pomacentridae

胸鳍基底上方具一小黑斑

尾鳍叉形，末端略呈尖形，上下叶外侧鳍条不延长呈丝状

体侧具 6~7 条不甚明显之暗灰色宽横带

【形态特征】体呈卵圆形而侧扁。吻短而略尖。口小，上颌骨末端不及眼前缘；齿单列，齿端具缺刻。眼中大，上侧位。眶下骨具鳞，后缘平滑。背鳍单一，软条部不延长而呈圆形，**尾鳍叉形，末端略呈尖形，上下叶外侧鳍条不延长呈丝状**。体被大栉鳞。前鳃盖骨后缘亦平滑。体呈灰白色至黄褐色，**体侧具 6~7 条不甚明显之暗灰色宽横带**。 胸鳍基底上方具一小黑斑；鳃盖骨后缘上方无黑点；尾柄上无黑点。尾鳍一致为黑褐色。最大全长 23cm。

【分布范围】分布于印度洋—太平洋海域，自非洲东部至莱恩群岛、土阿莫土群岛，北至日本南部，南至大堡礁南部。我国主要分布于东海和南海海域。

【生态习性】主要栖息于浅海海浪起伏较平稳的岩礁区、潮池区或潟湖区。分布水深最深为 3m。

221. 五带豆娘鱼

Abudefduf vaigiensis (Quoy & Gaimard, 1825)

【英文名】Indo-pacific sergeant

【别　名】厚壳仔、五线雀鲷、岩雀鲷、赤壳仔、花翎仔、咬拨婆、红花咬拨婆

尾鳍叉形，末端呈尖形，上下叶外侧鳍条不延长呈丝状

体侧具 5 条黑色横带

【形态特征】体呈卵圆形而侧扁。吻短而略尖。口小，上颌骨末端不及眼前缘；齿单列，齿端具缺刻。眼中大，上侧位。眶下骨具鳞，后缘平滑。背鳍单一，软条部延长而呈尖形，**尾鳍叉形，末端呈尖形，上下叶外侧鳍条不延长呈丝状**。体被大栉鳞。前鳃盖骨后缘亦平滑。体呈灰白至淡黄色，体背偏黄；**体侧具 5 条黑色横带**。胸鳍基底上方具一小黑斑；鳃盖骨后缘上方无黑点；尾柄上无黑点。尾鳍灰白色。最大全长 20cm。

【分布范围】广泛分布于印度洋—太平洋海域，自红海、非洲东部至莱恩群岛、土阿莫土群岛，北至日本南部，南至澳大利亚。我国主要分布于东海和南海海域。

【生态习性】主要栖息于沿岸岩礁区的浅水域。分布水深为1~15m。

222. 金凹牙豆娘鱼

Amblyglyphidodon aureus (Cuvier, 1830)

【英文名】golden damselfish

【别　名】厚壳仔、黑吻雀鲷

体呈黄绿色至褐色，
体侧具数条黑色宽带

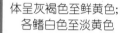

体呈灰褐色至鲜黄色；
各鳍白色至淡黄色

尾鳍叉形，末端呈尖形，上
下叶外侧鳍条不延长呈丝状

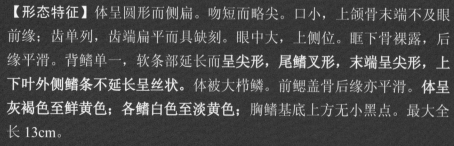

【形态特征】体呈圆形而侧扁。吻短而略尖。口小，上颌骨末端不及眼前缘；齿单列，齿端扁平而具缺刻。眼中大，上侧位。眶下骨裸露，后缘平滑。背鳍单一，软条部延长而**呈尖形，尾鳍叉形，末端呈尖形，上下叶外侧鳍条不延长呈丝状**。体被大栉鳞。前鳃盖骨后缘亦平滑。**体呈灰褐色至鲜黄色；各鳍白色至淡黄色**；胸鳍基底上方无小黑点。最大全长 13cm。

【分布范围】分布于印度洋—西太平洋海域，由安达曼海和圣诞岛至斐济，北至琉球群岛，南至新喀里多尼亚。我国主要分布于东海和南海海域。

【生态习性】主要栖息于岩礁斜面或礁壁。分布水深为 3~45m。

223. 库拉索凹牙豆娘鱼

Amblyglyphidodon curacao (Bloch, 1787)

【英文名】staghorn damselfish

【别　名】厚壳仔、黄背雀鲷

尾鳍叉形，末端呈尖形，上下叶外侧鳍条不延长呈丝状

【形态特征】体呈卵圆形而侧扁。吻短而略尖。口小，上颌骨末端不及眼前缘；齿单列，齿端扁平而具缺刻。眼中大，上侧位。眶下骨被鳞，后缘平滑。背鳍单一，软条部延长而呈尖形，尾鳍叉形，末端呈**尖形，上下叶外侧鳍条不延长呈丝状**。体被大栉鳞；前鳃盖骨后缘亦平滑。**体呈黄绿色至褐色，体侧具数条黑色宽带**；除胸鳍及腹鳍白色外，各鳍色深；胸鳍基底上方无小黑点。最大全长 11cm。

【分布范围】分布于印度洋—西太平洋海域，由马来西亚至萨摩亚，北至琉球群岛，南至大堡礁。我国主要分布于东海和南海海域。

【生态习性】主要栖息于潟湖、沿岸港湾、外海珊瑚礁区水域。分布水深为 1~40m。

224. 白腹凹牙豆娘鱼

Amblyglyphidodon leucogaster (Bleeker, 1847)

【英文名】yellowbelly damselfish

【别　名】厚壳仔

雀鲷科 Pomacentridae

背鳍上半部及臀鳍下半部黑色；胸鳍白色；腹鳍黄色或白色；尾鳍白色，上下叶具黑缘；胸鳍基底上方具一大黑点

尾鳍叉形，末端呈尖形，上下叶外侧鳍条不延长呈丝状

【形态特征】体呈卵圆形而侧扁。吻短而略尖。口小，上颌骨末端不及眼前缘；齿单列，齿端扁平而具缺刻。眼中大，上侧位。眶下骨被鳞，后缘平滑。背鳍单一，软条部延长而呈尖形；**尾鳍叉形，末端呈尖形，上下叶外侧鳍条不延长呈丝状**。体被大栉鳞。前鳃盖骨后缘亦平滑。体呈灰白色至褐色，体背侧黑色，腹侧黄色或白色。**背鳍上半部及臀鳍下半部黑色；胸鳍白色；腹鳍黄色或白色；尾鳍白色，上下叶具黑缘；胸鳍基底上方具一大黑点**。最大全长 13cm。

【分布范围】分布于印度洋—西太平洋海域，由红海、非洲东部至萨摩亚群岛，北至琉球群岛，南至大堡礁。我国主要分布于东海和南海海域。

【生态习性】主要栖息于潟湖、珊瑚围绕区、外海珊瑚礁区等水域。分布水深为 2~45m。

225. 克氏双锯鱼

Amphiprion clarkii (Bennett, 1830)

【英文名】yellowtail clownfish
【别　名】小丑鱼、小丑仔、皇帝娘、贪吃公、克氏海葵鱼

各鳃盖骨后缘皆具锯齿

体侧具 3 条白色宽带

雄鱼尾鳍截形，末端呈尖形，
雌鱼尾鳍叉形，末端呈角形

【形态特征】体呈椭圆形而侧扁。吻短而钝。口小，上颌骨末端不及眼前缘；齿单列，圆锥状。眼中大，上侧位。眶下骨及眶前骨具放射状锯齿。背鳍单一，软条部不延长而呈圆形；**雄鱼尾鳍截形，末端呈尖形，雌鱼尾鳍叉形，末端呈角形。体被细鳞。各鳃盖骨后缘皆具锯齿。**体一般呈黄褐色至黑色，体侧具 3 条白色宽带；胸鳍及尾鳍黄色，其余鳍颜色不定，或褐色，或黄色，或白色。最大全长 19.56cm。

【分布范围】分布于印度洋—西太平洋海域，由波斯湾至密克罗尼西亚，包括印度—澳大利亚群岛，北至中国及日本南部。我国主要分布于东海和南海海域。

【生态习性】主要栖息于潟湖及外礁斜坡处水域。分布水深为 1~60m。

226. 白条双锯鱼
Amphiprion frenatus Brevoort, 1856

【英文名】tomato clownfish
【别　名】红小丑、小丑仔、皇帝鱼、蟋蟀仔、白条海葵鱼

雄、雌鱼尾鳍皆呈圆形

各鳃盖骨后缘皆具锯齿

【形态特征】体呈椭圆形而侧扁。吻短而钝。口小，上颌骨末端不及眼前缘；齿单列，圆锥状。眼中大，上侧位。眶下骨及眶前骨具放射状锯齿。背鳍单一，软条部不延长而略呈圆形；**雄、雌鱼尾鳍皆呈圆形**。体被细鳞。**各鳃盖骨后缘皆具锯齿**。体一致呈橘红色或略偏黄，体侧具 1~3 条白色宽带；幼鱼具 3 条白色宽带，但最末带不贯穿尾柄，随着成长白色宽带逐渐消失而仅剩眼后之横带，成熟雌鱼体色较暗。最大全长 14cm。

体一致呈橘红色或略偏黄，体侧具 1~3 条白色宽带；幼鱼具 3 条白色宽带

【分布范围】分布于西太平洋海域，由印度尼西亚、马来西亚和新加坡至帕劳，北至日本南部。我国主要分布于东海和南海海域。

【生态习性】主要栖息于潟湖及珊瑚礁区水域。分布水深为 1~12m。

227. 白背双锯鱼

***Amphiprion sandaracinos* Allen, 1972**

【英文名】yellow clownfish

【别　名】小丑鱼

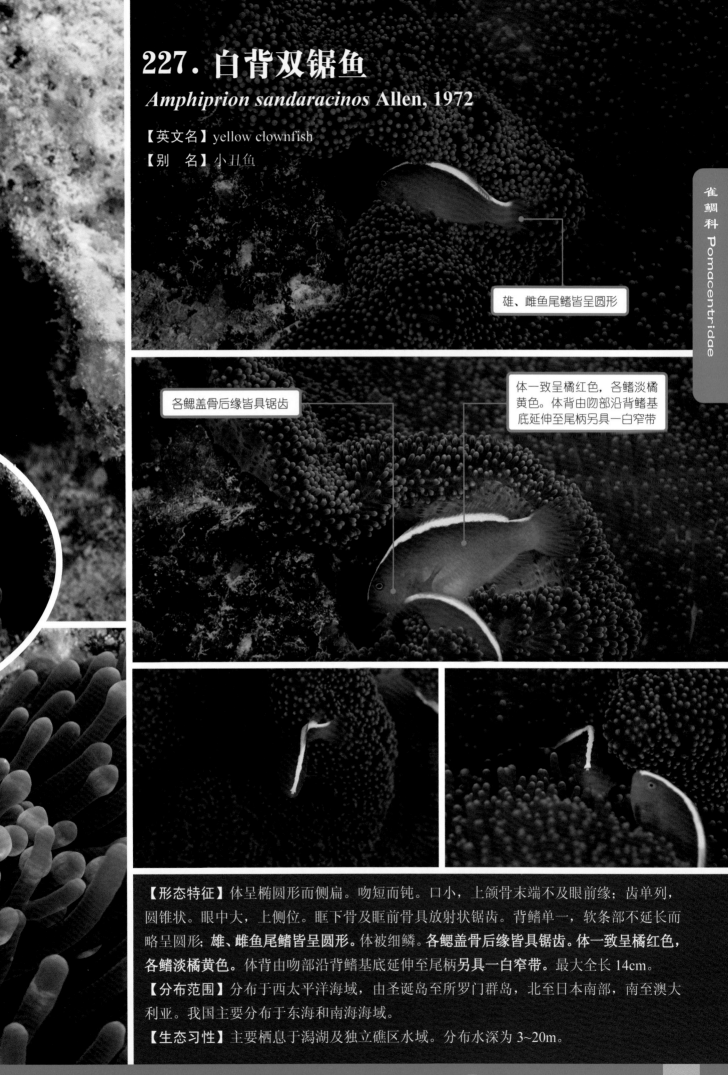

雄、雌鱼尾鳍皆呈圆形

各鳃盖骨后缘皆具锯齿

体一致呈橘红色，各鳍淡橘黄色。体背由吻部沿背鳍基底延伸至尾柄另具一白窄带

【形态特征】体呈椭圆形而侧扁。吻短而钝。口小，上颌骨末端不及眼前缘；齿单列，圆锥状。眼中大，上侧位。眶下骨及眶前骨具放射状锯齿。背鳍单一，软条部不延长而略呈圆形；**雄、雌鱼尾鳍皆呈圆形**。体被细鳞。**各鳃盖骨后缘皆具锯齿**。体一致呈橘红色，**各鳍淡橘黄色。体背由吻部沿背鳍基底延伸至尾柄另具一白窄带**。最大全长 14cm。

【分布范围】分布于西太平洋海域，由圣诞岛至所罗门群岛，北至日本南部，南至澳大利亚。我国主要分布于东海和南海海域。

【生态习性】主要栖息于潟湖及独立礁区水域。分布水深为 3~20m。

228. 腋斑光鳃鱼
Chromis atripes (Fowler & Bean, 1928)

【英文名】dark-fin chromis
【别　名】厚壳仔

尾鳍深叉形，上下叶末端延长如丝，各具2条硬棘状鳍条

体呈橘褐色至暗褐色；腹侧色淡。虹膜黄色，背、腹侧黑色

胸鳍基部上缘具一小三角形黑斑

【形态特征】体呈卵圆形而侧扁。口小，上颌骨末端仅及眼前缘；齿细小，圆锥状。眼中大，上侧位。眶下骨裸露。背鳍单一，软条部延长而呈尖形；尾鳍深叉形，上下叶末端延长如丝，各具2条硬棘状鳍条。体被大栉鳞。前鳃盖骨后缘平滑。体呈橘褐色至暗褐色；腹侧色淡。虹膜黄色，背、腹侧黑色。背鳍及臀鳍呈褐色；背鳍、臀鳍软条部后半部呈白色；胸鳍基部上缘具一小三角形黑斑；尾鳍前半部偏黄，后半部色淡，基底以及尾柄背、腹面黑色。最大全长9cm。

【分布范围】广泛分布于东印度洋—太平洋海域，西起圣诞岛，东至所罗门群岛、瓦努阿图等，北至日本，南至澳大利亚及新喀里多尼亚。我国主要分布于南海海域。

【生态习性】主要栖息于珊瑚繁生的礁石斜面水域。分布水深为2~40m。

229. 线纹光鳃鱼

Pycnochromis lineatus (Fowler & Bean, 1928)

【英文名】lined chromis

【别　名】厚壳仔

体黄棕色，蓝色鳞片组成的数排纵纹分布在体侧

【形态特征】体呈卵圆形而侧扁。口小。**体黄棕色，蓝色鳞片组成的数排纵纹分布在体侧**；背鳍、臀鳍和腹鳍边缘蓝色。最大全长 7cm。

【分布范围】分布于印度洋—太平洋海域。我国主要分布于南海海域。

【生态习性】主要栖息于外礁坡的珊瑚水域。分布水深为 2~35m。

230. 双斑光鳃鱼
Pycnochromis margaritifer (Fowler, 1946)

【英文名】bicolor chromis
【别 名】厚壳仔、黑婆仔

尾柄及尾鳍白色，尾鳍叉形，上下叶末端延长呈细尖形，各具2条硬棘状鳍条

体一致呈黑褐色至黑色，胸鳍基部具一大黑斑

【形态特征】体呈卵圆形而侧扁。口小，上颌骨末端仅及眼前缘；齿细小，圆锥状。眼中大，上侧位。眶下骨裸露；前鳃盖骨后缘平滑。背鳍单一，软条部不延长而略呈角形；**尾鳍叉形，上下叶末端延长呈细尖形，各具2条硬棘状鳍条。**体被大栉鳞。**体一致呈黑褐色至黑色，胸鳍基部具一大黑斑；尾柄及尾鳍白色；**背鳍、臀鳍软条白色区域起始于基底末端之前；**背鳍硬棘部顶端蓝色。**最大全长10.2cm。

【分布范围】分布于东印度洋—太平洋海域，西起圣诞岛及澳大利亚西北部，东至莱恩群岛及土阿莫土群岛等，北至日本。我国主要分布于东海和南海海域。

【生态习性】主要栖息于潟湖或珊瑚礁区水域。分布水深为2~20m。

231. 卵形光鳃鱼

Pycnochromis ovatiformes (Fowler, 1946)

【英文名】ovate chromis
【别　名】卵形光鳃鱼、厚壳仔

尾鳍深叉形，上下叶末端呈尖形，各具 2 条硬棘状鳍条

体呈黄褐色至灰色；胸鳍基部上缘具一小黑斑

【形态特征】体呈卵圆形而侧扁。口小，上颌骨末端仅及眼前缘；齿细小，圆锥状。眼中大，上侧位。眶下骨裸露。背鳍单一，软条部延长而呈尖形；**尾鳍深叉形，上下叶末端呈尖形，各具 2 条硬棘状鳍条**。体被大栉鳞。前鳃盖骨后缘平滑。**体呈黄褐色至灰色；胸鳍基部上缘具一小黑斑**；背鳍及臀鳍软条部后半部和尾柄白色。最大全长 10cm。

【分布范围】分布于西太平洋海域，自日本至中国及菲律宾。我国主要分布于东海和南海海域。

【生态习性】主要栖息于外海的珊瑚礁或岩礁区。分布水深为 10~40m。

232. 凡氏光鳃鱼

Pycnochromis vanderbilti (Fowler, 1941)

【英文名】Vanderbilt's chromis

【别　名】厚壳仔

体侧及头部为蓝色与黄色交互的斑纹

尾鳍叉形，上下叶末端呈尖形，各具 2 条硬棘状鳍条，具宽的黄色上叶边缘与宽的黑色下叶边缘

【形态特征】体呈椭圆形而侧扁。吻钝圆。口小，上颌骨末端仅及眼前缘；齿细小，圆锥状。眼中大，上侧位。眶下骨裸露；前鳃盖骨后缘平滑。体被大栉鳞。**体侧及头部为蓝色与黄色交互的斑纹；** 背鳍单一，硬棘部边缘黄色；软条部不延长而略呈角形；**尾鳍叉形，上下叶末端呈尖形，各具 2 条硬棘状鳍条，具宽的黄色上叶边缘与宽的黑色下叶边缘；** 臀鳍大半为黑色。最大全长 6cm。

【分布范围】分布于中西太平洋海域，西起中国，东至夏威夷群岛及皮特凯恩群岛，北至伊豆岛，南至罗雷浅滩、罗德豪维岛及拉帕岛。我国主要分布于南海海域。

【生态习性】主要栖息于裸露的外礁斜坡与近海岩礁中。分布水深为 0~20m。

233. 蓝绿光鳃鱼
Chromis viridis (Cuvier, 1830)

【英文名】blue green damselfish
【别　名】水银灯、厚壳仔、青雀

尾鳍叉形，上下叶末端呈尖形，各具 3 条硬棘状鳍条

体及各鳍一致为淡绿色至淡蓝色，腹面略白

【形态特征】体呈椭圆形而侧扁。口小，上颌骨末端仅及眼前缘；齿细小，圆锥状。眼中大，上侧位。眶下骨裸露。背鳍单一，软条部不延长而略呈角形；**尾鳍叉形，上下叶末端呈尖形，各具 3 条硬棘状鳍条**。体被大栉鳞。前鳃盖骨后缘平滑。**体及各鳍一致为淡绿色至淡蓝色，腹面略白**；繁殖期时，雄鱼体色逐渐偏黄色，体后半部渐偏黑色；胸鳍基部上缘无小黑斑。最大全长 10cm。

【分布范围】分布于印度洋—太平洋海域，西起红海、非洲东部，东至莱恩群岛、马克萨斯群岛及土阿莫土群岛，北至日本南部，南至新喀里多尼亚，包括密克罗尼西亚群岛。我国主要分布于东海和南海海域。

【生态习性】主要栖息于亚潮带的礁区或潟湖的珊瑚礁水域。分布水深为 1~20m。

234. 双斑金翅雀鲷

Chrysiptera biocellata (Quoy & Gaimard, 1825)

【英文名】twinspot damselfish

【别　名】厚壳仔

体呈褐色，幼鱼时在体中部具一白色横纹，成鱼时则缩小成一小的白色鞍状斑

尾鳍叉形，上下叶末端呈角形

【形态特征】体呈椭圆形而侧扁。口小，上颌骨末端仅及眼前缘。眼中大，上侧位。眶下骨裸露。背鳍单一，软条部不延长而呈角形；**尾鳍叉形，上下叶末端呈角形。**体被栉鳞，颊部具鳞3列。前鳃盖骨后缘平滑。**体呈褐色，幼鱼时在体中部具一白色横纹，成鱼时则缩小成一小的白色鞍状斑；**幼鱼于背鳍基底中部具一眼斑，随着成长而减小，成鱼则完全消失。**背鳍基底后端下方另具一白缘的黑色斑点。**最大全长12.5cm。

【分布范围】分布于印度洋—太平洋海域，西起非洲东部，东至马绍尔群岛、吉尔伯特群岛与美属萨摩亚，北至琉球群岛，南至澳大利亚。我国主要分布于东海和南海海域。

【生态习性】主要栖息于遮蔽的礁石平台内侧水域。分布水深为0~5m。

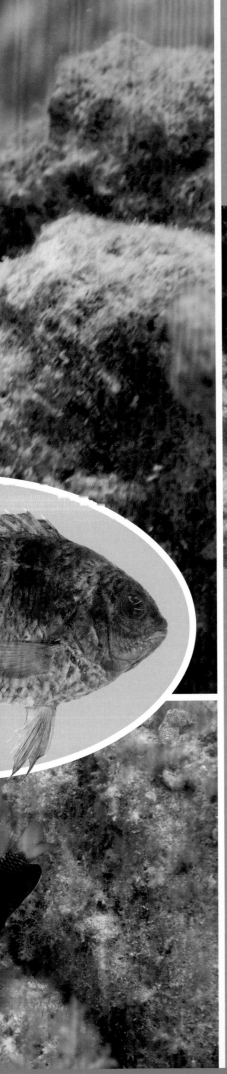

235. 勃氏金翅雀鲷

Chrysiptera brownriggii (Bennett, 1828)

【英文名】surge damselfish

【别　名】厚壳仔

尾鳍叉形，上下叶末端呈角形

具一眼斑

【形态特征】体呈椭圆形而侧扁。口小，上颌骨末端仅及眼前缘。眼中大，上侧位。眶下骨裸露。背鳍单一，软条部不延长而呈角形；**尾鳍叉形，上下叶末端呈角形**。体被栉鳞，颊部具鳞3列。前鳃盖骨后缘平滑。**幼鱼体呈黄褐色，眼后上方延伸至尾柄背面具一蓝色带，背鳍硬棘部后半部上具一眼斑**，随着成长而减小，成鱼则完全消失；成鱼体呈暗褐色，**鳃盖后方具一黄色横带，体侧中央及尾柄上各具一白色横带**。最大全长8cm。

【分布范围】分布于印度洋—太平洋海域，西起非洲东部，东至马克萨斯群岛与社会群岛，北至日本，南至澳大利亚。我国主要分布于南海海域。

【生态习性】主要栖息于碎石底的汹涌峡道、裸露礁石平台。分布水深为0~12m。

236. 金头金翅雀鲷

Chrysiptera chrysocephala **Manica, Pilcher & Oakley, 2002**

【英文名】yellow crown demoiselle

【别　名】厚壳仔

【形态特征】体呈圆形而侧扁。吻短而钝圆。体浅灰至白色，**胸鳍透明，一宽黄色带**从吻部延伸至体背中部。最大全长6cm。

【分布范围】分布于西太平洋海域。我国主要分布于南海海域。

【生态习性】主要栖息于近岸浅礁顶部或外礁坡水域。分布水深为0~10m。

一宽黄色带

胸鳍透明

237. 宅泥鱼
Dascyllus aruanus (Linnaeus, 1758)

【英文名】whitetail dascyllus
【别　名】三间雀、厚壳仔

尾鳍叉形，上下叶末端略呈圆形

头背部上具一大的褐色斑点

唇黑色或白色

体呈白色，体侧具 3 条黑色横带

【形态特征】体呈圆形而侧扁。吻短而钝圆。口中型，两颌齿小而呈圆锥状，靠外缘的齿列渐大且齿端背侧具不规则的绒毛带。眶前骨具鳞，眶下骨具鳞，下缘具锯齿。背鳍单一，软条部不延长而呈角形；**尾鳍叉形，上下叶末端略呈圆形。**体被栉鳞。前鳃盖骨后缘多少呈锯齿。**体呈白色，体侧具 3 条黑色横带**；在吻部与眶间骨间的头背部上具一**大的褐色斑点**；唇黑色或白色；尾鳍灰白；腹鳍黑色；胸鳍透明。最大全长 10cm。

【分布范围】分布于印度洋—西太平洋海域，西起红海、非洲东部，东至莱恩群岛、马克萨斯群岛及土阿莫土群岛，北至日本南部，南至澳大利亚等。我国主要分布于东海和南海海域。

【生态习性】主要栖息于潟湖内的浅滩及亚潮带的礁石平台水域。分布水深为 0~20m。

238. 黑尾宅泥鱼

***Dascyllus melanurus* Bleeker, 1854**

【英文名】blacktail humbug
【别　名】厚壳仔、四间雀

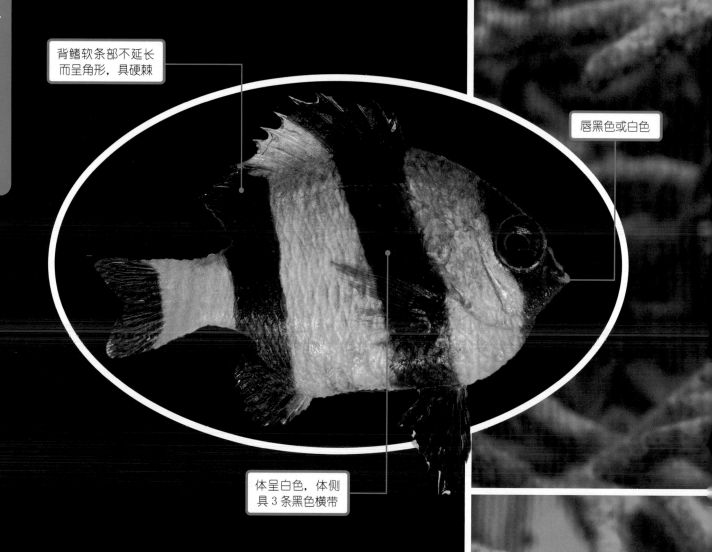

背鳍软条部不延长
而呈角形，具硬棘

唇黑色或白色

体呈白色，体侧
具 3 条黑色横带

【形态特征】体呈圆形而侧扁。吻短而钝圆。口中型；两颌齿小而呈圆锥状，靠外缘的齿列渐大且齿端背侧具不规则的绒毛带。眶前骨具鳞，眶下骨具鳞，下缘具锯齿；前鳃盖骨后缘多少呈锯齿。体被栉鳞。背鳍单一，软条部不延长而呈角形，具硬棘；臀鳍具硬棘；**尾鳍叉形，上下叶末端略呈圆形。**体呈白色，体侧**具 3 条黑色横带**；唇黑色或白色；尾鳍前 1/3 处灰白，后 2/3 处黑色；腹鳍黑色；胸鳍透明。最大全长 8cm。

【分布范围】分布于西太平洋海域，西起苏门答腊，东至瓦努阿图，北至琉球群岛，南至新喀里多尼亚等。我国主要分布于东海和南海海域。

【生态习性】主要栖息于有掩蔽的潟湖、港湾与小水湾。群游性种，常出现于鹿角珊瑚附近的一些开放的底部水域，亦时常悠游于小的珊瑚顶部。分布水深为 1~68m。

239. 网纹宅泥鱼
Dascyllus reticulatus (Richardson, 1846)

【英文名】reticulate dascyllus
【别　名】二间雀、厚壳仔

尾鳍叉形，上下叶末端略呈角形

具一黑色横带

体色多变，基本上体呈白色，而具绿色的吻、眶间骨与前额

【形态特征】体呈圆形而侧扁。吻短而钝圆。口中型，两颌齿小而呈圆锥状，靠外缘的齿列渐大且齿端背侧具不规则的绒毛带。眶前骨具鳞，眶下骨具鳞，下缘具锯齿。背鳍单一，软条部不延长而呈角形；**尾鳍叉形，上下叶末端略呈角形**。体被栉鳞。前鳃盖骨后缘呈锯齿。依环境不同，体色多变，**基本上体呈白色，而具绿色的吻、眶间骨与前额**；体侧于前部具一**黑色横带**及较后面的部分上另具一比较模糊的黑色横带。鳞片皆具黑缘。腹鳍大部分黑色；胸鳍透明，基底上缘则具一黑色斑点。最大全长 9cm。

【分布范围】分布于中西太平洋海域，由科科斯群岛至美属萨摩亚与莱恩群岛，北至日本南部，南至罗雷浅滩与罗德豪维岛等。我国主要分布于东海和南海海域。

【生态习性】主要栖息于潟湖的外部与面海的礁石水域。分布水深为1~50m。

240. 三斑宅泥鱼

Dascyllus trimaculatus (Rüppell, 1829)

【英文名】threespot dascyllus
【别　名】三点白、厚壳仔、黑婆

尾鳍内凹形，上下
叶末端略呈圆形

体侧中央两侧
具一白色斑点

前鳃盖骨后缘
多少呈锯齿

【形态特征】体呈圆形而侧扁。吻短而钝圆。口中型，两颌齿小而呈圆锥状，靠外缘的齿列渐大且齿端背侧具不规则的绒毛带。眶前骨具鳞，眶下骨具鳞，下缘具锯齿。背鳍单一，软条部不延长而呈角形；**尾鳍内凹形，上下叶末端略呈圆形。**体被栉鳞。**前鳃盖骨后缘多少呈锯齿。**体色呈暗褐色至黑色；体侧中央两侧具一白色斑点，头背上另具一白色斑点。幼鱼时体色呈黑色，**斑点泛白；**随着成长，体色渐淡，斑点亦变淡，甚至消失。最大全长 14cm。

【分布范围】分布于印度洋—西太平洋海域，西起红海、非洲东部，东至夏威夷群岛及马克萨斯群岛，北至日本南部，南至澳大利亚。我国主要分布于东海和南海海域。

【生态习性】主要栖息于岩礁及珊瑚礁区水域。分布水深为 1~55m。

241. 显盘雀鲷

Dischistodus perspicillatus (Cuvier, 1830)

【英文名】white damsel
【别　名】厚壳仔

2个或3个黑色的
斑点或马鞍状横纹

体白色至浅绿色

【形态特征】体呈椭圆形而侧扁。**体白色至浅绿色**；头前部、背部和背部后方具**2个或3个黑色的斑点或马鞍状横纹**，斑纹形状、高度多变。最大全长18cm。

【分布范围】分布于印度洋—西太平洋海域。我国主要分布于南海海域。

【生态习性】主要栖息于浅海岩礁区水域。分布水深为1~10m。

242. 黑背盘雀鲷

Dischistodus prosopotaenia (Bleeker, 1852)

【英文名】honey-head damsel

【别　名】厚壳仔

体侧中部具一宽横带

胸鳍基底上缘具黑点

尾鳍叉形，上下叶末端略呈圆形

【形态特征】体呈椭圆形而侧扁。口小，上颌骨末端不及眼前缘；齿2列。吻部裸露无鳞，唇薄。眼中大，上侧位。眶下骨及眶前骨间无缺刻。背鳍单一，软条部不延长而略呈角形；**尾鳍叉形，上下叶末端略呈圆形**。体被栉鳞。**前鳃盖骨和眶下骨后缘皆具锯齿**。体呈黄褐色，腹面偏白；体侧中部具一宽横带；鳃盖上缘无黑点；胸鳍**基底上缘具黑点**；各鳞具**蓝色斑点及垂直线纹**。稚鱼在背鳍基底的中心上具一眼斑。最大全长18.5cm。

【分布范围】分布于印度洋—西太平洋海域，由尼科巴群岛至瓦努阿图，北至琉球群岛，南至澳大利亚西北部与大堡礁。我国主要分布于东海和南海海域。

【生态习性】主要栖息于潟湖与岸礁区。分布水深为1~12m。

243. 密鳃鱼

Hemiglyphidodon plagiometopon (Bleeker, 1852)

【英文名】lagoon damselfish
【别　名】厚壳仔

体一致呈黄褐色至暗褐色

尾鳍叉形，末端呈圆形，上下叶外侧鳍条不延长呈丝状

【形态特征】体呈椭圆形而侧扁。吻稍长而略尖。口小，上颌骨末端不及眼前缘；齿单列，齿端具缺刻。眼中大，上侧位。眶下骨具鳞，后缘平滑。背鳍单一，软条部不延长而呈尖形；**尾鳍叉形，末端呈圆形，上下叶外侧鳍条不延长呈丝状**。体被栉鳞。前鳃盖骨后缘亦平滑。体一致呈**黄褐色至暗褐色**。稚鱼腹部后方橘黄色，褐色的背部前方的颊部与背部上具许多**蓝色线纹与斑点**。最大全长 18cm。
【分布范围】分布于西太平洋海域。我国主要分布于东海和南海海域。
【生态习性】主要栖息于周围遮蔽的潟湖与岸礁区水域。分布水深为 1~20m。

244. 眼斑椒雀鲷
Stegastes lacrymatus (Quoy & Gaimard, 1825)

【英文名】whitespotted devil
【别　名】厚壳仔

体呈褐色，体侧散布许多蓝点

胸鳍基底黑色

尾鳍叉形，末端呈尖形，上下叶外侧鳍条不延长呈丝状

【形态特征】体呈卵圆形而侧扁。吻短而略尖。口小，上颌骨末端不及眼前缘；齿单列，且较长。眼中大，上侧位。眶下骨具鳞，后缘平滑；眶前骨与眶下骨间无缺刻。背鳍单一，软条部不延长而呈角形；**尾鳍叉形，末端呈尖形，上下叶外侧鳍条不延长呈丝状**。体被栉鳞。前鳃盖骨后缘平滑。**体呈褐色，体侧散布许多蓝点**，稚鱼蓝点的数目超过成鱼；头部具**淡紫色或蓝色的斑点或斑驳**。胸鳍基底**黑色**；尾鳍淡褐色或黄褐色。稚鱼背鳍中部后方具眼斑。最大全长 10cm。

【分布范围】分布于印度洋—太平洋海域，西起红海及非洲东部，东至马绍尔群岛与社会群岛，北至琉球群岛，南至澳大利亚。我国主要分布于东海和南海海域。

【生态习性】主要栖息于清澈的潟湖与面海礁石区。分布水深为 0~40m。

245. 安汶雀鲷

Pomacentrus ambionensis Bleeker, 1868

【英文名】ambon damsel

【别　名】厚壳仔

具眼斑

胸鳍基底黑色

尾鳍叉形，上下叶末端呈尖状

【形态特征】体呈椭圆形而侧扁。吻短而钝圆。口中型；小而呈圆锥状。背鳍单一，软条不延长而呈角形；**尾鳍叉形，上下叶末端呈尖状**。体色多变，淡黄褐色或淡紫色至黄色或深褐色。鳃盖上缘具一**小黑斑**，胸鳍基部上方另具一**稍大黑点**。除了最大的成鱼外，背鳍末端**皆具眼斑**。最大全长9cm。

【分布范围】分布于印度洋—西太平洋海域。我国主要分布于东海和南海海域。

【生态习性】主要栖息于潟湖、岸礁、水道与外礁斜坡区水域。分布水深为2~40m。

246. 班卡雀鲷

Pomacentrus bankanensis Bleeker, 1854

【英文名】speckled damselfish
【别　名】厚壳仔

背鳍末端皆具眼斑

鳃盖上缘具一小黑斑，胸鳍基部上方另具一小黑点

尾鳍叉形，上下叶末端呈圆状，尾柄及尾鳍白色

【形态特征】体呈椭圆形而侧扁。吻短而钝圆。口中型，颌齿2列，小而呈圆锥状。眶下骨裸露，**下缘具强锯齿**。背鳍单一，软条部不延长而略呈角形；**尾鳍叉形，上下叶末端呈圆状**。体被栉鳞；鼻部具鳞。**前鳃盖骨后缘具锯齿**。体呈黄褐色至褐色，胸、腹面有时偏黄；眶间骨与前额通常为橘红色至淡红色，甚至延伸至背鳍；头背部另具一些**蓝纹**，亦常延伸至背鳍。鳃盖上缘具一**小黑斑**，胸鳍基部上方另具一小黑点。尾柄及尾鳍**白色**。无论任何时期，**背鳍末端皆具眼斑**。最大全长9cm。

【分布范围】分布于印度洋—太平洋海域，由东印度洋的圣诞岛至斐济、加里曼丹岛东部，北至日本南部，南至罗雷浅滩、斯科特礁（东印度洋）及新喀里多尼亚。我国主要分布于东海和南海海域。

【生态习性】主要栖息于潟湖、礁石平台、水道与外礁斜坡区水域。分布水深为0~32m。

247. 霓虹雀鲷

Pomacentrus coelestis Jordan & Starks, 1901

【英文名】neon damselfish
【别　名】变色雀鲷、蓝雀鲷、青鱼仔、青纽仔、厚壳仔

体色多变，生活时体背艳蓝色

尾鳍叉形，上下叶末端呈尖状

【形态特征】体呈长椭圆形而侧扁。吻短而钝圆。口中型，颌齿 2 列，小而呈圆锥状。眶下骨裸露，下缘平滑，眶前骨与眶下骨间无缺刻。背鳍单一，软条部不延长而略呈尖形；**尾鳍叉形，上下叶末端呈尖状**。体被栉鳞；鼻部具鳞。**前鳃盖骨后缘具锯齿**。体色多变，生活时**体背艳蓝色，腹面、臀鳍、尾柄及尾鳍鲜黄色**；受惊吓时体色变淡或灰白；死后体呈暗褐色。最大全长 9cm。

【分布范围】分布于印度洋—太平洋海域，由斯里兰卡至莱恩群岛与土阿莫土群岛，北至日本南部，南至罗雷浅滩与罗德豪维岛。我国主要分布于东海和南海海域。

【生态习性】主要栖息于潟湖与面海礁石接近在碎石床底部水域。分布水深为 1~20m。

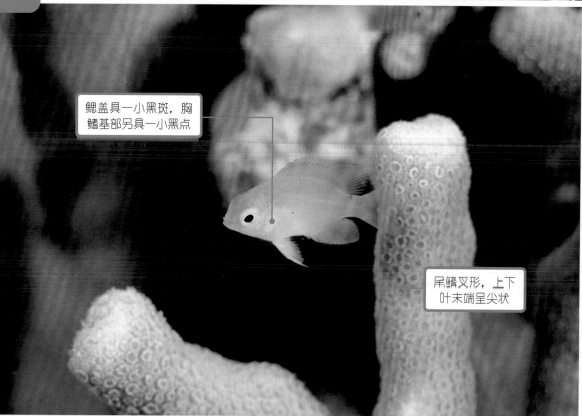

248. 摩鹿加雀鲷
Pomacentrus moluccensis **Bleeker, 1853**

【英文名】lemon damsel

【别　名】厚壳仔

鳃盖具一小黑斑，胸鳍基部另具一小黑点

尾鳍叉形，上下叶末端呈尖状

【形态特征】体呈椭圆形而侧扁。吻短而钝圆。口中型，颌齿2列，小而呈圆锥状。眶下骨裸露，下缘具锯齿。背鳍单一，软条部不延长而呈角形；**尾鳍叉形，上下叶末端呈尖状**。体被栉鳞；鼻部具鳞。前鳃盖骨后缘具锯齿。体呈鲜黄色；**鳃盖上缘具一很小的黑斑**，甚至不显，胸鳍基部上方另具一小黑点。无论任何时期，背鳍末端皆无眼斑。最大全长9cm。

【分布范围】分布于印度洋—西太平洋海域，由安达曼海与东印度洋至斐济，北至琉球群岛，南至罗德豪维岛。我国主要分布于东海和南海海域。

【生态习性】主要栖息于清澈潟湖与面海礁石区水域。分布水深为1~14m。

249. 黑缘雀鲷
Pomacentrus nigromarginatus Allen, 1973

【英文名】blackmargined damsel
【别　名】厚壳仔、黑婆

前鳃盖骨后缘具锯齿

胸鳍淡灰色，基部皆为黑色

尾鳍叉形，上下叶末端呈圆状，尾鳍后缘黑色

【形态特征】
体呈椭圆形而侧扁。吻短而钝圆。口中型，颌齿2列，小而呈圆锥状。眶下骨裸露，下缘具极弱锯齿，眶前骨及眶下骨无缺刻。背鳍单一，软条部不延长而略呈角形；**尾鳍叉形，上下叶末端呈圆状**。体被栉鳞；鼻部具鳞。**前鳃盖骨后缘具锯齿**。体呈蓝绿色，腹侧较淡。胸鳍淡灰色，**基部皆为黑色**；背鳍、臀鳍及尾鳍黄色；尾鳍后缘黑色。最大全长8cm。
【分布范围】分布于东印度洋与西太平洋海域。我国主要分布于东海和南海海域。
【生态习性】主要栖息于珊瑚礁区外礁斜坡水域。分布水深为20~50m。

250. 孔雀雀鲷
Pomacentrus pavo (Bloch, 1787)

【英文名】sapphire damsel
【别　名】厚壳仔

尾鳍叉形，上下叶末端呈尖状

头部具许多深蓝色短纹

鳃盖上缘具一黑斑

【形态特征】体呈长椭圆形而侧扁。吻短而钝圆。口中型，颌齿2列，小而呈圆锥状。眶下骨裸露，下缘具锯齿，眶前骨与眶下骨间具缺刻。前鳃盖骨后缘具锯齿。背鳍单一，软条部不延长而略呈尖形；**尾鳍叉形，上下叶末端呈尖状**。体被栉鳞；鼻部具鳞。体色多变，由金属绿色至浅蓝色；头部具许多**深蓝色短纹**；**鳃盖上缘具一黑斑**。尾鳍淡黄色，尤其是幼鱼时。最大全长11.18cm。

【分布范围】分布于印度洋—太平洋海域，由非洲东部至土阿莫土群岛，北至中国，南至罗德豪维岛。我国主要分布于东海和南海海域。

【生态习性】主要栖息于潟湖礁的沙地，以及孤立的礁坪、珊瑚顶部或碎石水域。分布水深为1~18m。

251. 菲律宾雀鲷

Pomacentrus philippinus Evermann & Seale, 1907

【英文名】philippine damsel

【别　名】厚壳仔

体一致呈暗褐色，
鳞片中央白色

胸鳍浅灰色，基部
上半部具一大黑点

尾鳍叉形，上下叶末端呈尖
状，尾鳍淡黄色至鲜黄色

【形态特征】体呈椭圆形而侧扁。吻短而钝圆。口中型，颌齿2列，小而呈圆锥状。眶下骨具鳞，下缘具锯齿。背鳍单一，软条部不延长而略呈角形；**尾鳍叉形，上下叶末端呈尖状**。体被栉鳞；鼻部具鳞。前鳃盖骨后缘具锯齿。体一致呈暗褐色，鳞片中央白色；背鳍、臀鳍褐色至黑色，末端黄色；**尾鳍淡黄色至鲜黄色**；腹鳍黑色；胸鳍浅灰色，**基部上半部具一大黑点**。最大全长10.58cm。

【分布范围】分布于印度洋—西太平洋海域。我国主要分布于东海和南海海域。

【生态习性】主要栖息于潟湖、边缘有大落差的峡道及面海礁石区水域。分布水深为1~12m。

252. 王子雀鲷

Pomacentrus vaiuli Jordan & Seale, 1906

【英文名】ocellate damselfish
【别　名】厚壳仔

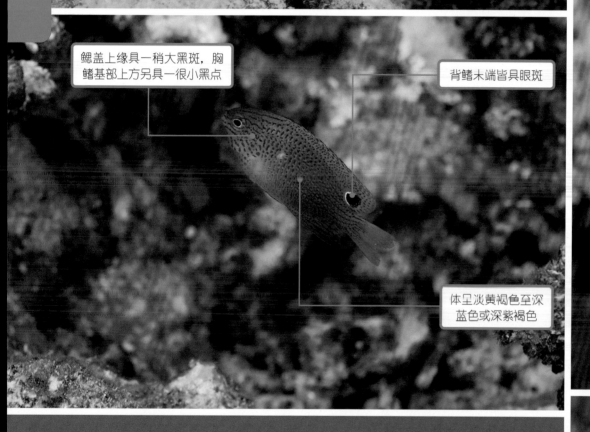

鳃盖上缘具一稍大黑斑，胸鳍基部上方另具一很小黑点

背鳍末端皆具眼斑

体呈淡黄褐色至深蓝色或深紫褐色

【形态特征】体呈椭圆形而侧扁。吻短而钝圆。口中型，颌齿2列，小而呈圆锥状。眶下骨裸露，下缘具锯齿。背鳍单一，软条部不延长而呈角形；**尾鳍叉形，上下叶末端呈尖状**。体被栉鳞；鼻部具鳞。前鳃盖骨后缘具锯齿。体呈**淡黄褐色至深蓝色或深紫褐色**；头上半部、背部及背鳍为橘色；头橘色部位另具数条蓝纹；体侧具多条蓝色点状纵纹。鳃盖上缘具一**稍大黑斑**，胸鳍基部上方另具一**很小黑点**。尾鳍淡至黄色。无论任何时期，背鳍末端皆具**眼斑**。最大全长11cm。

【分布范围】分布于印度洋—太平洋海域。我国主要分布于东海和南海海域。

【生态习性】主要栖息于混合着珊瑚与碎石的潟湖与面海礁石区域。分布水深为1~45m。

253. 李氏波光鳃鱼

Pomachromis richardsoni (Snyder, 1909)

【英文名】Richardson's reef-damsel

【别　名】厚壳仔

尾鳍上下叶具宽黑带缘

体背侧呈灰黄色，腹侧蓝白色，鳞片具黑缘

胸鳍基底上缘具一黑点

【形态特征】体呈长椭圆形而侧扁。吻短而钝圆。口中型，颌齿单列，小而呈圆锥状。眶下骨裸露，下缘具弱锯齿。背鳍单一，软条部略延长而呈尖形；尾鳍深叉形，上下叶末端呈尖状。体被栉鳞。前鳃盖骨后缘具锯齿。体背侧呈灰黄色，腹侧蓝白色，鳞片具黑缘。尾鳍上下叶具宽黑带缘，上叶黑带延伸至尾柄；胸鳍基底上缘具一黑点。最大全长7.3cm。

【分布范围】分布于印度洋—西太平洋海域。我国主要分布于东海和南海海域。

【生态习性】主要栖息于珊瑚礁与岩礁区域。分布水深为5~25m。

254. 背斑眶锯雀鲷
Plectroglyphidodon altus (Okada & Ikeda, 1937)

【英文名】Japanese gregory
【别　名】厚壳仔

体一致呈褐色，有时具黄色的轻微色晕

胸鳍透明，具褐色的鳍条以及后缘具黄色的色晕

尾鳍叉形，上下叶末端角形

【形态特征】体呈椭圆形而侧扁。吻短而钝圆。口中型，颌齿单列，小而呈圆锥状。眶下骨裸露，下缘具锯齿。背鳍单一，软条部不延长而略呈角形；**尾鳍叉形，上下叶末端角形**。体被栉鳞；背前鳞延伸至鼻孔；胸鳍基部内面不被鳞。**前鳃盖骨后缘具锯齿；**下鳃盖骨后缘无锯齿。体一致呈褐色，有时具黄色的轻微色晕。鳞片具暗褐色缘而形成网状格。眶下骨区**淡紫色或蓝色**。唇灰白色。胸鳍透明，具**褐色的鳍条以及后缘具黄色的色晕**。背鳍后方的基底上无黑色斑点。最大全长 15cm。

【分布范围】分布于西北太平洋海域。我国主要分布于南海海域。

【生态习性】主要栖息于岩礁水域。分布水深为 5~20m。

255. 胸斑眶锯雀鲷

Plectroglyphidodon fasciolatus (Ogilby, 1889)

【英文名】Pacific gregory
【别　名】太平洋真雀鲷、厚壳仔

体色多变，由灰白色至黄褐色，至几乎黑色

胸鳍几乎半透明，基底上缘具一黑点

尾鳍叉形，上下叶末端角形

【形态特征】体呈椭圆形而侧扁。吻短而钝圆。口中型，颌齿单列，小而呈圆锥状。眶下骨裸露，下缘具锯齿。背鳍单一，软条部不延长而呈圆形；**尾鳍叉形，上下叶末端角形**。体被栉鳞；背前鳞延伸至鼻孔。前鳃盖骨后缘具锯齿；下鳃盖骨后缘无锯齿。体色多变，**由灰白色至黄褐色，至几乎黑色**；鳞片具暗褐色缘而形成网状格；通常具鲜黄色的虹膜；眼下至嘴角具一蓝色的条纹或不显；唇灰白色。各鳍灰色至暗褐色，有些水域其尾鳍为黄色；胸鳍几乎半透明，基底上缘具一黑点；稚鱼背鳍与臀鳍通常具**蓝色边缘**。最大全长 16.5cm。

【分布范围】分布于印度洋—太平洋海域，由非洲东部至大洋洲东部，包括夏威夷群岛与复活节岛，北至琉球群岛，南至澳大利亚与科玛狄克群岛。我国主要分布于东海和南海海域。

【生态习性】主要栖息于暴露在轻度到中等涌浪的岩石区与珊瑚礁水域。分布水深为 0~30m。

256. 长吻眶锯雀鲷

Stegastes lividus (Forster, 1801)

【英文名】bluntsnout gregory

【别　名】厚壳仔、黑婆

前鳃盖骨后缘具锯齿

背鳍基底后面具淡紫色的小斑点，随着成长而扩散为黑色斑块

尾鳍叉形，上下叶末端角形

【形态特征】体呈椭圆形而侧扁。吻短而钝圆。口中型，颌齿单列，小而呈圆锥状。眶前骨—眶下骨的区域宽，其宽度大于眼径长；眶下骨裸露，下缘具锯齿。背鳍单一，软条部不延长而略呈角形；**尾鳍叉形，上下叶末端角形**。体被栉鳞；背前鳞延伸至鼻孔。**前鳃盖骨后缘具锯齿**；下鳃盖骨后缘无锯齿。稚鱼时，体呈淡黄褐色，背鳍基底后面具**淡紫色的小斑点**，随着成长而扩散为黑色斑块。成鱼时，黑色斑块消失，体色亦转呈浅灰褐色至黑色，体背侧褐色；体侧的鳞片轮廓深褐色；在头部、体侧与鳍鞘上的鳞片中央具**蓝色小斑点**；眶下区的鳞片大部分为**蓝灰色**。最大全长 11cm。

【分布范围】分布于印度洋—太平洋海域。我国主要分布于东海和南海海域。

【生态习性】主要栖息于具有死的鹿角珊瑚的珊瑚礁区水域。分布水深为 1~5m。

257. 紫红背绣雀鲷
Pictichromis diadema (Lubbock & Randall, 1978)

【英文名】diadem dottyback
【别　名】准雀鲷、红狮公、红猫仔

体一致为鲜黄色，
另具一桃红色纵带

尾鳍圆形

【形态特征】体细长而侧扁，头呈钝圆形。吻短。口中大，上下颌齿数列，部分为犬齿；锄骨及腭骨均具齿。眼大。**背鳍具硬棘**；臀鳍长约为背鳍一半；胸鳍钝圆形；**尾鳍圆形**。体被小栉鳞，主鳃盖骨具鳞；侧线断成 2 段。鳃盖有鳞，背鳍及臀鳍基底具鳞片。**体一致为鲜黄色，自吻部沿背侧延伸至尾柄另具一桃红色纵带。**最大全长 6.2cm。

【分布范围】分布于中西太平洋海域，由东马来半岛至菲律宾西部及南沙群岛。我国主要分布于南海海域。

【生态习性】主要栖息于岩礁地区及珊瑚礁区水域。分布水深为 5~30m。

258. 灰鳍异大眼鲷

Heteropriacanthus cruentatus (Lacepède, 1801)

【英文名】glasseye
【别　名】红目鲢、严公仔

尾鳍截形或双凹形

体一致呈鲜红色或淡粉红色而散布大型红色斑块

前鳃骨后缘及下缘具锯齿并具一后向强棘

【形态特征】体略高，侧扁，呈长卵圆形。吻短。口裂大，近乎垂直；下颌突出，颌骨、锄骨和腭骨均具齿。眼特大，瞳孔正位于体中线上。背鳍单一，无深缺刻；臀鳍与背鳍几相对；背鳍及臀鳍后端圆形；胸鳍短小；腹鳍中长，短于头长；**尾鳍截形或双凹形**。头及体部皆被粗糙坚实不易脱落的栉鳞，唯前鳃盖后部无鳞；侧线完全。前鳃骨后缘及下缘**具锯齿并具一后向强棘**。体一致呈**鲜红色或淡粉红色而散布大型红色斑块**；背鳍软条部、臀鳍和尾鳍上分布小黑褐色斑点，腹鳍无点。最大全长50.7cm。

【分布范围】分布于全世界热带及亚热带海域。我国主要分布于东海和南海海域。

【生态习性】主要栖息于潟湖及面海礁区，或是在岛屿周缘水域。分布水深为3~300m。

259. 金目大眼鲷

Priacanthus hamrur (Forsskål, 1775)

【英文名】moontail bullseye
【别　名】红目鲢、严公仔、红目孔、红严公、红脸眶

前鳃骨后缘及下缘具锯齿并具一后向短强棘

尾鳍截形或双凹形

体一致呈鲜红色，有时腹部呈银白色

【形态特征】体略高，侧扁，呈长卵圆形。吻短。口裂大，近乎垂直；下颌突出，颌骨、锄骨和腭骨均具齿。眼特大，瞳孔大半位于体中线下方。背鳍单一，无深缺刻；臀鳍与背鳍几相对；背鳍及臀鳍后端圆形；胸鳍短小；腹鳍中长，短于头长；**尾鳍截形或双凹形**。头及体部皆被粗糙坚实不易脱落的栉鳞；侧线完全。前鳃骨后缘及下缘具锯齿并具一后向短强棘。**体一致呈鲜红色，有时腹部呈银白色**；各鳍末端颜色较深，且鳍膜上无任何斑点。最大全长45cm。

【分布范围】分布于印度洋—太平洋海域，西起红海、非洲东部，东至土阿莫土群岛，北至日本南部，南至澳大利亚北部。我国主要分布于东海和南海海域。

【生态习性】主要栖息于较深潟湖及礁区陡坡处水域。分布水深为8~250m。

260. 大口线塘鳢

Nemateleotris magnifica Fowler, 1938

【英文名】fire goby

【别　名】大口线塘鲅、雷达、火鳄虎

第一背鳍棘延长如丝状

第二背鳍与臀鳍后缘具带黑色线的红带

尾鳍红色而上下叶具黑色缘及黑线

【形态特征】体细长而侧扁。头颈部具一低颈脊，吻短而吻端钝。口裂大而开于吻端下缘，呈斜位；左右鳃膜下端与喉部连合。眼大而位于头前部背缘。**第一背鳍棘延长如丝状；第二背鳍与臀鳍后缘尖；尾鳍后缘圆形。**体背侧黄色，腹侧白色，第二背鳍与臀鳍后缘具带黑色线的红带，尾鳍红色而上下叶具黑色缘及黑线。最大全长 9cm。

【分布范围】分布于印度洋—太平洋热带海域。我国主要分布于南海海域。

【生态习性】主要栖息穴居于礁石区或砾石堆中。分布水深为 6~70m。

261. 黑尾鳍塘鳢

Ptereleotris evides **(Jordan & Hubbs, 1925)**

【英文名】blackfin dartfish
【别　名】喷射机、瑰丽塘鲅

鳃盖下端于眼下方与喉部连合

体背侧黑褐色，腹侧臀鳍前青蓝色，尾部呈黑色

尾鳍后缘凹形

【形态特征】体细长而侧扁。口裂大而开于吻端上缘，呈斜位，上颌外列齿较大而下颌具大型齿块，后部具犬齿及小型齿；眼大而位于头前部背缘。吻短而吻端钝。**两腹鳍完全分离，愈合膜呈痕迹状；尾鳍后缘凹形**。头部无鳞，体侧被小圆鳞；无侧线。鳃盖下端于眼下方与喉部连合。体背侧黑褐色，腹侧臀鳍前青蓝色，尾部呈黑色。最大全长 14cm。

【分布范围】分布于印度洋—太平洋热带海域。我国主要分布于东海和南海海域。

【生态习性】主要栖息于礁石区或砾石堆中。分布水深为 2~15m。

262.尾斑鳍塘鳢

Ptereleotris heteroptera (Bleeker, 1855)

【英文名】blacktail goby
【别　名】青鳄虎、异臂塘鲹

第二背鳍与臀鳍相对而两者后缘稍尖

尾鳍中央具一大黑斑

【形态特征】体细长而侧扁。吻短而吻端钝，口裂大而开于吻端上缘，呈斜位；下颌较上颌长；左右鳃膜下端与喉部连合。眼大而位于头前部中央。第二背鳍与臀鳍相对而两者**后缘稍尖**；体呈青蓝色，各鳍淡青色，尾鳍中央具一大黑斑。最大全长 14cm。

【分布范围】分布于印度洋—太平洋热带海域。我国主要分布于东海和南海海域。

【生态习性】主要栖息于礁石区的沙泥或砾石堆中。分布水深为 5~46m。

263. 细鳞鳍塘鳢

Ptereleotris microlepis **(Bleeker, 1856)**

【英文名】blue gudgeon
【别　名】细鳞鳍塘鲹、细鳞鳄虎

尾柄高而尾鳍后缘浅凹形

下颌较上颌长

体呈青紫色

【形态特征】体细长而侧扁。吻短而吻端钝，口裂大而开于吻端上缘，呈斜位，**下颌较上颌长**，上颌具齿3列而外列齿较大，下颌后部具犬齿；舌窄而前端稍圆；左右鳃膜下端于眼睛下方与喉部连合。眼大而位于头前部中央。左右腹鳍分离；**尾柄高而尾鳍后缘浅凹形**；体呈青紫色。最大全长13cm。

【分布范围】分布于印度洋—太平洋热带海域。我国主要分布于东海和南海海域。

【生态习性】主要栖息于礁沙混合区或珊瑚礁外围的沙地水域。分布水深为1~50m。

264. 驼峰大鹦嘴鱼

Bolbometopon muricatum (Valenciennes, 1840)

【英文名】green humphead parrotfish

【别　名】鹦哥

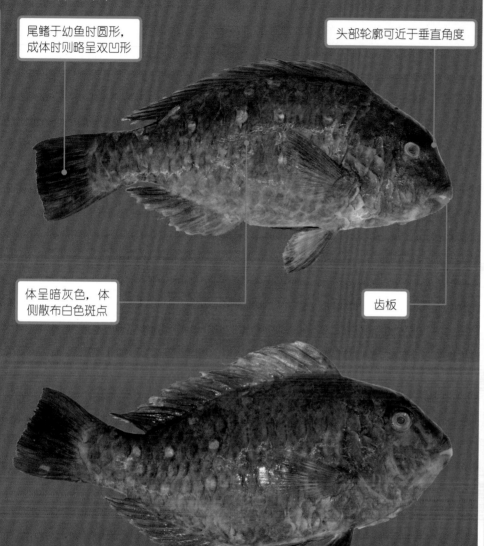

尾鳍于幼鱼时圆形，成体时则略呈双凹形

头部轮廓可近于垂直角度

体呈暗灰色，体侧散布白色斑点

齿板

眼睛四周及吻部具辐射状橘红色斑纹

雄鱼体呈红褐色至绿褐色间

【形态特征】体延长而略侧扁。体长约 25cm 时，头部前额向前突出，头部轮廓可近于**垂直角度**。**齿板**之外表面具颗粒状突起；每一上咽骨具 3 列白齿状之咽头齿，其后列者并不发达。后鼻孔明显大于前鼻孔。尾鳍于幼鱼时圆形，成体时则略呈双凹形。初期阶段（IP, initial phase）体呈暗灰色，体侧散布**白色斑点**，至终期阶段（TP, terminal phase）逐渐变成全深绿色至绿褐色，沿着体侧之鳞列，分布浅紫色条纹；头部前缘时常呈**淡绿色至粉红色**；各鳍颜色同于体色。最大全长 130cm。

【分布范围】分布于印度洋—太平洋海域，西起红海及非洲东部，东至美属萨摩亚及莱恩群岛，北至八重山群岛与威克岛，南至大堡礁与新喀里多尼亚。我国主要分布于东海和南海海域。

【生态习性】主要栖息于礁湾或珊瑚礁外围的海域。分布水深为 1~40m。

265. 星眼绚鹦嘴鱼

Calotomus carolinus (Valenciennes, 1840)

【英文名】carolines parrotfish
【别　名】鹦哥、蚝鱼、菜仔鱼、海代

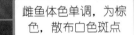

雌鱼体色单调，为棕色，散布白色斑点

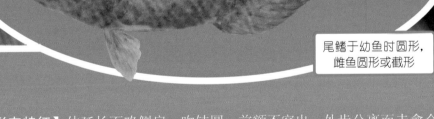

尾鳍于幼鱼时圆形，雌鱼圆形或截形

尾鳍于幼鱼时圆形，雄鱼内凹形

【形态特征】体延长而略侧扁。吻钝圆，前额不突出。外齿分离而未愈合成齿板；闭口时上颌齿会覆盖下颌齿；上颌前端齿呈宽扁状；上咽骨每侧具咽头齿 3 列，下咽骨生齿面宽度大于长度。**尾鳍于幼鱼时圆形，雌鱼圆形或截形，雄鱼内凹形**。初期阶段（IP，initial phase）的**雌鱼体色单调，为棕色，散布白色斑点**；胸鳍后缘具白缘。终期阶段（TP，terminal phase）的**雄鱼体呈红褐色至绿褐色间**，鳞缘为橘色；头为深绿褐色，眼睛四周及吻部**具辐射状的橘红色斑纹**；背鳍及臀鳍为深绿褐色，上具 2 条平行橘色条纹，1 条位于鳍基部，另 1 条位于鳍顶端；胸鳍为浅橘绿色，边缘为白色；腹鳍为浅红褐色；尾鳍为橘褐色。最大全长 54cm。

【分布范围】分布于印度洋—泛太平洋海域，从非洲东部至雷维拉吉哥多岛与加拉巴哥群岛，北至日本，南至澳大利亚。我国主要分布于南海海域。

【生态习性】主要栖息于珊瑚礁台、潟湖、海草床、沙地或珊瑚、碎石、海草与杂草丛生的区域。分布水深为 1~71m。

266. 双色鲸鹦嘴鱼

Cetoscarus bicolor (Rüppell, 1829)

【英文名】bicolour parrotfish

【别　名】青衣、青鹦哥鱼、鹦哥鱼、蚝鱼、菜仔鱼

外缘镶有橙色边的黑色斑点

幼鱼期身体为白色，头部除吻部外为橙红色

此线上方具粉红色斑点分布于身体前部及头部，而在此线下方则呈一致蓝绿色区域

尾鳍于幼鱼时圆形，成体时内凹形

体侧鳞片具黑色斑点及边缘，其色泽由上而下渐深

【形态特征】体延长而略侧扁。吻钝圆；前额不突出。齿板外表面具颗粒状突起。**尾鳍于幼鱼时圆形，成体时内凹形**。后鼻孔明显大于前鼻孔。幼鱼期身体为白色，头部除吻部外为橙红色，边缘带黑线，吻部则为粉红色；背鳍具一外缘**镶有橙色边的黑色斑点**。初期阶段（IP，initial phase）的体色为**浅红褐色，**背部黄色，体侧鳞片具**黑色斑点及边缘，**其色泽由上而下渐深。终期阶段（TP，terminal phase）的体色为**深蓝绿色，**体侧鳞片具粉红色缘；自下颌具一粉红色斑纹向后延伸至臀鳍基部；由上唇有一粉红色线向后延伸经胸鳍基底而至臀鳍前缘，在此线上方具粉红色斑点分布于身体前部及头部，而在此线下方则呈一致蓝绿色区域。背鳍及臀鳍为蓝绿色，基部均具平行的粉红色斑纹；胸鳍为**紫黑色；**腹鳍为黄色，外缘为绿色；尾鳍为蓝绿色，外缘及基部为粉红色。有些粉红色纹在鱼死后会变成橘黄色。最大全长 59.1cm。

【分布范围】分布于印度洋—太平洋海域，西起红海，东至土阿莫土群岛，北至日本伊豆岛，南至大堡礁南部。我国主要分布于东海和南海海域。

【生态习性】主要栖息于清澈的潟湖与面海礁石区水域。分布水深为 1~30m。

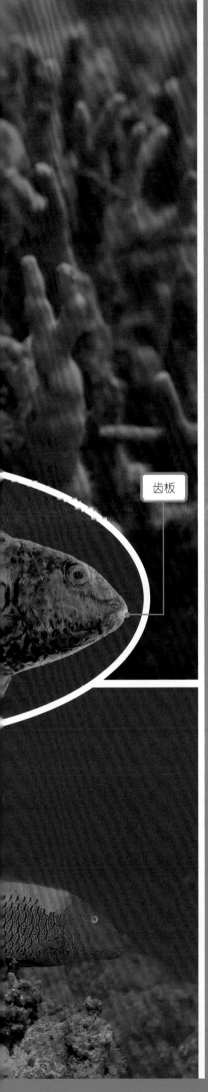

267. 日本绿鹦嘴鱼

***Chlorurus japanensis* (Bloch, 1789)**

【英文名】palecheek parrotfish
【别　名】鹦哥、青衫、菜仔鱼、海带鹦哥、蚝鱼

齿板

齿板

头部、体侧、背鳍、臀鳍及胸鳍皆一致为褐色

尾鳍于幼鱼时圆形，成体为稍圆形到截形

蓝色辐射纹

具一宽的橘黄纵带

颊部及体侧后大半部为黄色

鳞片具橘黄色短横纹或斑点

【形态特征】体延长而略侧扁。头部轮廓呈平滑的弧形。齿板外表面平滑，上齿板不完全被上唇所覆盖。后鼻孔并不明显大于前鼻孔。**尾鳍于幼鱼时圆形，成体为稍圆形到截形。**初期阶段（IP, initial phase）的雌鱼体色，头部、体侧、背鳍、臀鳍及胸鳍皆一致为**褐色**，无任何显著斑纹；尾鳍则为一致的橘红色至深红色。终期阶段（TP, terminal phase）的体色，颊部及体侧后大半部为黄色，除颊部外之头部、尾柄部、背鳍、臀鳍及尾鳍为蓝绿色，后颈部向下延伸至臀鳍基底前方的腹面为褐色；眼部具**蓝色辐射纹**，前向辐射纹延伸至嘴角；鳞片具**橘黄色短横纹或斑点**；背鳍及臀鳍另具一**宽的橘黄纵带**；胸鳍橙红色而具**蓝缘**。最大全长 56.2cm。

【分布范围】分布于太平洋海域。我国主要分布于南海海域。

【生态习性】主要栖息于面海的珊瑚礁与岩礁区水域。分布水深为 1~20m。

268. 小鼻绿鹦嘴鱼

Chlorurus microrhinos (Bleeker, 1854)

【英文名】steephead parrots

【别　名】鹦哥

齿板

尾鳍于幼鱼时圆形，成体为深凹形，雄鱼则为新月状

齿板

体色转为一致的褐色、绿褐色以及终端期的蓝色，鳞片具橘黄色短横纹或斑点

稚鱼体呈黑褐色，体侧具数条白色纵纹

稚鱼体呈黑褐色，体侧具数条白色纵纹

雌鱼体色多变异，体色一致为暗棕色至淡棕色

【形态特征】体延长而略侧扁。雄鱼额部突出，使吻部呈陡直状；雌鱼则略隆起而使头背部几成直线。**齿板**外表面平滑，上齿板不完全被上唇所覆盖。后鼻孔并不明显大于前鼻孔。**尾鳍于幼鱼时圆形，成体为深凹形，雄鱼则为新月状**。稚鱼体呈黑褐色，体侧具数条白色纵纹，随着成长，**体色转为一致的褐色、绿褐色以及终端期的蓝色，或稀有的黄褐色个体。鳞片具橘黄色短横纹或斑点**。终端期的大雄性鱼头部时常具蓝色条纹与小斑块，并延伸至嘴角。最大全长 70cm。

【分布范围】分布于印度洋—太平洋海域，西起巴厘岛、菲律宾至莱恩群岛与皮特凯恩群岛，北至琉球群岛，南至罗塔纳斯岛、罗德豪维岛与拉帕岛等。我国主要分布于南海海域。

【生态习性】主要栖息于潟湖与面海礁石区水域。分布水深为 1~50m。

269. 蓝头绿鹦嘴鱼

Chlorurus sordidus (Forsskål, 1775)

【英文名】daisy parrotfish

【别　名】青尾鹦哥、蓝鹦哥、青衫、蚝鱼、红鲀

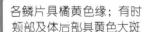
蓝绿色，具一宽的橘黄色纵带

各鳞片具橘黄色缘；有时颊部及体后部具黄色大斑

尾鳍于幼鱼时圆形

右侧竖排鹦嘴鱼科 Scaridae

雄鱼体色亦多变异，体蓝绿色，腹面具 1~3 条蓝或绿色纵纹

齿板

尾柄部有或无白色区域，尾鳍基部具一大暗斑点

【形态特征】体延长而略侧扁。头部轮廓呈平滑的弧形。齿板外表面平滑，上齿板不完全被上唇所覆盖。后鼻孔并不明显大于前鼻孔。**尾鳍于幼鱼时圆形，成体为稍圆形至截形。稚鱼体呈黑褐色，体侧具数条白色纵纹。**初期阶段（IP，initial phase）的雌鱼体色多变异，体色一致为**暗棕色至淡棕色**（有些个体背、腹侧为红色）；体侧**鳞片具褐色缘**，尤其在体前半部的鳞片更为显著；尾柄部有或无淡绿色区域；尾鳍基部具一大暗斑点（有些个体无）；胸鳍浅棕色，但后半部透明。终期阶段（TP，terminal phase）的**雄鱼体色亦多变异，体蓝绿色，腹面具 1~3 条蓝色或绿色纵纹；各鳞片具橘黄色缘；有时颊部及体后部具黄色大斑；**背鳍及臀鳍蓝绿色，具一宽的橘黄色纵带；尾鳍蓝绿色具白色的辐射状斑纹。最大全长 40cm。

【分布范围】分布于印度洋—太平洋海域。我国主要分布于东海和南海海域。

【生态习性】主要栖息于珊瑚繁盛礁石平台与底部为开阔区域的潟湖与面海礁石区水域。分布水深为 0~50m。

270. 长头马鹦嘴鱼

Hipposcarus longiceps (Valenciennes, 1840)

【英文名】pacific longnose parrotfish

【别　名】鹦哥

中央具灰蓝色色带或紫蓝色纵纹

尾鳍基部具一黑色斑点

齿板

体侧具一宽的橘色纵纹

尾鳍于幼鱼时圆形，成体为双截形

雌鱼体色为浅黄褐色，由上而下渐淡，鳞片边缘为白色

雄鱼体色为紫蓝色，由上而下渐浅，鳞片边缘为橙色

【形态特征】体延长而略侧扁。吻钝圆，前额不突出。齿板外表面平滑，上齿板不完全被上唇所覆盖。眼几近于背侧。后鼻孔并不明显大于前鼻孔。**尾鳍于幼鱼时圆形，成体为双截形**。稚鱼体呈**淡褐色**，体侧具具一宽的**橘色纵纹**，尾鳍基部具一**黑色斑点**。初期阶段（IP，initial phase）的雌鱼体色为**浅黄褐色**，由上而下渐淡，鳞片**边缘为白色**；头部与体色相仿，但更浅些；背鳍及臀鳍外缘为浅黄色，中央具**灰蓝色色带**；尾鳍为黄褐色。终期阶段（TP，terminal phase）的雄鱼体色为**紫蓝色**，由上而下渐浅，鳞片边缘为橙色；在上唇以上吻部为紫蓝色，其下为紫绿色，各向后延伸至背鳍基部及臀鳍基部；背鳍及臀鳍为黄色，外缘及中央部位具**紫蓝色纵纹**；胸鳍上部为黄色，下部为蓝紫色；腹鳍软条为浅黄色，硬棘为蓝紫色；尾鳍为深黄绿色。最大全长 60cm。

【分布范围】分布于印度洋—太平洋海域，由东印度洋的科科斯群岛与罗雷浅滩至莱恩群岛与土阿莫土群岛，北至琉球群岛，南至大堡礁与新喀里多尼亚。我国主要分布于东海和南海海域。

【生态习性】主要栖息于混浊的潟湖且超过外围礁石的水域。分布水深为 2~40m。

271. 蓝臀鹦嘴鱼

Scarus chameleon Choat & Randall, 1986

【英文名】chameleon parrotfish
【别　名】鹦哥、青衫、蚝鱼

齿板

稚鱼体呈黑褐色，体侧具数条白色纵纹；雌鱼体色一致呈褐色，腹面较淡

尾鳍为微凹或半月形

眼前方及上方具1道蓝绿色的条纹，后方则具2道蓝绿色的条纹

背鳍及臀鳍为蓝绿色，中央具纵走橘黄色色带

雄鱼体色为蓝绿色，体中部具茶红色区块，鳞片外缘为橙色

尾鳍为橘黄色，中央部位具"D"字形蓝绿色斑纹，上、下叶缘亦为蓝绿色

【形态特征】体延长而略侧扁。头部轮廓呈平滑的弧形，随着成长，眼上方头背部微隆起。**齿板外表面平滑，上齿板几被上唇所覆盖**；大成鱼齿板具一或二犬齿。后鼻孔并不明显大于前鼻孔。**尾鳍为微凹或半月形**。稚鱼体呈**黑褐色**，体侧具数条**白色纵纹**。初期阶段（IP，initial phase）的雌鱼体色一致呈**褐色**，腹面较淡；背鳍橘褐色，具**橄榄绿色缘**；尾鳍裸露区黄褐色。终期阶段（TP，terminal phase）的雄鱼体色为**蓝绿色**，体中部具茶红色区块；鳞片外缘为橙色；眼前方及上方具1道**蓝绿色的条纹**，后方则具2道蓝绿色的条纹；头上半部为黄绿色，下半部则偏橘色。背鳍及臀鳍为蓝绿色，中央具纵走橘黄色色带；尾鳍为橘黄色，中央部位具"D"字形蓝绿色斑纹，上、下叶缘亦为**蓝绿色**。最大全长31cm。

【分布范围】分布于印度洋—太平洋海域，由东印度洋的圣诞岛与西澳大利亚至斐济，北至琉球群岛，南至罗德豪维岛。我国主要分布于东海和南海海域。

【生态习性】主要栖息于外礁平台、裸露的潟湖与面海的斜坡区水域。分布水深为3~30m。

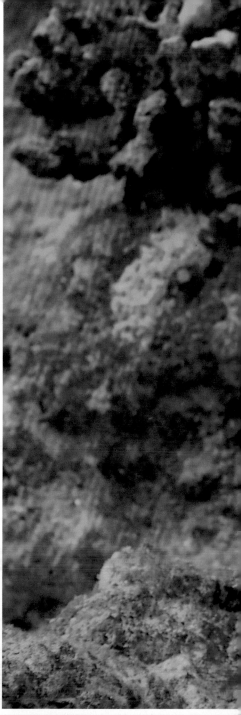

272. 弧带鹦嘴鱼

Scarus dimidiatus Bleeker, 1859

【英文名】yellowbarred parrotfish
【别　名】鹦哥

体侧上部具 3~4 条鲜丽的深灰褐色横纹

具齿板

三角形鲜蓝绿色色区

具齿板

【形态特征】体延长而略侧扁。头部轮廓呈平滑的弧形。齿板外表面平滑，上齿板几被上唇所覆盖；**齿板**上无犬齿。后鼻孔并不明显大于前鼻孔。尾鳍圆形或截形。初期阶段（IP，initial phase）的雌鱼体色为黄褐色，于腹部渐趋于白色，**体侧上部具 3~4 条鲜丽的深灰褐色横纹**，体侧下部具 3 条白色纵纹，由鳃盖后缘延伸至臀鳍前缘；下吻部至腹鳍基部区域为粉红色。终期阶段（TP，terminal phase）的雄鱼体色为蓝绿色，**头部后上方至背鳍第 7 棘基部，以及前吻部位置，均具一片三角形鲜蓝绿色色区**，于此之后则为蓝绿色；另具一蓝绿色条纹，由眼区斜向胸鳍基部，并具一粉红色条纹与其连接，其下方为鲜丽的蓝绿色。最大全长 40cm。

【分布范围】分布于西太平洋海域，由印度尼西亚至美属萨摩亚，北至琉球群岛，南至大堡礁。我国主要分布于东海和南海海域。

【生态习性】主要栖息于珊瑚礁繁盛的清澈区域或有遮蔽的礁区水域。分布水深为 1~25m。

273. 绿唇鹦嘴鱼
Scarus forsteni (Bleeker, 1861)

【英文名】Forsten's parrotfish

【别　名】红鹦哥、青鹦哥仔、青衣、青衫、蚝鱼、红海逮、红咬齿、番仔鱼

具齿板

体侧暗紫红色至黑褐色

上唇具橙色及蓝绿色色带各 1 条

【形态特征】体延长而略侧扁。头部轮廓呈平滑的弧形。**齿板**外表面平滑，上齿板几被上唇所覆盖。后鼻孔并不明显大于前鼻孔。尾鳍为微凹或半月形。稚鱼体呈黑褐色，体侧具数条白色纵纹。初期阶段（IP，initial phase）的雌鱼体色有诸多变异，但大多为背侧红褐色，**体侧暗紫红色至黑褐色**，腹侧则为鲜红色至黄色。终期阶段（TP，terminal phase）的雄鱼体色为蓝绿色，鳞片具橙红色缘，而背部鳞片会转为绿色，并延伸至尾柄部；胸部及其前方均为蓝绿色；从胸鳍基部至尾柄具一绿色条纹纵走其间；头部上侧为橄榄色，下侧具一蓝绿色线条由上唇向后达鳃盖边缘；**上唇具橙色及蓝绿色色带各 1 条**，下唇则仅具一蓝绿色色带；背鳍、臀鳍均为黄色，并且于外缘及基部均具翠绿色色带分布；胸鳍上部为蓝绿色，下部为橙红色；腹鳍为黄色，硬棘为蓝绿色；尾鳍为蓝绿色，外缘为黄色，基部为橄榄色。最大全长 55cm。

【分布范围】分布于印度洋—太平洋海域，由东印度洋的圣诞岛至皮特凯恩群岛，北至琉球群岛。我国主要分布于东海和南海海域。

【生态习性】主要栖息于裸露的潟湖外部与面海礁石区水域。分布水深为 3~30m。

274. 网纹鹦嘴鱼

Scarus frenatus **Lacepède, 1802**

【英文名】bridled parrotfish
【别　名】鹦哥、青衫、蚝鱼

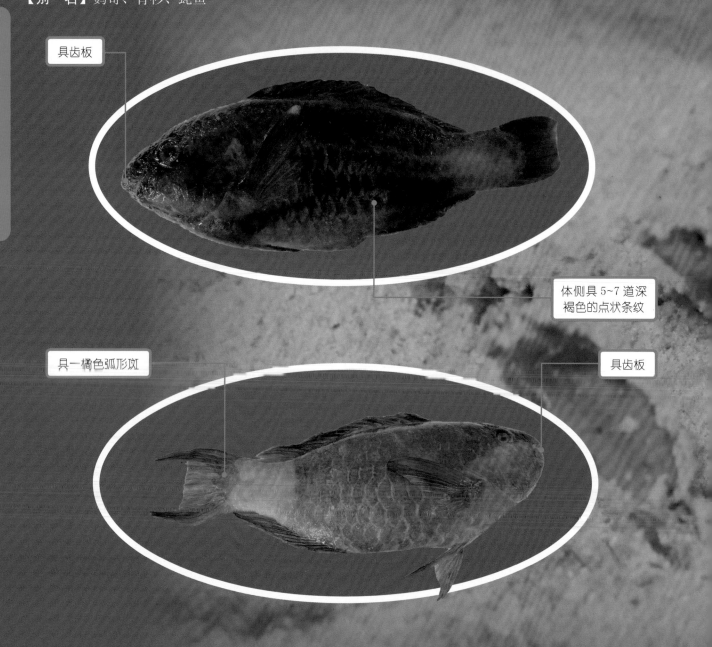

具齿板

体侧具 5~7 道深
褐色的点状条纹

具一橘色弧形斑

具齿板

【形态特征】体延长而略侧扁。头部轮廓呈平滑的弧形。**齿板**外表面平滑，上齿板几被上唇所覆盖。后鼻孔并不明显大于前鼻孔。尾鳍于幼鱼为截形，成鱼微凹、双截形或半月形。幼期身体前半部为红褐色，后半部为浅紫蓝色，并布有白色小斑点。背鳍及臀鳍硬棘鳍膜具白色及红色斑纹；尾鳍鳍膜透明。初期阶段（IP，initial phase）的雌鱼体色为鲜红色至红褐色，**体侧具 5~7 道深褐色的点状条纹**；尾鳍淡红色；各鳍为红色。终期阶段（TP，terminal phase）的雄鱼体色为绿色；头部上半部及身体前 2/3 部位具橘色的蠕纹；头部下半部绿色而散布不规则橙红色线纹，上下唇另具橙红色斑带；尾鳍蓝绿色，**具一橘色弧形斑**。齿板于 IP 期为白色，TP 期为蓝色。最大全长 47cm。

【分布范围】分布于印度洋—太平洋海域，由红海至莱恩群岛与迪西岛，北至日本南部，南至西澳大利亚鲨鱼湾、罗德豪维岛与拉帕岛。我国主要分布于东海和南海海域。

【生态习性】主要栖息于裸露的外海岩礁区水域。分布水深为 1~25m。

275. 青点鹦嘴鱼

Scarus ghobban Forsskål, 1775

【英文名】blue-barred parrotfish
【别　名】鹦哥、黄衣鱼、青衫、红蚝鱼、红衫、蚝鱼

具齿板

5 条不规则蓝色纵带

【形态特征】体延长而略侧扁。头部轮廓呈平滑的弧形。**齿板**外表面平滑，上齿板几被上唇所覆盖；雌鱼和雄鱼的齿色皆为淡黄色。后鼻孔并不明显大于前鼻孔。幼鱼的尾鳍为截形，成鱼的尾鳍微凹、双截形或半月形。在不同成长阶段有不同体色的变化，初期阶段（IP，initial phase）的雌鱼体色为黄褐色，鳞片外缘为蓝色，**构成 5 条不规则蓝色纵带，其中 4 条在躯干部，另 1 条在尾柄部**；另有 2 道较短条纹分布于眼上方，及下唇与眼下方之间；背鳍及臀鳍与体色相仿，外缘及基部为蓝色；胸鳍及腹鳍为淡黄色，前端为蓝色；尾鳍为黄色，外缘为蓝色。终期阶段（TP，terminal phase）的雄鱼体色，头背侧及体部为绿色，鳞片外缘为橙红色或橙色，体色于腹部渐趋为粉红色，颊部及鳃盖为浅橙色；颌部及峡部为蓝绿色；背鳍及臀鳍为黄色，外缘及基部具蓝绿色纵带；胸鳍为蓝色；腹鳍为淡黄色，硬棘末梢呈蓝色；尾鳍为蓝绿色，内缘及外缘均为黄色。最大全长 75cm。

【分布范围】分布于印度洋—泛太平洋海域，由红海与南非奥歌亚湾至拉帕岛与迪西岛，北至日本南部，南至澳大利亚新南威尔士州和珀斯。我国主要分布于东海和南海海域。

【生态习性】主要栖息于潟湖与面海礁石区的斜坡与峭壁水域。分布水深为 1~90m。

276. 黑斑鹦嘴鱼

Scarus globiceps Valenciennes, 1840

【英文名】globehead parrotfish

【别　名】鹦哥、青衫、蚝鱼、臭腥仔、海帝仔

具齿板

体前背侧和头背侧具
许多小点及短斑纹

【形态特征】体延长而略侧扁。头部轮廓呈平滑的弧形。**齿板**外表面平滑，上齿板几被上唇所覆盖；齿板无犬齿。后鼻孔并不明显大于前鼻孔。雌鱼尾鳍为截形，雄鱼则为双凹形。稚鱼体呈黑褐色，体侧具白色斑点。初期阶段（IP，initial phase）的雌鱼体色为黑褐色；腹部为鲜红褐色；鳃盖具 2 或 3 条白色条纹；单鳍均为黄褐色，基部为鲜红色；胸鳍鳍膜上端为淡黄色，基部为红褐色；腹鳍为红褐色。终期阶段（TP，terminal phase）的雄鱼体色为蓝绿色，鳞片具橙红色缘；**体前背侧和头背侧具许多小点及短斑纹**；头部自吻端至鳃盖具一带绿缘的粉红色纵带，纵带下方头部（含上下唇）一致偏淡蓝色；背鳍第 4 棘基底具一小黑点；背鳍、臀鳍绿色，鳍膜中央具一宽粉红色纵纹；尾鳍绿色，上下叶或具粉红色纵纹。最大全长 45cm。

【分布范围】分布于印度洋—太平洋海域，由非洲东部至莱恩群岛与社会群岛，北至琉球群岛，南至澳大利亚鲨鱼湾与大堡礁南部，以及奥斯垂群岛和拉帕岛。我国主要分布于东海和南海海域。

【生态习性】主要栖息于礁石区外围水域。分布水深为 1~30m。

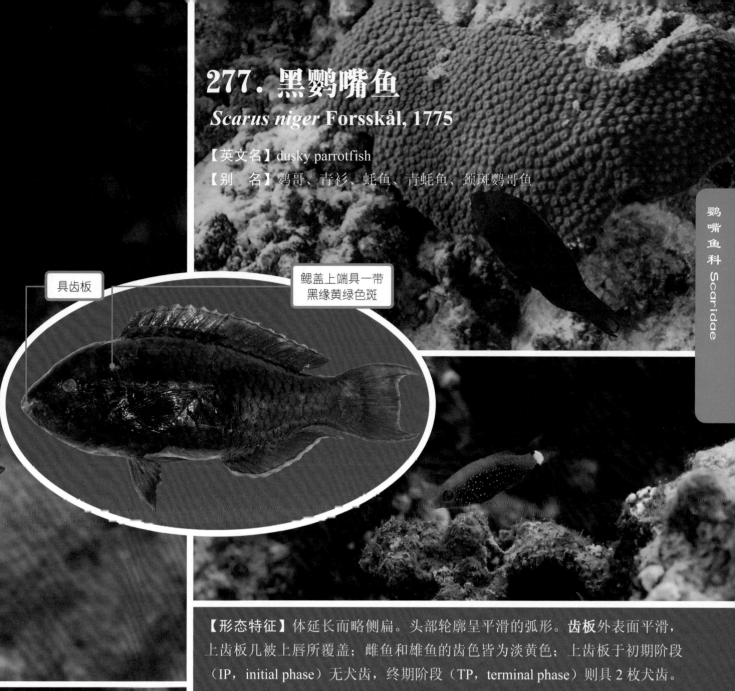

277. 黑鹦嘴鱼
Scarus niger Forsskål, 1775

【英文名】dusky parrotfish
【别　名】鹦哥、青衫、蚝鱼、青蚝鱼、颈斑鹦哥鱼

具齿板

鳃盖上端具一带
黑缘黄绿色斑

【形态特征】体延长而略侧扁。头部轮廓呈平滑的弧形。**齿板**外表面平滑，上齿板几被上唇所覆盖；雌鱼和雄鱼的齿色皆为淡黄色；上齿板于初期阶段（IP，initial phase）无犬齿，终期阶段（TP，terminal phase）则具 2 枚犬齿。后鼻孔并不明显大于前鼻孔。尾鳍于幼鱼为截形，成鱼微凹、双截形或半月形。稚鱼体呈黑褐色，散布白色斑点；尾柄红褐色；尾鳍白色而透明，尾鳍基部具半圆形白斑，白斑上下缘各具一黑斑。IP 期的雌鱼体色为红棕色；鳞片具深褐色斑点，但尾柄部鳞片则无此特征；头部色泽较鲜丽些；上唇橙红色，上端具绿色条纹；颊部具 2 条蓝绿色斑纹；眼部下方具一不规则蓝绿色线纹；眼四周具辐射状不规则条纹；**鳃盖上端具一带黑缘黄绿色斑**；各鳍为橙褐色，外缘具蓝线。TP 期的雄鱼体色均为深蓝绿色或深绿褐色，鳞片具深黑色缘；大雄鱼体色再转为暗紫绿色；头部色泽和 IP 期略同；背鳍及臀鳍为橙色或橄榄色，外缘具波浪状蓝色纵带；尾鳍为深蓝绿色或深绿褐色，外缘具蓝线，后方中央部位具浅蓝色后黄色垂直带，上下叶具橙红色或粉红色纹。最大全长 40cm。

【分布范围】分布于印度洋—太平洋海域。西起红海及南非的索德瓦纳湾，东至社会群岛，北至琉球群岛，南至澳大利亚鲨鱼湾与大堡礁的南部。我国主要分布于东海和南海海域。

【生态习性】主要栖息于清澈的潟湖、峡道与外礁斜坡的珊瑚礁繁盛区域。分布水深为 0~20m。

278. 黄鞍鹦嘴鱼

Scarus oviceps Valenciennes, 1840

【英文名】dark capped parrotfish
【别　名】鹦哥、青衫、蚝鱼

具齿板

胸鳍上端色泽较深，下端色泽较浅

此时期亦与 IP 期相同，具一明显色区，而其为紫色

【形态特征】体延长而略侧扁。头部轮廓呈平滑的弧形。**齿板**外表面平滑，上齿板几被上唇所覆盖；齿板上无犬齿。后鼻孔并不明显大于前鼻孔。尾鳍内凹，大成鱼截形而上下叶略延长。初期阶段（IP，initial phase）的雌鱼体色为黄褐色，腹部色泽较淡，鳞片外缘为灰色；背鳍为红褐色，外缘颜色较深；余鳍亦为红褐色，其中**胸鳍上端色泽较深，下端色泽较浅**。终期阶段（TP，terminal phase）的雄鱼体色为蓝绿色，鳞缘为橙色；**此时期亦与 IP 期相同，具一明显色区，而其为紫色**；颊部为粉红色；体部中央部位为蓝绿色；背鳍及臀鳍为蓝绿色；胸鳍上缘为淡黄色，其余为褐色，向下渐淡；尾鳍为蓝绿色，上、下叶及基部为黄褐色宽纹。最大全长 35cm。

【分布范围】分布于印度洋—太平洋海域，由毛里求斯至莱恩群岛与土阿莫土群岛，北至琉球群岛，南至澳大利亚鲨鱼湾与大堡礁。我国主要分布于东海和南海海域。

【生态习性】主要栖息于潟湖与面海礁石区水域。分布水深为 1~20m。

279. 绿颌鹦嘴鱼

Scarus prasiognathos Valenciennes, 1840

【英文名】singapore parrotfish

【别　名】鹦哥、青衫、蚝鱼

尾鳍具蓝色小斑点　　具齿板

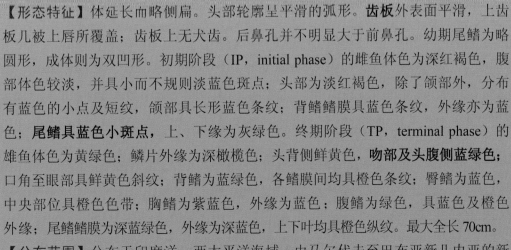

具齿板

吻部及头腹侧蓝绿色

【形态特征】体延长而略侧扁。头部轮廓呈平滑的弧形。**齿板**外表面平滑，上齿板几被上唇所覆盖；齿板上无犬齿。后鼻孔并不明显大于前鼻孔。幼期尾鳍为略圆形，成体则为双凹形。初期阶段（IP，initial phase）的雌鱼体色为深红褐色，腹部体色较淡，并具小而不规则淡蓝色斑点；头部为淡红褐色，除了颌部外，分布有蓝色的小点及短纹，颌部具长形蓝色条纹；背鳍鳍膜具蓝色条纹，外缘亦为蓝色；**尾鳍具蓝色小斑点**，上、下缘为灰绿色。终期阶段（TP，terminal phase）的雄鱼体色为黄绿色；鳞片外缘为深橄榄色；头背侧鲜黄色，**吻部及头腹侧蓝绿色**；口角至眼部具鲜黄色斜纹；背鳍为蓝绿色，各鳍膜间均具橙色条纹；臀鳍为蓝色，中央部位具橙色色带；胸鳍为紫蓝色，外缘为蓝色；腹鳍为绿色，具蓝色及橙色外缘；尾鳍鳍膜为深蓝绿色，外缘为深蓝色，上下叶均具橙色纵纹。最大全长 70cm。

【分布范围】分布于印度洋—西太平洋海域，由马尔代夫至巴布亚新几内亚的新爱尔兰岛，包括科科斯群岛，北至琉球群岛，南至菲律宾。我国主要分布于南海海域。

【生态习性】主要栖息于陡峭的珊瑚礁斜坡水域。分布水深为 1~25m。

280. 棕吻鹦嘴鱼
Scarus psittacus Forsskål, 1775

【英文名】common parrotfish
【别　名】鹦哥、青衫、蚝鱼、青蚝鱼

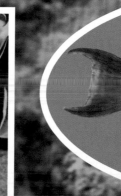

【形态特征】体延长而略侧扁。头部轮廓呈平滑的弧形。**齿板**外表面平滑，上齿板几被上唇所覆盖。后鼻孔并不明显大于前鼻孔。幼期尾鳍为略圆形，成体则为凹形。初期阶段（IP, initial phase）的雌鱼体色为红褐色至灰色，体中央部位具一垂直深黄色区域；由胸部至尾鳍基部为淡橙红色；单鳍均为橙褐色带有浅蓝色的外缘；背鳍第一鳍膜基部前缘具一深褐色斑点；胸鳍基部上缘具一小黑点。终期阶段（TP, terminal phase）的雄鱼鳞片为半绿色及半橙色；腹部具1~3条纵纹；尾柄具5组绿色斑点及3条绿色条纹于外缘；眼下缘以上头部为绿色，颈背部混有黄色，头部下半面为淡橙色，吻部为淡紫灰色；由上唇至眼区具一蓝色色带；眼后方具2条绿色色带向背侧延伸；鳃盖之后缘部位具一绿色色带；**下唇具2条蓝色短纹**；背鳍、臀鳍橙红色，基部及外缘皆为蓝绿色；胸鳍为橙红色，外缘绿色或蓝绿色；尾鳍为橙色，上、下缘为蓝色，后缘中央处具1列垂直蓝色斑点。最大全长34cm。

【分布范围】分布于印度洋—太平洋海域，西起红海及南非的索德瓦纳湾，东至夏威夷群岛、马克萨斯群岛及土阿莫土群岛，北至日本南部，南至澳大利亚鲨鱼湾与罗德豪维岛。我国主要分布于东海和南海海域。

【生态习性】主要栖息于礁石平台、潟湖与面海礁石区水域。分布水深为2~25m。

281. 瓜氏鹦嘴鱼

Scarus quoyi Valenciennes, 1840

【英文名】Quoy's parrotfish

【别　名】鹦哥

具齿板

由口角至眼下具一似三角形绿色区域

具齿板

下唇具 2 条蓝色短纹

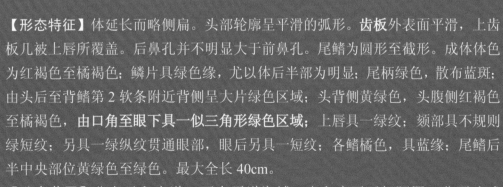

具齿板

【形态特征】体延长而略侧扁。头部轮廓呈平滑的弧形。**齿板**外表面平滑，上齿板几被上唇所覆盖。后鼻孔并不明显大于前鼻孔。尾鳍为圆形至截形。成体体色为红褐色至橘褐色；鳞片具绿色缘，尤以体后半部为明显；尾柄绿色，散布蓝斑；由头后至背鳍第 2 软条附近背侧呈大片绿色区域；头背侧黄绿色，头腹侧红褐色至橘褐色，**由口角至眼下具一似三角形绿色区域**；上唇具一绿纹；额部具不规则绿短纹；另具一绿纵纹贯通眼部，眼后另具一短纹；各鳍橘色，具蓝缘；尾鳍后半中央部位黄绿色至绿色。最大全长 40cm。

【分布范围】分布于印度洋—西太平洋海域，由印度至瓦努阿图，北至琉球群岛，南至新喀里多尼亚。我国主要分布于南海海域。

【生态习性】主要栖息于外部峡道与面海礁石的珊瑚礁繁盛区域。分布水深为 2~18m。

282. 截尾鹦嘴鱼

Scarus rivulatus Valenciennes, 1840

【英文名】rivulated parrotfish

【别　名】鹦哥、青衣、青衫、蚝鱼

具齿板　具齿板

下部具一大块橙色三角斑

【形态特征】体延长而略侧扁。头部轮廓呈平滑的弧形。**齿板**外表面平滑，上齿板几被上唇所覆盖。后鼻孔并不明显大于前鼻孔。初期阶段（IP，initial phase）尾鳍为圆形至截形，终期阶段（TP，terminal phase）则略为双凹形。IP 期体色均为灰褐色，体上半部较深，下半部较浅；除腹鳍及臀鳍为红棕色外，其余各鳍与体色相仿。TP 期体鳞为绿色，外缘为橙色；背鳍前鳞为绿色，向后则为鲜绿色；头上部为紫绿色，**下部具一大块橙色三角斑**，吻及颌部为橙红色；吻部及眼区则为不规则绿色色区；背鳍及臀鳍基部为绿色，中央为橙黄色，外缘具波动状蓝色色带，各鳍膜中央位置具大型绿色斑点；胸鳍为黄绿色，上缘为蓝色，具橙色条纹；腹鳍为淡橙色或黄色，侧边为蓝色；尾鳍为黄褐色或深蓝绿色，并布有橙色小斑点，后端则具蓝色短纹。最大全长 45.98cm。

【分布范围】分布于西太平洋海域，由泰国至新喀里多尼亚、加里曼丹岛东部，北至琉球群岛，南至澳大利亚的珀斯与新南威尔士州。我国主要分布于南海海域。

【生态习性】主要栖息于岩石与珊瑚礁区水域。分布水深为 1~30m。

283. 钝头鹦嘴鱼
Scarus rubroviolaceus Bleeker, 1847

【英文名】ember parrotfish
【别　名】红鹦哥、红衣、青衫、红海蜇、红黑落、海代、红鱿、鹦哥

具齿板

鳞片中间位置具 1
或 2 条棕色条纹

具齿板

【形态特征】体延长而略侧扁。初期头部轮廓呈平滑的弧形，随着成长其前额突出，使吻背侧呈陡直状。齿板外表面平滑，**上齿板**几被上唇所覆盖。后鼻孔并不明显大于前鼻孔。初期阶段（IP, initial phase）尾鳍为截形而稍凹，终期阶段（TP, terminal phase）则为新月形，上下叶十分延长。IP 期体色为红褐色，背部色泽较深，而腹部较浅些；**鳞片中间位置具 1 或 2 条棕色条纹；**头部、胸鳍、腹鳍及尾鳍为红棕色，背鳍及臀鳍为浅红棕色，背鳍具深蓝色外缘。TP 期体色为蓝绿色，背部鳞片一半为黄色，一半为绿色，胸部为黄绿色，并延伸至尾柄部；眼下缘以上头部为深橄榄色；鳃盖为橙色，并混有绿色；背鳍为淡橙色，并具蓝绿色，外缘色泽较浅；腹鳍为橙色，外缘为蓝色；尾鳍为黄绿色，上端及下端为蓝绿色，背缘处具蓝色小点呈垂直分布。最大全长 70cm。

【分布范围】分布于印度洋—泛太平洋海域，西起非洲东南部及南非的德尔班，东至土阿莫土群岛，北至夏威夷群岛与琉球群岛，南至澳大利亚鲨鱼湾。我国主要分布于东海和南海海域。

【生态习性】主要栖息于岩礁底质水域。分布水深为 1~36m。

284. 许氏鹦嘴鱼
Scarus schlegeli (Bleeker, 1861)

【英文名】yellowband parrotfish
【别　名】鹦哥、青衫、蚝鱼

具齿板

具齿板

体侧具 5 条约 1.5~2 个鳞宽的白色弧状横带

【形态特征】体延长而略侧扁。头部轮廓呈平滑的弧形。**齿板**外表面平滑，上齿板几被上唇所覆盖。后鼻孔并不明显大于前鼻孔。初期阶段（IP，initial phase）尾鳍为圆形至截形，终期阶段（TP，terminal phase）则略为双凹形。IP 期体色为红褐色至橄榄褐色；鳞片均具橘色至红色纹；**体侧具 5 条约 1.5~2 个鳞宽的白色弧状横带**；胸鳍基部上方具一小黑斑；吻和颏部红色，上唇具一暗蓝纹且延伸至眼部，颏部另具 2 条暗蓝短纹。TP 期体色随年龄而异，从淡橙色混杂绿色，到深褐色杂以蓝色均有；鳞片外缘为橙色；眼以上头部、颈背部，向后达背鳍第 6 棘基部及第 4 或第 5 软条处区域，**具一鲜亮垂直色带**，在此区域上端则具一方形黄色色块；背鳍及臀鳍为橙色或橙褐色，其外缘为蓝色，基部亦然，而鳍膜中央区域则具蓝色色带；尾鳍为橙褐色或更深些，鳍膜上具短的蓝色条纹或小斑点，形成三四条垂直色带。最大全长 40cm。

【分布范围】分布于印度洋—太平洋海域；包括东印度洋中的科科斯群岛及圣诞岛，以及由毛里求斯至土阿莫土群岛与奥斯垂群岛，北至琉球群岛，南至澳大利亚鲨鱼湾、大堡礁的南部与拉帕岛。我国主要分布于东海和南海海域。

【生态习性】主要栖息于潟湖与面海礁石水域。分布水深为 1~50m。

鹦嘴鱼科 Scaridae

一鲜亮垂直色带

285. 刺鹦嘴鱼
Scarus spinus (Kner, 1868)

【英文名】greensnout parrotfish
【别　名】鹦哥、青衫、蚝鱼

具齿板

颊部具黄色宽区

【形态特征】体延长而略侧扁。头部轮廓梢突而呈平滑的圆形。**齿板**外表面平滑，上齿板几被上唇所覆盖。后鼻孔并不明显大于前鼻孔。初期阶段（IP，initial phase）尾鳍为圆形至截形，终期阶段（TP，terminal phase）则为深截形。IP期体色为深褐色，腹侧为红褐色；体侧通常具 4~5 条约 1~2 鳞宽不明显淡蓝色横斑（横斑里的中央鳞片为白色）。TP 期体色为绿色；鳞片外缘为紫粉红色；吻部前端为黄绿色至绿色；颊部蓝绿色而掺杂橙红色斑纹；**颊部具黄色宽区**；各鳍蓝绿色，具蓝色外缘，中央具紫粉红色斑纹。最大全长 30cm。

【分布范围】分布于印度洋—太平洋海域，包括东印度洋的圣诞岛，以及菲律宾至美属萨摩亚，北至琉球群岛，南至大堡礁的南部。我国主要分布于东海和南海海域。

【生态习性】主要栖息于潟湖外部与面海礁石的珊瑚礁繁盛区域。分布水深为 2~25m。

286. 鲔

Euthynnus affinis (Cantor, 1849)

【英文名】kawakawa

【别　名】三点仔、烟仔、倒串、花烟、大憨烟、花鲣

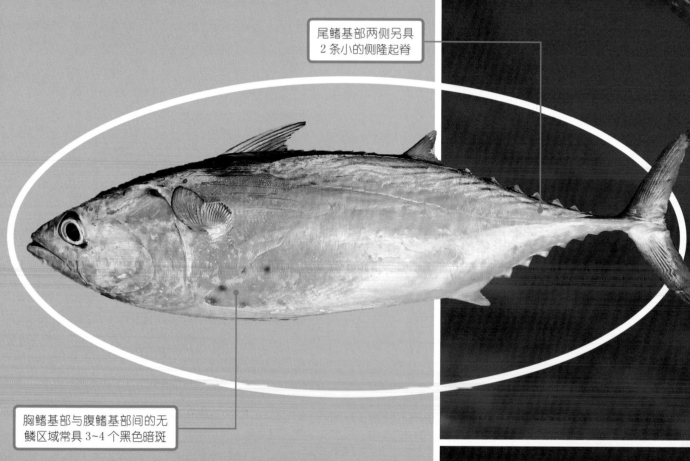

尾鳍基部两侧另具2条小的侧隆起脊

胸鳍基部与腹鳍基部间的无鳞区域常具3~4个黑色暗斑

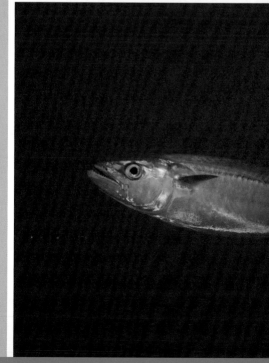

【形态特征】体纺锤形，横切面近圆形，背缘和腹缘弧形隆起。头中大，稍侧扁。口中大，端位，斜裂；上下颌等长，上下颌齿绒毛状。吻部尖，大于眼径。眼较小，位于近头的背缘。尾柄细短，平扁，两侧各具一发达的中央隆起脊，**尾鳍基部两侧另具2条小的侧隆起脊**。体在胸甲部及侧线前部被圆鳞，其余皆裸露无鳞；左右腹鳍间具2大鳞瓣；侧线完全，沿背侧延伸，稍呈波形弯曲，延伸达尾鳍基部。具2个背鳍，第一背鳍与第二背鳍起点距离近；臀鳍与第二背鳍同形；尾鳍呈新月形。体背侧深蓝色，有十余条暗褐色斜带；**胸鳍基部与腹鳍基部间的无鳞区域常具3~4个黑色暗斑**。最大全长106.8cm。

【分布范围】分布于印度洋—西太平洋的温暖海域。我国主要分布于东海和南海海域。

【生态习性】主要栖息于海岸周边海域。分布水深为0~200m。

287. 裸狐鲣

Gymnosarda unicolor (Rüppell, 1836)

【英文名】dogtooth tuna
【别　名】大梳齿、长翼、疏齿、大西齿

两侧各具一发达的中央隆起脊

【形态特征】体纺锤形，横切面近圆形，背缘和腹缘弧形隆起。头中大，稍侧扁。口中大，端位，斜裂。上下颌等长，上下颌齿具强大而尖锐齿。吻尖突，大于眼径。眼较小，位近头的背缘。尾柄细短，平扁，**两侧各具一发达的中央隆起脊**，尾鳍基部两侧另具 2 条小的侧隆起脊。体被细小圆鳞，头部无鳞，胸部鳞较大，而形成胸甲；左右腹鳍间具一小鳞瓣；侧线完全，沿背侧平行延伸，伸达尾鳍基。臀鳍与第二背鳍同形；尾鳍新月形。体背侧青灰色，腹侧浅蓝色；体侧无明显的线纹或斑点。最大全长 272.3cm。

【分布范围】分布于印度洋—西中太平洋海域，西起红海、非洲东岸，北至日本，南至澳大利亚。我国主要分布于东海和南海海域。

【生态习性】主要栖息于岩礁区水域。分布水深为 10~250m。

288. 红嘴烟鲈

Aethaloperca rogaa (Forsskål, 1775)

【英文名】redmouth grouper

【别　名】红嘴石斑、过鱼、珞珈鲙、黑鲙仔

背鳍连续

口内、鳃腔及
颌膜橘红色

主鳃盖具 3 个扁平
棘，中间棘最长

【形态特征】体高而侧扁。头背部陡直；颈部显然隆起；眶间区稍凹陷。上颌末端延伸至眼下方；上下颌前方具小犬齿。后鼻孔圆形或卵圆形，大于前鼻孔。**背鳍连续**；胸鳍微长于后头部；尾鳍截形。前鳃盖圆形，后缘具微锯齿；**主鳃盖具 3 个扁平棘，中间棘最长**。体色一致为暗褐色，偶呈现橘色光泽，腹部经常见一淡蓝色垂直斑带；口内、鳃腔及颌膜橘红色。最大全长 60cm。

【分布范围】分布于印度洋—西太平洋海域，西起红海、非洲东岸，东至中太平洋吉尔伯特群岛，北至日本，南至澳大利亚。我国主要分布于东海和南海海域。

【生态习性】主要栖息于礁石区水域。分布水深为 3~60m。

289. 查氏鱲鲈

Belonoperca chabanaudi (Fowler & Bean, 1930)

【英文名】arrowhead soapfish
【别　名】箭头肥皂鱼

背鳍分离

背鳍硬棘部具　蓝缘大斑

【形态特征】体细长。头背部几乎斜直。吻略钝尖，上颌骨末端延伸至眼下方；上下颌、腭骨及锄骨均具齿。眶间区略凹陷。**背鳍分离**，腹鳍腹位，末端不及肛门开口；胸鳍短于后头部，圆形，中央鳍条长于上下方鳍条；尾鳍截形。体被细小栉鳞。前鳃盖后缘锯齿状；下鳃盖及间鳃盖后缘锯齿状，且不埋入皮下。体呈蓝绿色至蓝褐色，散布许多细小黑褐色斑；**背鳍硬棘部具一蓝缘大斑**。最大全长15cm。

【分布范围】分布于印度洋—太平洋海域，西起非洲东部，东至萨摩亚，北至日本，南至新喀里多尼亚。我国主要分布于南海海域。

【生态习性】主要栖息于珊瑚繁生的陡坡区水域。分布水深为4~50m。

290. 斑点九棘鲈

Cephalopholis argus Schneider, 1801

【英文名】peacock hind

【别　名】眼斑鲙、过鱼、石斑、油鲙、青猫、黑鳉仔、黑鲙仔

背鳍连续

【形态特征】体长椭圆形，侧扁。头背部几乎斜直。口大，上颌稍能活动，可向前伸出，末端延伸至眼后下方；上下颌前端具小犬齿，下颌内侧齿尖锐，排列不规则，可向内倒伏。眼小，短于吻长。眶间区平坦或微凹陷。**背鳍连续；**腹鳍腹位，末端不及肛门开口；胸鳍圆形，中央鳍条长于上下方鳍条，且长于腹鳍，但短于后眼眶长；尾鳍圆形。体被细小栉鳞。前鳃盖圆形，幼鱼后缘略呈锯齿状，成鱼则平滑；下鳃盖及间鳃盖后缘平滑。体呈一致暗褐色，头部、体侧及各鳍上皆散布具黑缘蓝点；通常**体侧后半部具 5~6 条白色宽横带；**胸部具一大片白色区块；背鳍硬棘部鳍膜末端具三角形橘黄色斑；背鳍、臀鳍软条部及尾鳍具白缘。最大全长 60cm。

【分布范围】分布于印度洋—太平洋海域。西起红海、非洲东岸，东至法属波利尼西亚及皮特凯恩群岛，南至罗德豪维岛，北至日本。我国主要分布于东海和南海海域。

【生态习性】主要栖息于热带海域及礁区水域。分布水深为 1~40m。

291. 橙点九棘鲈

Cephalopholis aurantia (Valenciennes, 1828)

【英文名】golden hind
【别　名】花鲙、过鱼、石斑、红鲙仔、红鲙

背鳍连续

体一致为橘红色，具许多深红色小点

体侧后半部具 5~6 条白色宽横带

【形态特征】体长椭圆形，侧扁。头背部几乎斜直，眶间区平坦或微凹陷。眼小，短于吻长。口大；上颌稍能活动，可向前伸出，末端延伸至眼后下方；上下颌前端具小犬齿，下颌内侧齿尖锐，排列不规则，可向内倒伏；锄骨和腭骨具绒毛状齿。**背鳍连续**；腹鳍腹位，末端伸及肛门开口；胸鳍长于腹鳍，圆形，中央鳍条长于上下方鳍条；尾鳍圆形。体被细小栉鳞。前鳃盖圆形，幼鱼后缘略呈锯齿状，成鱼则平滑；下鳃盖及间鳃盖后缘具微细锯齿。**体一致为橘红色，散布许多深红色小点**；各鳍亦一致为橘红色。最大全长 60cm。
【分布范围】分布于印度洋—太平洋海域，自南非及西印度洋中的群岛至中太平洋，北至日本。我国主要分布于东海和南海海域。
【生态习性】主要栖息于面海礁区的陡坡区水域。分布水深为 40~300m。

292. 豹纹九棘鲈

***Cephalopholis leopardus* (Lacepède, 1801)**

【英文名】leopard hind
【别　名】豹纹鲙、过鱼、石斑

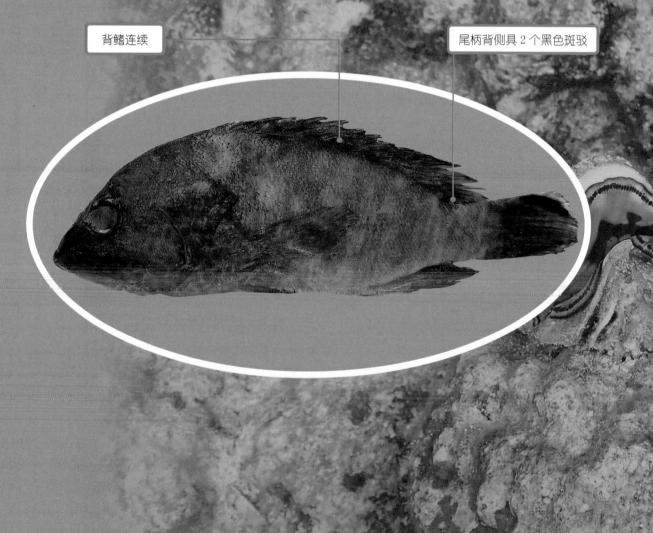

背鳍连续

尾柄背侧具 2 个黑色斑驳

【形态特征】体长椭圆形，侧扁。头背部斜直；眶间区微凹陷。眼小，短于吻长。口大；上颌稍能活动，可向前伸出，末端延伸至眼后缘的下方；上下颌前端具小犬齿，下颌内侧齿尖锐，排列不规则，可向内倒伏；锄骨和腭骨具绒毛状齿。前鳃盖缘圆形，而幼鱼时尚可见锯齿缘，成鱼后则平滑；下鳃盖及间鳃盖微具锯齿，但埋于皮下。体被细小栉鳞。**背鳍连续**；臀鳍具硬棘；腹鳍腹位，末端不及肛门开口；胸鳍圆形，中央鳍条长于上下方鳍条，且长于腹鳍，但短于后眼眶长；尾鳍圆形。体呈红褐色，腹侧白色；头部、体侧及奇鳍散布橘红色小斑点，而以腹侧斑点较密集；**尾柄背侧具 2 个黑色斑驳**；尾鳍上下叶外侧各具一暗黑色斜带，外缘则为淡红色。最大全长 24cm。

【分布范围】分布于印度洋—太平洋海域，西起非洲东部，东至社会群岛，北至日本南部，南至澳大利亚北部。我国主要分布于东海和南海海域。

【生态习性】主要栖息于珊瑚繁生的潟湖区、水道或外礁斜坡区，生性隐秘，大都见其在礁石洞穴内或岩壁裂缝中。分布水深为 1~40m。

293. 六斑九棘鲈

Cephalopholis sexmaculata (Rüppell, 1830)

【英文名】sixblotch hind
【别　名】六斑鲙、过鱼、石斑、鲙仔

背鳍连续

横带于背鳍基部呈黑色，形成 4 个黑色大斑块

【形态特征】体长椭圆形，侧扁。头背部斜直。口大，上颌稍能活动，可向前伸出，末端延伸至眼后缘下方；上下颌前端具小犬齿，下颌内侧齿尖锐，排列不规则，可向内倒伏。眼小，短于吻长。眶间区微凹陷。**背鳍连续**；腹鳍腹位，末端不及肛门开口；胸鳍圆形，中央鳍条长于上下方鳍条，且长于腹鳍，但约略等长于后眼眶长；尾鳍圆形。体被细小栉鳞。前鳃盖缘圆形，而幼鱼时尚可见锯齿缘，成鱼后则平滑；下鳃盖及间鳃盖微具锯齿，但埋于皮下。体呈橘红色；体侧、头部及奇鳍散布蓝色小斑点，而以头部及奇鳍上蓝色斑点较密集；另头部上蓝色斑点延长成线状。体侧具 4 条暗褐色横带，但常不显著，而**横带于背鳍基部呈黑色，形成 4 个黑色大斑块**；尾柄背侧另具 2 个较小黑色斑块。最大全长 50cm。
【分布范围】分布于印度洋—太平洋的热带及亚热带海域。西起红海、非洲东岸，东至中太平洋各群岛，北至日本南部，南至澳大利亚。我国主要分布于东海和南海海域。
【生态习性】主要栖息于礁石区水域。分布水深为 6~150m。

294. 索氏九棘鲈

Cephalopholis sonnerati (Valenciennes, 1828)

【英文名】tomato hind
【别　名】网纹鲙、过鱼、石斑、红舵

头部及体侧散布红褐色或暗褐色小斑点

背鳍连续

【形态特征】体长椭圆形，侧扁。头背部凹陷。眼小，短于吻长。口大；上颌稍能活动，可向前伸出，末端延伸至眼后缘下方；上下颌前端具小犬齿，下颌内侧齿尖锐，排列不规则，可向内倒伏；锄骨和腭骨具绒毛状齿。前鳃盖缘圆，后缘具锯齿缘或不规则；下鳃盖及间鳃盖微具锯齿，但埋于皮下。体被细小栉鳞。**背鳍连续**，有硬棘；臀鳍具硬棘；腹鳍腹位，末端延伸至肛门开口；胸鳍圆形，中央鳍条长于上下方鳍条，且长于腹鳍，但约略等长于后眼眶长；尾鳍圆形。体呈橘红色至红褐色。成鱼时**头部及体侧散布红褐色或暗褐色小斑点**；稚鱼时，体侧散布黑色斑点。头部、上颌骨和唇部泛着粉红色光泽；胸鳍橘色；腹鳍末缘略黑；尾鳍后端暗褐色，具淡红色缘。最大全长 57cm。

【分布范围】分布于印度洋—太平洋的热带及亚热带海域。西起非洲东岸，东至莱恩群岛，北至日本南部，南至澳大利亚。我国主要分布于东海和南海海域。

【生态习性】主要栖息于潟湖礁石区及外礁斜坡处的海域，幼鱼则巡游于海绵或珊瑚礁头。分布水深为 10~150m。

295. 黑缘尾九棘鲈

Cephalopholis spiloparaea (Valenciennes, 1828)

【英文名】strawberry hind
【别　名】黑边鲙、过鱼、石斑

背鳍连续

尾鳍后缘蓝白色，逐渐
转为上下叶内缘具蓝纹

【形态特征】体长椭圆形，侧扁。头背部几乎斜直；眶间区平坦或微凹陷。眼小，短于吻长。口大；上颌稍能活动，可向前伸出，末端延伸至眼后缘下方；上下颌前端具小犬齿，下颌内侧齿尖锐，排列不规则，可向内倒伏；锄骨和腭骨具绒毛状齿。前鳃盖圆形，幼鱼后缘略锯齿状，成鱼则平滑；下鳃盖及间鳃盖后缘平滑。体被细小栉鳞；**背鳍连续**，有硬棘；臀鳍有硬棘；腹鳍腹位，末端不及肛门开口；胸鳍长于腹鳍，圆形，中央鳍条长于上下方鳍条；尾鳍圆形。体一致为亮红色，无任何小点散布，但有时散布一些红褐色斑驳；各鳍亦一致为亮红色；**尾鳍后缘蓝白色，逐渐转为上下叶内缘具蓝纹**；有时背鳍及臀鳍软条部具蓝缘。最大全长30cm。

【分布范围】分布于印度洋—太平洋的热带及亚热带海域。西起非洲东岸，东至法属波利尼西亚，北至日本南部，南至大堡礁。我国主要分布于东海和南海海域。

【生态习性】主要栖息于礁石水域。分布水深为15~108m。

296. 尾纹九棘鲈

Cephalopholis urodeta (Forster, 1801)

【英文名】darkfin hind

【别　名】霓鲙、过鱼、石斑、珠鲙、红朱鲙、白尾朱鲙

尾鳍具 2 条白色斜带

【形态特征】体长椭圆形，侧扁。头背部斜直。口大，上颌稍能活动，可向前伸出，末端延伸至眼后缘下方；上下颌前端具小犬齿，下颌内侧齿尖锐，排列不规则，可向内倒伏。眼小，短于吻长。眶间区平坦。**背鳍连续**；腹鳍腹位，末端不及肛门开口；胸鳍圆形，中央鳍条长于上下方鳍条，且长于腹鳍，但约略等长于后眼眶长；尾鳍圆形。体被细小栉鳞。前鳃盖缘圆形，具微锯齿缘；下鳃盖及间鳃盖平滑。体呈深红色至红褐色，后方较暗；头部具许多细小橘红色点及不规则红褐色斑驳；体侧有时具细小淡斑及 6 条不显著不规则横带。背鳍及臀鳍软条部具许多细小橘红色点及鳍膜具橘色缘；腹鳍橘红色且具蓝色缘；**尾鳍具 2 条白色斜带**，斜带间具许多白色斑点，斜带外为红色而具白色缘。最大全长 28cm。

【分布范围】分布于印度洋—太平洋的热带及亚热带海域。西起非洲东岸，东至法属波利尼西亚，北至日本南部，南至大堡礁。我国主要分布于东海和南海海域。

【生态习性】主要栖息于潟湖礁石区及浅外礁斜坡水域。分布水深为 1~60m。

297. 横条石斑鱼
Epinephelus fasciatus (Forsskål, 1775)

【英文名】epinephelus fasciatus
【别　名】石斑、过鱼、红斑、红鹭鸶、关公鲜、鲚仔、赤石斑鱼

体呈浅橘红色，具
6条深红色横带

背鳍硬棘部与软
条部相连，无缺刻

背鳍连续

【形态特征】体呈椭圆形，侧扁而粗壮。头背部斜直。口大，上下颌前端具小犬齿或无，两侧齿细尖，下颌约2~4列。眼小，短于吻长。眶间区微突。**背鳍硬棘部与软条部相连，无缺刻**；腹鳍腹位，末端延伸不及肛门开口；胸鳍圆形，中央鳍条长于上下方鳍条，且长于腹鳍，但短于后眼眶长；尾鳍圆形。体被细小栉鳞。前鳃盖骨后缘具锯齿，下缘光滑。鳃盖骨后缘具3个扁棘。**体呈浅橘红色，具6条深红色横带**；背鳍硬棘间膜先端具黑色三角形斑；棘顶端处有时具淡黄或白色斑；背鳍软条部、臀鳍、尾鳍有时具淡黄色后缘。最大全长40cm。

【分布范围】分布于印度洋—太平洋海域。西起非洲东岸，东至中太平洋各岛屿，北至日本、韩国，南至罗德豪维岛等。我国主要分布于东海和南海海域。

【生态习性】主要栖息于潟湖、内湾区及沿岸礁石区或石砾区海域。分布水深为4~160m。

298. 六角石斑鱼

Epinephelus hexagonatus (Forster, 1801)

【英文名】starspotted grouper

【别　名】六角格仔、石斑、花点格、鲈狸、蜂巢石斑鱼、鲙仔、花鲙

体背沿背鳍基底具5个黑斑

背鳍硬棘部与软条部相连，无缺刻

【形态特征】体长椭圆形，侧扁而粗壮。头背部弧形。口大，上下颌前端具小犬齿或无，两侧齿细尖。眼小，短于吻长。眶间区略突。**背鳍硬棘部与软条部相连，无缺刻**；腹鳍腹位，末端延伸不及肛门开口；胸鳍圆形，中央鳍条长于上下方鳍条，且长于腹鳍，但短于后眼眶长；尾鳍圆形。体被细小栉鳞。前鳃盖骨后缘微具锯齿，下缘光滑。鳃盖骨后缘具3个扁棘。头部及体侧呈浅褐色，满布约等于瞳孔的六角形暗斑，斑间隔极狭。**体背沿背鳍基底具5个黑斑**，前4个延伸至背鳍；眼后具一黄褐色大斑点，另具一较小斑点紧接其后。胸鳍红褐色而具黄色线纹及斑点；余鳍则具暗褐色或红褐色斑点及白色小点。最大全长27.5cm。

【分布范围】分布于印度洋—西太平洋热带岛屿周缘海域。我国主要分布于东海和南海海域。

【生态习性】主要栖息于沿岸独立珊瑚礁区水域。分布水深为0~30m。

299. 鞍带石斑鱼

***Epinephelus lanceolatus* (Bloch, 1790)**

【英文名】giant grouper

【别　名】龙胆石斑、过鱼、枪头石斑鱼、倒吞鲨、鸳莺、龙趸鲙、龙趸

背鳍硬棘部与软条部相连，无缺刻

黑色斑内散布不规则白或黄色斑点

【形态特征】体长椭圆形，侧扁而非常粗壮。头背部斜直。口大，上下颌前端具小犬齿或无，两侧齿细尖。眼小，短于吻长。眶间区平坦或微凹陷。**背鳍硬棘部与软条部相连，无缺刻**；腹鳍腹位，末端延伸不及肛门开口；胸鳍圆形，中央鳍条长于上下方鳍条，且长于腹鳍，但短于后眼眶长；尾鳍圆形。体被细小栉鳞。前鳃盖骨后缘微具锯齿，下缘光滑。鳃盖骨后缘具 3 个扁棘。稚鱼体呈黄色，具 3 块不规则黑色斑，随着成长，**黑色斑内散布不规则白或黄色斑点**，各鳍具黑色斑点；大型成鱼体呈暗褐色，各鳍色更暗些。最大全长270cm。

【分布范围】分布于印度洋—太平洋海域，西起非洲东岸、红海，北至日本南部，南至澳大利亚西北部。我国主要分布于东海和南海海域。

【生态习性】主要栖息于沿岸礁区水域。分布水深为1~200m。

300. 花点石斑鱼

Epinephelus maculatus (Bloch, 1790)

【英文名】highfin grouper

【别　名】石斑、过鱼、花鲙、鲙仔

背鳍硬棘部与软条部相连，无缺刻

具许多黑色斑点及斑驳以及白色斑块及斑点

【形态特征】体长椭圆形，侧扁而粗壮。头背部弧形。口大，上下颌前端具小犬齿或无，两侧齿细尖。眼小，短于吻长。眶间区平坦或略突。**背鳍硬棘部与软条部相连，无缺刻**；腹鳍腹位，末端延伸不及肛门开口；胸鳍圆形，中央鳍条长于上下方鳍条，且长于腹鳍，但短于后眼眶长；尾鳍圆形。体被细小栉鳞。前鳃盖骨后缘具锯齿，下缘光滑。鳃盖骨后缘具 3 个扁棘。幼鱼体呈黄褐色，**具许多黑色斑点及斑驳以及白色斑块及斑点**。成鱼头部、体侧及各鳍淡褐色，满布许多紧密相连的六角形暗褐色斑点；体背侧另具 2 个大型区域的黑色斑块，此黑色斑块前方，各具白色区域。背鳍硬棘部尖端黄色。最大全长 60.5cm。

【分布范围】分布于印度洋—太平洋海域，包括科科斯群岛至印度尼西亚，南中国海及萨摩亚，北至日本南部，南至罗德豪维岛。我国主要分布于东海和南海海域。

【生态习性】主要栖息于浅珊瑚礁及珊瑚石砾区水域。分布水深为 2~100m。

301. 蜂巢石斑鱼

Epinephelus merra Bloch, 1793

【英文名】honeycomb grouper

【别　名】蜂巢格仔、六角格仔、蝴蝶斑、牛屎斑、石斑、鲙仔

背鳍硬棘部与软条部相连，无缺刻

头部、体部及各鳍淡黄色，均有圆形至六角形暗斑密布，斑间隔狭窄，自成网状图案

【形态特征】体长椭圆形，侧扁而粗壮。头背部斜直。口大，上下颌前端具小犬齿或无，两侧齿细尖。眼小，短于吻长。眶间区平坦或略突。**背鳍硬棘部与软条部相连，无缺刻**；腹鳍腹位，末端延伸不及肛门开口；胸鳍圆形，中央鳍条长于上下方鳍条，且长于腹鳍，但短于后眼眶长；尾鳍圆形。体被细小栉鳞。前鳃盖骨后缘具锯齿，下缘光滑。鳃盖骨后缘具 3 个扁棘。**头部、体部及各鳍淡黄色，均有圆形至六角形暗斑密布，斑间隔狭窄，自成网状图案**；胸鳍密布显著小黑点。体背背鳍基底处无任何斑块。最大全长 32cm。

【分布范围】分布于印度洋—太平洋海域，由南非至法属波利尼西亚。我国主要分布于东海和南海海域。

【生态习性】主要栖息于潟湖及湾区的礁石水域。分布水深为 0~50m。

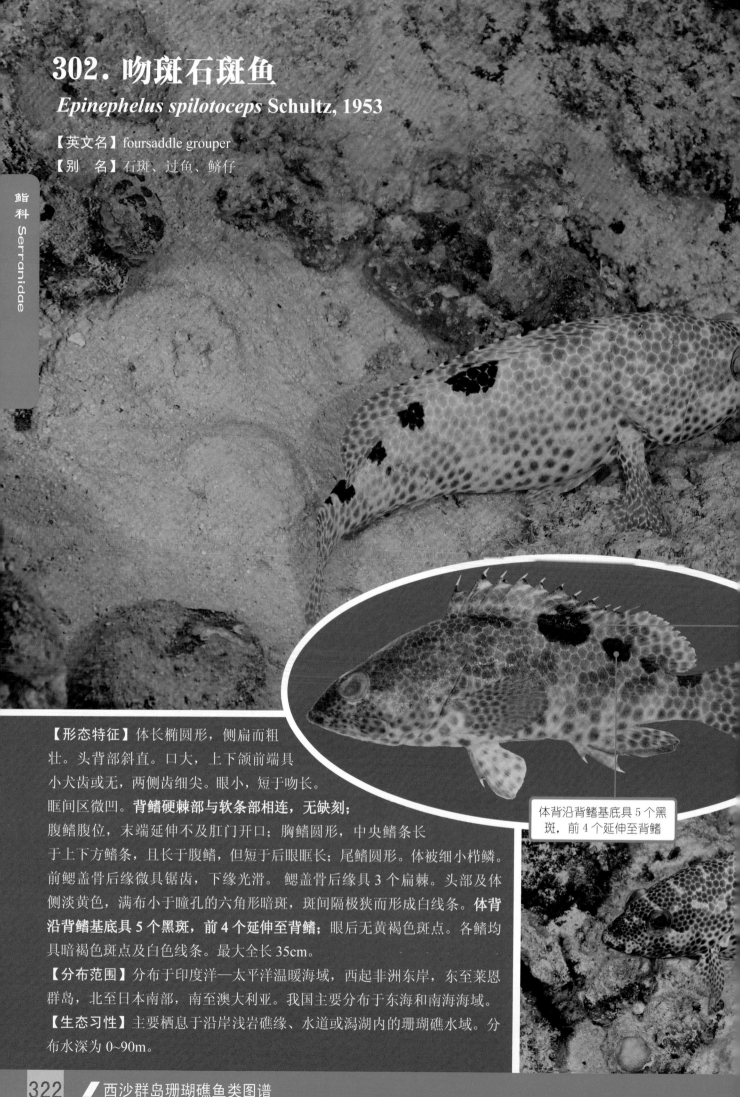

302. 吻斑石斑鱼

Epinephelus spilotoceps Schultz, 1953

【英文名】foursaddle grouper
【别　名】石斑、过鱼、鲙仔

体背沿背鳍基底具5个黑斑，前4个延伸至背鳍

【形态特征】体长椭圆形，侧扁而粗壮。头背部斜直。口大，上下颌前端具小犬齿或无，两侧齿细尖。眼小，短于吻长。眶间区微凹。**背鳍硬棘部与软条部相连，无缺刻；**腹鳍腹位，末端延伸不及肛门开口；胸鳍圆形，中央鳍条长于上下方鳍条，且长于腹鳍，但短于后眼眶长；尾鳍圆形。体被细小栉鳞。前鳃盖骨后缘微具锯齿，下缘光滑。鳃盖骨后缘具3个扁棘。头部及体侧淡黄色，满布小于瞳孔的六角形暗斑，斑间隔极狭而形成白线条。**体背沿背鳍基底具5个黑斑，前4个延伸至背鳍；**眼后无黄褐色斑点。各鳍均具暗褐色斑点及白色线条。最大全长35cm。

【分布范围】分布于印度洋—太平洋温暖海域，西起非洲东岸，东至莱恩群岛，北至日本南部，南至澳大利亚。我国主要分布于东海和南海海域。

【生态习性】主要栖息于沿岸浅岩礁缘、水道或潟湖内的珊瑚礁水域。分布水深为0~90m。

303. 巨石斑鱼

Epinephelus tauvina (Forsskål, 1775)

【英文名】greasy grouper
【别　名】石斑、过鱼、虎麻

背鳍硬棘部与软条部相连，无缺刻

暗橘红色或深褐色的圆形斑点

背鳍硬棘部与软条部相连，无缺刻

【形态特征】体长椭圆形，侧扁而粗壮。头背部斜直。口大，上下颌前端具小犬齿或无，两侧齿细尖。眼小，短于吻长。眶间区微突。**背鳍硬棘部与软条部相连，无缺刻**；腹鳍腹位，末端延伸不及肛门开口；胸鳍圆形，中央鳍条长于上下方鳍条，且长于腹鳍，但短于后眼眶长；尾鳍圆形。体被细小栉鳞。前鳃盖骨后缘微具锯齿，下缘光滑。鳃盖骨后缘具3个扁棘。体侧及头部呈淡灰绿色或褐色，散布**暗橘红色或深褐色的圆形斑点**，斑点中央色泽较周围深；体侧另具一大型的暗褐色斑块位于背鳍最后4根硬棘基部上；有些鱼会具5条暗褐色垂直斑纹。最大全长100cm。

【分布范围】分布在印度洋—太平洋海域，西起红海至南非，向东至迪西岛，北至日本，南至澳大利亚新南威尔士州及罗德豪维岛。我国主要分布于东海和南海海域。

【生态习性】主要栖息于水质清澈的珊瑚礁水域。分布水深为1~300m。

304. 六带线纹鱼

Grammistes sexlineatus **(Thunberg, 1792)**

【英文名】goldenstriped soapfish

【别　名】包公、皂鱼、黑包公

背鳍硬棘部与软条部相连，具缺刻

体侧有 6~8 条黄色纵带

【形态特征】体长椭圆形，侧扁。头背部微突。口大，上下颌具细齿。眼大，约等于吻长。眶间区微凹。**背鳍硬棘部与软条部相连，具缺刻**；腹鳍腹位，末端延伸不及肛门开口；胸鳍圆形，中央鳍条长于上下方鳍条；尾鳍圆形。体被细小圆鳞。前鳃盖骨后缘具 3 个短棘，鳃盖骨后缘亦具 3 个扁棘。成鱼体黑褐色，**体侧具 6~8 条黄色纵带**，头部亦具不规则的黄斑或蠕纹。幼鱼体侧纵带较少，但随鱼体成长而逐渐增加；背鳍硬棘部橘红色，随成长消失。最大全长 30cm。

【分布范围】分布于印度洋—太平洋海域，西起红海，东至马克萨斯群岛，北至日本南部，南至新西兰。我国主要分布于东海和南海海域。

【生态习性】主要栖息于礁石底部水域。分布水深为 1~130m。

305. 黑鞍鳃棘鲈

Plectropomus laevis (Lacepède, 1801)

【英文名】blacksaddled coralgrouper

【别　名】豹鲙、过鱼、杂星斑、黑条

背鳍硬棘部与软条部相连

体具 5 条黑色横带

【形态特征】体延长而硕壮。头中大。口大，下颌侧边具小犬齿。**背鳍硬棘部与软条部相连**，鳍棘部明显短于软条部；腹鳍腹位，末端延伸远不及肛门开口；胸鳍圆形，中央鳍条长于上下方鳍条；尾鳍内凹形。体被细小栉鳞。前鳃盖骨边缘圆形，具 3 根棘，但埋入皮下，下缘稍具锯齿；鳃盖骨具 3 个扁平棘，上下 2 棘被皮肤覆盖。2 种色相，**体具 5 条黑色横带**；或散布甚多小蓝点，横带有或无。最大全长 125cm。

【分布范围】分布于印度洋—太平洋海域，西起非洲东部，东至土阿莫土群岛，北至日本南部，南至澳大利亚。我国主要分布于南海海域。

【生态习性】主要栖息于珊瑚繁生的潟湖及面海的礁区水域。分布水深为 4~100m。

306. 刺盖拟花鮨
Nemanthias dispar (Herre, 1955)

【英文名】peach fairy basslet
【别　名】花鲈、海金鱼、红鱼

头部由吻端至胸鳍基部具一
镶淡蓝紫色缘的黄色斜带

尾鳍深叉形，上下
叶不特别延长如丝

【形态特征】体延长而侧扁。口较大，稍倾斜；雄鱼唇肥厚且圆突。上下颌齿细小，前端具犬齿。吻短。眼中大，眼眶后缘无乳突。背鳍连续；腹鳍腹位，雄鱼极为延伸至臀鳍中部后，雌鱼略为延长；**尾鳍深叉形，上下叶不特别延长如丝**。体被小栉鳞；侧线完全；上颌无鳞；各鳍亦无鳞。下鳃盖骨及间鳃盖骨下缘圆滑；鳃盖骨具 2 个棘。体上半部橘黄色，下半部偏紫红色；**头部由吻端至胸鳍基部具一镶淡蓝紫色缘的黄色斜带**。雄鱼头部具大片蓝紫色区域，背鳍至少在前半部为深红色。最大全长 9.5cm。

【分布范围】分布于印度洋—太平洋海域，西起圣诞岛，东至斐济及莱恩群岛，北至日本，南至澳大利亚。我国主要分布于南海海域。

【生态习性】主要栖息于外礁斜坡水域。分布水深为 1~15m。

307. 高体拟花鮨

Pseudanthias hypselosoma **Bleeker, 1878**

【英文名】stocky anthias

【别　名】花鲈、海金鱼、红鱼

尾鳍近截形

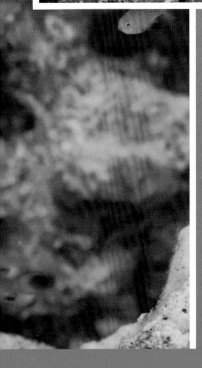

【形态特征】体延长而侧扁。口较大，稍倾斜。上下颌齿细小，前端具犬齿。吻短。眼中大，眼眶后缘无乳突。背鳍连续；腹鳍腹位，延伸不及臀鳍；**尾鳍近截形**，雄鱼上下叶端略为尖突。体被小栉鳞；侧线完全；上颌无鳞；各鳍亦无鳞。下鳃盖骨及间鳃盖骨下缘具锯齿。体背侧鳞片中央黄色，周缘为淡蓝紫色，腹侧为白色；头部由眼下方至胸鳍基部具一粉紫蓝色至橘红色斜带。雄鱼于背鳍第 7~10 棘膜上具一红斑；雌鱼尾鳍具鲜红色缘。最大全长 19cm。

【分布范围】分布于印度洋—太平洋海域，西起马尔代夫，东至萨摩亚，北至日本南部，南至澳大利亚。我国主要分布于南海海域。

【生态习性】主要栖息于潟湖或内湾保护的礁区水域。分布水深为 6~50m。

308. 紫红拟花鮨

Mirolabrichthys pascalus (Jordan & Tanaka, 1927)

【英文名】amethyst anthias

【别　名】花鲈、海金鱼、红鱼

尾鳍深叉形，雄鱼上下叶端略为延长

头部腹侧及喉部淡黄色

【形态特征】体延长而侧扁。口较大，稍倾斜；雄鱼唇肥厚且圆突。上下颌齿细小，前端具犬齿。吻短。眼中大，眼眶后缘具乳突。背鳍连续；腹鳍腹位，延伸至臀鳍；**尾鳍深叉形，雄鱼上下叶端略为延长**。体被小栉鳞；侧线完全；上颌无鳞；各鳍亦无鳞。下鳃盖骨及间鳃盖骨下缘平滑；鳃盖棘2枚。体紫红色，**头部腹侧及喉部淡黄色**；雄鱼背鳍软条部外侧红色。最大全长20cm。

【分布范围】分布于印度洋—太平洋海域，西起巴厘岛，东至土阿莫土群岛，北至日本南部，南至澳大利亚。我国主要分布于东海和南海海域。

【生态习性】主要栖息于沿岸礁区水域。分布水深为0~70m。

309. 白边侧牙鲈
Variola albimarginata Baissac, 1953

【英文名】white-edged lyretail
【别　名】阔嘴格仔、鲙、过鱼、石斑、红朱鲳、粉条

背鳍硬棘部与软条部相连，无缺刻

尾鳍具半月形窄白缘，内侧另具一黑色窄带

【形态特征】体长椭圆形。头中大，头长稍大于体高。上颌前端具 2 枚犬齿，中央具一向后倒伏的牙齿，两侧外列具稀疏排列的圆锥状齿，内列具绒毛状齿。**背鳍硬棘部与软条部相连，无缺刻**；腹鳍腹位，末端延伸不及肛门开口；胸鳍圆形，中央鳍条长于上下方鳍条，且长于腹鳍，但短于后眼眶长；尾鳍弯月形。体被细小栉鳞。眶间区稍圆突。前鳃盖骨缘光滑。鳃盖骨后缘具 3 个扁平棘。体深红色，体侧具不规则浅红色水平线或斜线，浅红色线纹间另穿插有黄色窄线纹，而红色线纹有时是由淡蓝色至粉红色的不规则小斑点所构成；**尾鳍具半月形窄白缘，内侧另具一黑色窄带**。幼鱼体色略同于成鱼，但体侧具较少且较大的红缘淡蓝斑点，而无黑色纵带，尾柄上亦无大黑斑。最大全长 65cm。

【分布范围】分布于印度洋—太平洋的热带及亚热带海域，西起非洲东岸，东至萨摩亚，北至日本南部，南至澳大利亚。我国主要分布于东海和南海海域。

【生态习性】主要栖息于沿岸、岛屿、外礁等礁石区水域。分布水深为 4~200m。

310. 侧牙鲈

Variola louti (Forsskål, 1775)

【英文名】yellow-edged lyretail

【别　名】朱鲙、过鱼、石斑、粉条、花条

背鳍硬棘部与软条部相连，无缺刻

尾鳍具半月形宽黄缘

【形态特征】体长椭圆形。头中大，头长稍大于体高。上颌前端具2枚犬齿，中央具一向后倒伏的牙齿，内侧外列具稀疏排列的圆锥状齿，内列具绒毛状齿。眶间区稍圆突。**背鳍硬棘部与软条部相连，无缺刻**；腹鳍腹位，末端延伸不及肛门开口；胸鳍圆形，中央鳍条长于上下方鳍条，且长于腹鳍，但短于后眼眶长；尾鳍弯月形。体被细小栉鳞。前鳃盖骨缘光滑。鳃盖骨后缘具3个扁平棘。体深红至灰褐色，体侧具淡蓝色至淡红色不规则斑点或短线纹，头部斑点通常较小而圆且分布较密；背鳍、臀鳍及胸鳍后方具宽黄缘；**尾鳍具半月形宽黄缘**。幼鱼体背侧另具一黑色纵带；尾柄上部另具一大黑斑；头背侧由吻端至背鳍基底起点具一白色至淡黄色中央纵纹。最大全长83cm。

【分布范围】分布于印度洋—太平洋的热带及亚热带海域，西起红海、非洲南部，东至皮特凯恩群岛，北至日本南部，南至澳大利亚。我国主要分布于东海和南海海域。

【生态习性】主要栖息于岛屿、外礁等礁石区水域。分布水深为3~300m。

311. 银色篮子鱼
Siganus argenteus (Quoy & Gaimard, 1825)

【英文名】streamlined spinefoot
【别　名】臭肚、象鱼、象耳、臭肚仔、羊矮仔、卢矮仔

蓝子鱼科 Siganidae

背鳍单一，硬棘与软条之间具一缺刻

尾鳍深分叉

【形态特征】体呈长椭圆形，侧扁，背缘和腹缘呈弧形。头小，口小，前下位；下颌短于上颌，几被上颌所包；上下颌具细齿1列。吻尖突，但不形成吻管。眼大，侧位。尾柄细长。**背鳍单一，硬棘与软条之间具一缺刻；尾鳍深分叉**。体被小圆鳞，颊部前部具鳞，喉部中线无鳞。体背海蓝色，向腹部渐呈银色，头部后部及体侧满布黄色小斑点；鳃盖末缘具一短黑色带。背鳍与尾鳍黄色；臀鳍与腹鳍银色；胸鳍为暗黄色。但鱼体受惊吓或休息时体色会变成暗褐色与亮褐色纹相杂，前者则形成7条斜线；鱼体死亡后，体色会褪成褐色。最大全长40cm。

【分布范围】分布于印度洋—太平洋海域，西起红海、非洲东部，东至法属波利尼西亚，北至日本南部，南至澳大利亚东部。我国主要分布于东海和南海海域。

【生态习性】主要栖息于面海的珊瑚礁区或岩礁区。分布水深为5~40m。

312. 凹吻篮子鱼
Siganus corallinus (Valenciennes, 1835)

【英文名】blue-spotted spinefoot
【别　名】臭肚

背鳍单一，硬棘与软
条之间无明显缺刻

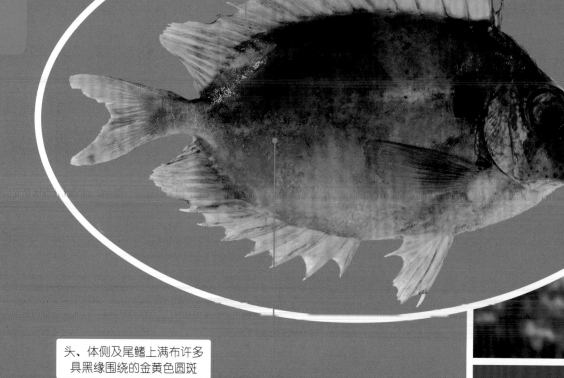

头、体侧及尾鳍上满布许多
具黑缘围绕的金黄色圆斑

【形态特征】体呈椭圆形，较高而侧扁。头小。吻尖突，但不形成吻管。眼大，侧位。口小，前下位；下颌短于上颌，几被上颌所包；上下颌具细齿1列。体被小圆鳞，颊部前部具鳞。**背鳍单一，硬棘与软条之间无明显缺刻**；尾柄较粗，尾鳍深叉形。头及体侧呈蓝褐色至黑褐色；**头、体侧及尾鳍上满布许多具黑缘围绕的金黄色圆斑**；鳃盖后上方具一大约眼径宽的污斑。背鳍、臀鳍与体同色或较深黄色。最大全长43.8cm。

【分布范围】分布于西太平洋海域。我国主要分布于南海海域。

【生态习性】主要栖息于珊瑚礁海域。分布水深为3~30m。

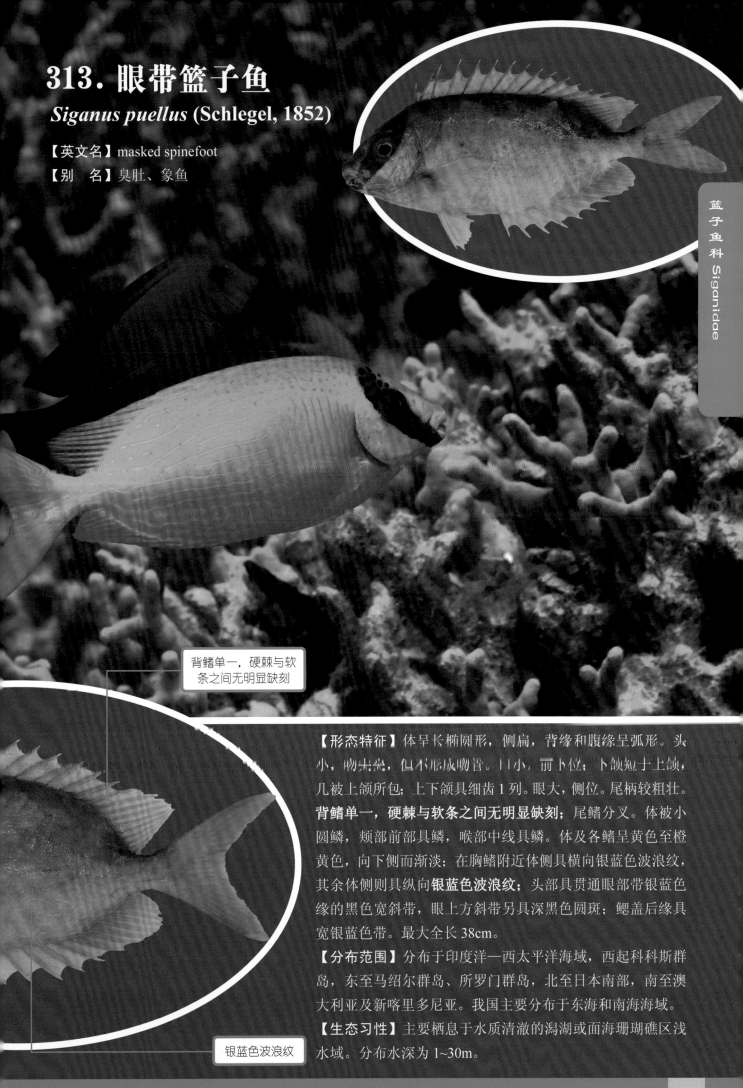

313. 眼带篮子鱼
Siganus puellus (Schlegel, 1852)

【英文名】masked spinefoot

【别　名】臭肚、象鱼

背鳍单一，硬棘与软条之间无明显缺刻

银蓝色波浪纹

【形态特征】体呈长椭圆形，侧扁，背缘和腹缘呈弧形。头小，吻尖突，但不形成吻管。口小，前下位；下颌短于上颌，几被上颌所包；上下颌具细齿1列。眼大，侧位。尾柄较粗壮。**背鳍单一，硬棘与软条之间无明显缺刻**；尾鳍分叉。体被小圆鳞，颊部前部具鳞，喉部中线具鳞。体及各鳍呈黄色至橙黄色，向下侧而渐淡；在胸鳍附近体侧具横向银蓝色波浪纹，其余体侧则具纵向**银蓝色波浪纹**；头部具贯通眼部带银蓝色缘的黑色宽斜带，眼上方斜带另具深黑色圆斑；鳃盖后缘具宽银蓝色带。最大全长38cm。

【分布范围】分布于印度洋—西太平洋海域，西起科科斯群岛，东至马绍尔群岛、所罗门群岛，北至日本南部，南至澳大利亚及新喀里多尼亚。我国主要分布于东海和南海海域。

【生态习性】主要栖息于水质清澈的潟湖或面海珊瑚礁区浅水域。分布水深为1~30m。

314. 黑身篮子鱼
Siganus punctatissimus Fowler & Bean, 1929

【英文名】peppered spinefoot
【别　名】臭肚、象鱼

鳃盖后上方具一大约眼径宽的污斑

背鳍单一，硬棘与软条之间无明显缺刻

【形态特征】体呈椭圆形，体较高而侧扁。头小。口小，前下位；下颌短于上颌，几被上颌所包。吻尖突，但不形成吻管。眼大，侧位。**背鳍单一，硬棘与软条之间无明显缺刻**；尾柄较粗，尾鳍深叉形。体被小圆鳞，颊部前部具鳞，喉部中线具鳞。头及体侧呈紫褐色；头及体侧满布许多细小型蓝白色圆斑；**鳃盖后上方具一大约眼径宽的污斑**。尾鳍黄褐色而具黑色缘。最大全长43.59cm。

【分布范围】分布于西太平洋海域，由日本南部至澳大利亚沿海。我国主要分布于东海和南海海域。

【生态习性】主要栖息于水质清澈的潟湖或水道的礁区。分布水深为12~30m。

315. 斑篮子鱼

Siganus punctatus (Schneider & Forster, 1801)

【英文名】goldspotted spinefoot

【别　名】臭肚、象鱼、变身苦、象耳、臭肚仔、羊矮仔、卢矮仔

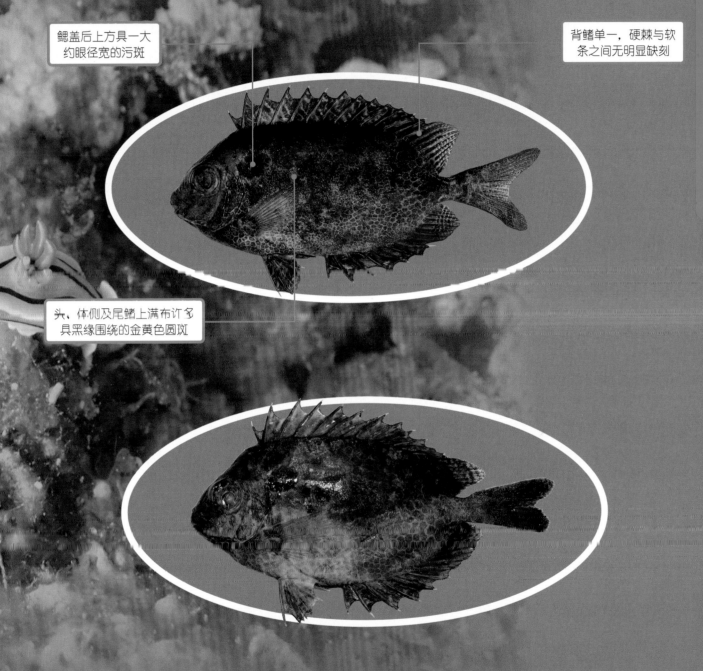

鳃盖后上方具一大约眼径宽的污斑

背鳍单一，硬棘与软条之间无明显缺刻

头、体侧及尾鳍上满布许多具黑缘围绕的金黄色圆斑

【形态特征】体呈椭圆形，体较高而侧扁。头小。口小，前下位；下颌短于上颌，几被上颌所包。吻尖突，但不形成吻管。眼大，侧位。**背鳍单一，硬棘与软条之间无明显缺刻**；尾柄较粗，尾鳍深叉形。体被小圆鳞，颊部前部具鳞。**头及体侧呈蓝褐色至黑褐色；头、体侧及尾鳍上满布许多具黑缘围绕的金黄色圆斑；鳃盖后上方具一大约眼径宽的污斑。**背鳍、臀鳍与体同色或深褐色。最大全长 40cm。

【分布范围】分布于西太平洋海域，西起科科斯群岛、澳大利亚西岸，东至萨摩亚，北至日本南部。我国主要分布于东海和南海海域。

【生态习性】主要栖息于水质清澈的潟湖或面海的礁区水域。分布水深为 1~40m。

316. 蠕纹篮子鱼
Siganus vermiculatus (Valenciennes, 1835)

【英文名】vermiculated spinefoot
【别　名】臭肚、象鱼

背鳍单一，硬棘与软条之间无明显缺刻

满布蠕纹，蠕纹间散布小黑点

【形态特征】体呈长椭圆形，体较高而侧扁。头小。口小，前下位；下颌短于上颌，几被上颌所包。吻尖突，但不形成吻管。眼大，侧位。**背鳍单一，硬棘与软条之间无明显缺刻**；尾鳍叉形。体被小圆鳞，颊部前部具鳞。体侧上半部为褐色，下半部则为灰白色；并**满布蠕纹，蠕纹间散布小黑点**。头部为暗棕色，具明显的网状纹。尾鳍散布暗褐色黑斑。最大全长 45cm。

【分布范围】分布于印度洋—西太平洋海域，西起印度、斯里兰卡，东至东所罗门群岛，北至日本南部，南至澳大利亚等。我国主要分布于东海和南海海域。

【生态习性】主要栖息于潟湖或面海珊瑚礁区的浅水域。分布水深为 1~30m。

317. 狐篮子鱼

Siganus vulpinus (Schlegel & Müller, 1845)

【英文名】foxface

【别　名】臭肚、象鱼

头前部自背鳍起点贯通眼部至吻端为一黑褐色带

背鳍单一，硬棘与软条之间无明显缺刻

【形态特征】体呈椭圆形，体较高而侧扁。头小。口小，前下位；下颌短于上颌，几被上颌所包。吻尖突，而形成吻管。眼大，侧位。**背鳍单一，硬棘与软条之间无明显缺刻**；尾柄较粗，尾鳍微叉形。体被小圆鳞，颊部前部具鳞。体呈黄色，体侧后半部具 1~2 个大型黑斑驳；**头前部自背鳍起点贯通眼部至吻端为一黑褐色带**；鳃盖、前鳃盖至峡部具银白色带，带上散布褐色小点；带后方，在胸部与胸鳍前缘黑褐色；胸鳍基下方白色。奇鳍黄色；偶鳍淡褐色而具黑色缘。最大全长 29.48cm。

【分布范围】分布于西太平洋海域，由日本南部至澳大利亚西部沿海。我国主要分布于南海海域。

【生态习性】主要栖息于礁区外缘水域。分布水深为 1~30m。

318. 大鲟

Sphyraena barracuda (Edwards, 1771)

【英文名】great barracuda

【别　名】针梭、竹梭、巴拉库答、烂投梭、烂糟梭、粗鳞竹梭

体侧上半部具 20 条左右的暗蓝色横带，不延伸至腹部

尾鳍暗褐色，上下叶末缘为白色

【形态特征】体延长，略侧扁，呈亚圆柱形。头长而吻尖突。口裂大，宽平；下颌突出于上颌；上颌骨末端达眼前缘下方；上下颌及腭骨均具尖锐且大小不一的犬状齿，锄骨无齿。无鳃耙。具 2 个背鳍，彼此分离甚远；腹鳍起点位于背鳍起点之前；胸鳍略短，末端不及或几近背鳍起点；尾鳍于全长 50cm 以下的幼鱼为深叉形，全长 50cm 以上则逐渐呈双凹形。体被小圆鳞。幼鱼体呈黄褐色，**体侧中部具 1 列黑色点状斑驳；成鱼背部呈青灰蓝色，腹部呈白色**；体侧上半部具 20 条左右的暗蓝色横带，不延伸至腹部。尾鳍暗褐色，上下叶末缘为白色。最大全长 200cm。

【分布范围】全世界除了东太平洋外，各温带、热带水域均有分布。我国主要分布于东海和南海海域。

【生态习性】主要栖息于开放性的大洋水域。分布水深为 1~100m。

319. 大眼魣

Sphyraena forsteri Cuvier, 1829

【英文名】bigeye barracuda
【别　名】针梭、竹梭、巴拉库答

具2个背鳍，彼此分离甚远

胸鳍基部上方具一小黑斑

【形态特征】体延长，略侧扁，呈亚圆柱形。头长而吻尖突。口裂大，宽平；下颌突出于上颌；上颌骨末端不及眼前缘或正好在眼前缘下方；上下颌及腭骨均具尖锐且大小不一的犬状齿，锄骨无齿。**具2个背鳍，彼此分离甚远**；腹鳍起点远位于背鳍起点之前；胸鳍略短，末端不及或几近背鳍起点；尾鳍全期为深叉形。体被小圆鳞。体背部青灰蓝色，腹部呈白色；体侧无暗褐色纵带；**胸鳍基部上方具一小黑斑**；腹鳍基部上方无小黑斑。尾鳍暗黄色；余鳍灰黄或淡黄色。最大全长75cm。

【分布范围】分布于印度洋—太平洋热带及亚热带海域，西起非洲东部，东至马克萨斯群岛及社会群岛，北至日本南部，南至新喀里多尼亚。我国主要分布于东海和南海海域。

【生态习性】主要栖息于大洋较近岸的礁区或潟湖区水域。分布水深为6~300m。

320. 鯻

***Terapon theraps* Cuvier, 1829**

【英文名】largescaled terapon

【别　名】花身仔、斑吾、鸡仔鱼、三抓仔、兵舅仔、斑午

背鳍连续，硬棘部
与软条部间具缺刻

体侧具 3~4 条水
平的黑色纵走带

【形态特征】体高而侧扁，呈长椭圆形。头背平直，体背部轮廓约略同于腹部轮廓。口中大，前位，上下颌约略等长；吻略钝；唇无肉质突起。**背鳍连续，硬棘部与软条部间具缺刻**。体被细小栉鳞，颊部及鳃盖上亦被鳞；背鳍及臀鳍基部具弱鳞鞘。前鳃盖骨后缘具锯齿；鳃盖骨上具 2 个棘，下棘较长，超过鳃盖骨后缘，上棘细弱而不明显。体背黑褐色，腹部银白色。**体侧具 3~4 条水平的黑色纵走带**，其第 3 条由头部起至尾柄上方，第 4 条常消失不显；背鳍硬棘部第 4~8 棘间具一大型黑斑，软条部具 2~3 个小黑斑；臀鳍具黑带；尾鳍上下叶共具 5 条黑色条纹。各鳍灰白色至淡黄色。最大全长 36.14cm。

【分布范围】分布于印度洋—西太平洋海域，自红海、非洲东部至日本南部，南至巴布亚新几内亚、阿拉弗拉海及澳大利亚北部。我国主要分布于东海和南海海域。

【生态习性】主要栖息于沿海、河川下海及河口区沙泥底质水域。分布水深为 1~30m。

321. 角镰鱼

Zanclus cornutus (Linnaeus, 1758)

【英文名】moorish idol
【别　名】角蝶、角蝶仔、孝包须、下包须、吉哥

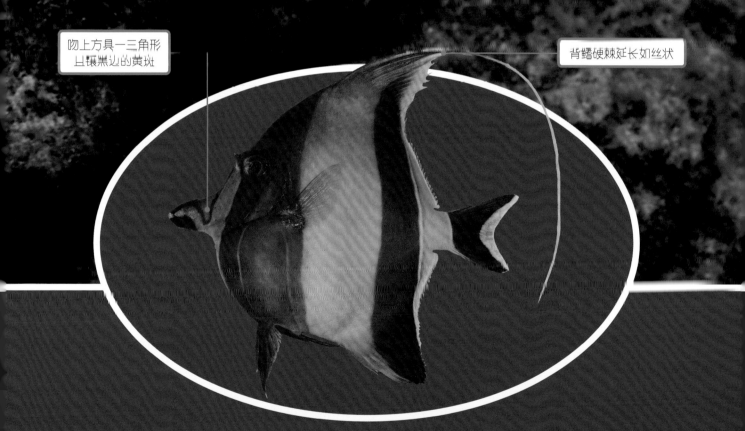

吻上方具一三角形且镶黑边的黄斑

背鳍硬棘延长如丝状

【形态特征】体极侧扁而高。口小，齿细长呈刷毛状，多为厚唇所盖住。吻突出。成鱼眼前具一短棘。**背鳍硬棘延长如丝状。**尾柄无棘。身体呈白色至黄色；头部在眼前缘至胸鳍基部后具极宽的黑横带区；体后端另具一黑横带区，区后具一细白横带；**吻上方具一三角形且镶黑边的黄斑；**吻背部黑色；眼上方具 2 条白纹；胸鳍基部下方具一环状白纹。腹鳍及尾鳍黑色，具白色缘。最大全长 23cm。

【分布范围】分布于印度洋—太平洋及东太平洋海域，自非洲东部至墨西哥，北至夏威夷群岛及日本南部，南至罗德豪维岛及拉帕岛。我国主要分布于东海和南海海域。

【生态习性】主要栖息于潟湖、礁台、清澈的珊瑚或岩礁区水域。分布水深为 3~182m。

九、鲽形目

Pleuronectiformes

322. 凹吻鲆

Bothus mancus (Broussonet, 1782)

【英文名】flowery flounder

【别　名】扁鱼、皇帝鱼、半边鱼、比目鱼、肉眯仔

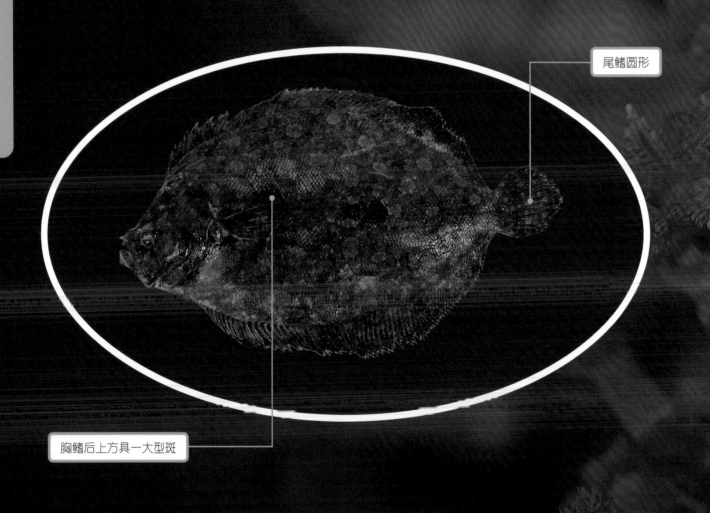

尾鳍圆形

胸鳍后上方具一大型斑

【形态特征】体卵圆形，两眼均在左侧，背缘呈弧形。口小或中大；上颌骨稍长，延伸至眼前缘后方；上下颌具 2 行或更多尖锐锥状齿；腭骨无齿。吻略长。眼小，雄鱼眼前缘平滑或具一小棘，眼间隔极宽且凹陷。胸鳍延长，特别是雄鱼；**尾鳍圆形**。眼侧被小栉鳞，盲侧被圆鳞；背鳍与臀鳍鳍条均被鳞；眼侧具侧线，盲侧无侧线。眼侧体棕色，具黑色或暗棕色斑点，**胸鳍后上方具一大型斑**；盲侧乳黄色，雄鱼具许多黑色小点。最大全长 27cm。

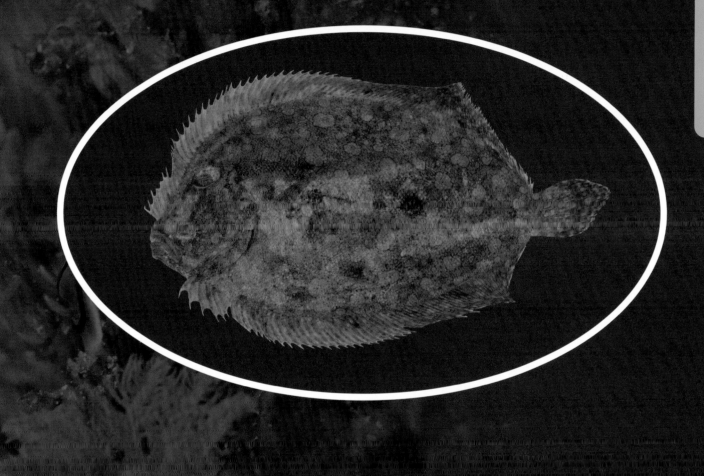

【分布范围】分布于印度洋—太平洋及红海等热带海域。我国主要分布于东海和南海海域。

【生态习性】主要栖息于珊瑚礁区的泥沙地或平贴在礁石水域。分布水深为 3~150m。

十、鲉形目

Scorpaeniformes

323. 窄眶缝鲬

Thysanophrys chiltonae Schultz, 1966

【英文名】longsnout flathead

【别　名】竹甲、狗祈仔、牛尾

背鳍连续

体侧具 5 条深褐色横带

【形态特征】体延长，平扁，向后渐细尖，纵剖面略呈圆柱状。头部呈纵扁，眶间隔稍宽。口大，上位，向后延伸未达眼睛前缘。吻平扁而短。眼大，眼后无凹陷，眼上方无附肢，间鳃盖骨具附肢，叶片状。颊部具单棱。前鳃盖骨上方具 3 个棘，上棘较长，下方无向前之倒棘。眼眶前具 1 个棘。眼眶上方具 1 个棘。侧线鳞具双开口。头部及身体灰黑色，具许多白色细斑；下半部白色；**背部具 5~7 个明显鞍状斑**；**眼下部具一明显横条纹**；背鳍具黑色及白色的斑点交错；臀鳍白色；腹鳍基部具一明显大黑斑，后端具数个不明显黑斑；尾鳍具白色及黑色斑点所形成交错条纹。最大全长 25cm。

【分布范围】分布于印度洋—西太平洋海域，西起红海及非洲东部，东至马克萨斯群岛，北至琉球群岛，南至澳大利亚北部。我国主要分布于东海和南海海域。

【生态习性】主要栖息于珊瑚礁的沙泥地或潟湖水域。分布水深为 1~100m。

眼下部具一明显横条纹

324. 花斑短鳍蓑鲉
***Dendrochirus zebra* (Cuvier, 1829)**

【英文名】zebra turkeyfish
【别　名】斑马纹多臂蓑鲉、狮子鱼、短狮、红虎、鸡公

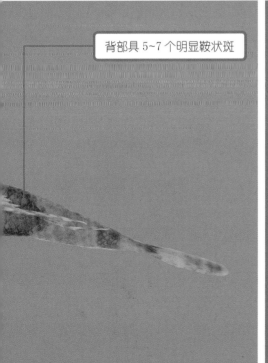

背部具 5~7 个明显鞍状斑

【形态特征】体延长，侧扁。头中大，棘棱平滑或稍具锯齿状。眼中大，上侧位，眼眶略突出于头背，眶上骨皮瓣长，口大，斜裂，下颌稍突出，下颌为锯齿状缘，不被细鳞。吻具 3 根短须；鼻瓣短圆。前鳃盖骨具 3 个棘；鳃盖骨 1 个棘。**背鳍连续**，中央棘的长度超过体高，硬棘部鳍膜凹入而近基底，硬棘部基底长于软条部基底；臀鳍基底稍短于背鳍软条部基底；胸鳍宽长，延伸至臀鳍基底后端，上部鳍条分支；腹鳍胸位；尾鳍圆形。体被栉鳞。体淡红色，**体侧具 5 条深褐色横带**，大的个体则另具窄的深褐色横带交互在前述横带间；颊部具深褐色斑块；背鳍硬棘具暗褐色斑列纵纹；背鳍软条部、臀鳍及尾鳍皆白色，而散布深褐色斑点。最大全长 32cm。

【分布范围】分布于印度洋—太平洋海域，西起红海、非洲东部，东至美属萨摩亚，北至日本南部，南至澳大利亚与罗德豪维岛。我国主要分布于东海和南海海域。

【生态习性】主要栖息于珊瑚、碎石或岩石底质的礁石水域。分布水深为 3~115m。

325. 触角蓑鲉

Pterois antennata (Bloch, 1787)

【英文名】broadbarred firefish

【别　名】狮子鱼、长狮、魔鬼、国公、石狗敢、虎鱼、鸡公、红虎、火烘、石头鱼

【形态特征】体延长，侧扁。头中大，棘棱具明显的锯齿状。口中大，斜裂，上下颌等长；下颌无锯齿状缘，亦未被细鳞；吻仅具 1 对短须；鼻瓣短。眼中大，上侧位；眼眶略突出于头背缘；眶上骨皮瓣小或缺如。眼眶下具 5 个眶下骨。眶前骨中部具 5 个辐射状感觉孔管。前鳃盖骨具 2~3 个棘；鳃盖骨具 1 个扁棘，棘前无棱；下鳃盖骨及间鳃盖骨无棘。额骨光滑，眶上棱高突，具微小眼前棘与眼后棘各 1 个；眼间额棱不明显，无棘。顶骨光滑，左右大致相连。前额骨高突，吻背后部横凹，眼间距凹入。背鳍长且大，硬棘与软条有鳍膜相连，硬棘部鳍膜凹入而近基底，硬棘部的基底长于软条部的基底；臀鳍长度较背鳍软条短，鳍条后方延伸至背鳍前半部；胸鳍宽长，无鳍条分离，长度超过尾鳍基部，上无鳍条分

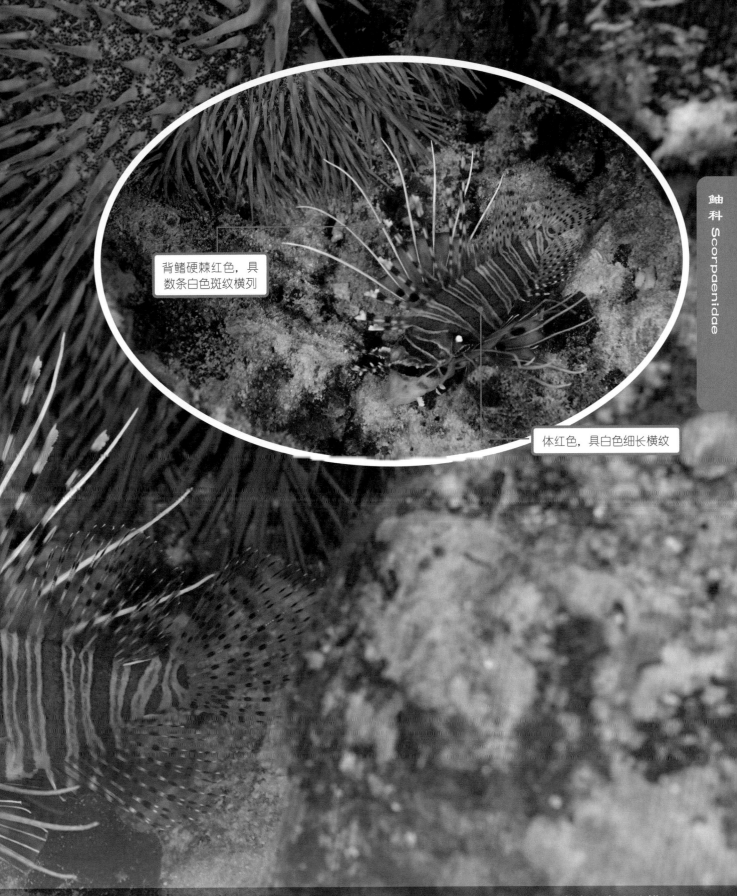

背鳍硬棘红色，具数条白色斑纹横列

体红色，具白色细长横纹

支；腹鳍延长且大，胸位；尾鳍圆形。**体红色，具白色细长横纹；背鳍硬棘红色，具数条白色斑纹横列；**胸鳍及腹鳍通常为淡红色或红褐色，具褐色或蓝色圆斑；背鳍软条部、臀鳍及尾鳍皆白色，软条散布棕色和白色斑点。最大全长 20cm。

【分布范围】分布于印度洋—太平洋海域，西起红海、非洲东部及南非，东至莱恩群岛及皮特凯恩群岛，北至日本南部，南至澳大利亚。我国主要分布于东海和南海海域。

【生态习性】主要栖息于珊瑚、碎石或岩石底质的礁石水域。分布水深为 2~86m。

326. 辐纹蓑鲉
Pterois radiata Cuvier, 1829

【英文名】radial firefish

【别　名】轴纹篓鲉、狮子鱼、长狮、魔鬼、国公、石狗敢、虎鱼、鸡公、红虎、火烘、石头鱼

体红色，具 5~6 条白色细长横纹，横纹接近鳍基部处分岔呈 "Y" 字形

背鳍红色，硬棘与末端白色

【形态特征】体延长，侧扁。头中大，棘棱具明显的锯齿状。口中大，斜裂，上下颌等长；下颌无锯齿状缘，不被细鳞；吻仅具 1 对短须；鼻瓣短。眼中大，上侧位；眼眶略突出于头背；眶上骨皮瓣小或缺如。眼眶下具 5 个眶下骨。眶前骨中部具 5 个辐射状感觉孔管。前鳃盖骨具 3 个棘；鳃盖骨具 1 个扁棘，棘前无棱；下鳃盖骨及间鳃盖骨无棘。额骨光滑，眶上棱高突，具微小眼前棘与眼后棘各 1 个；眼间额棱不明显，无棘。侧筛骨光滑，眼前棘不明显。眶上棱高突，眼上棘和眼后棘皆不明显。眼间具额棱 1 对，低平，后端具 1 个额棘；顶骨光滑，顶棱高，后端具 1 个顶棘。前额骨高突，吻背后部横凹，眼间距凹入。吻端具 1 对细尖皮须；前鼻孔后缘具 1 个短皮瓣；眶前骨下缘具 2 条细尖皮须；眼上棘具 1 条细尖皮须；前鳃盖骨后下缘具 2 条细尖皮须；上下颌、眼前棘、眼后棘、眶下棱、顶棘、眼球、鳃盖骨、颊部、体侧及鳍上无明显皮瓣。鳞片较大，弱栉鳞。头部、胸部及腹部鳞片细小；吻部、上下颌、眶前骨、眼间隔、头部腹面无鳞；颈部无鳞；眼后方、颊部、鳃盖大部分及间鳃盖骨上部具鳞片；胸鳍基部具鳞；背鳍、臀鳍、腹鳍及尾鳍无鳞。侧线上侧位，前端浅弧形，后端平直，末端延伸至尾鳍基部。背鳍长且大，硬棘与鳍条有鳍膜相连，硬棘部鳍膜凹入而近基底，硬棘部基底长于软条部基底；臀鳍长度较背鳍软条短，鳍条后方延伸至背鳍前半部；胸鳍宽长，下侧位，无鳍条分离，长度超过尾鳍基部；腹鳍延长且大，胸位；尾鳍圆形。**体红色，具 5~6 条白色细长横纹，横纹接近鳍基部处分岔呈 "Y" 字形**，尾柄处具 2 条白色细长纵纹；**背鳍红色，硬棘与末端白色**；胸鳍及腹鳍通常为红色或红褐色，鳍条白色；**背鳍软条部、臀鳍及尾鳍皆白色**，软条红色。最大全长 24cm。

【分布范围】分布于印度洋—太平洋海域，西起红海、非洲东部及南非，东至日本南部、莱恩群岛及马克萨斯群岛，南至澳大利亚。我国主要分布于东海和南海海域。

【生态习性】主要栖息于珊瑚、碎石或岩石底质的礁石水域。分布水深为 1~30m。

327. 魔鬼蓑鲉

Pterois volitans (Linnaeus, 1758)

【英文名】red lionfish

【别　名】狮子鱼、长狮、魔鬼、国公、石狗敢、虎鱼、鸡公、红虎、炇烘、石头鱼

头侧具 10~11 条横纹，眼下方具棕色辐射状条纹

体侧具 25 条深和浅棕色横纹交替分布

【形态特征】体延长，侧扁。头中大，棘棱具明显的锯齿状。眼较小，上侧位；眼眶略突出于头背。口中大，端位，斜裂，上下颌等长。鼻棘 1 个，小而尖，向后上，位于前鼻孔内侧；眼眶下具 5 个眶下骨。吻端具 1 对小须；前鼻孔后缘具 1 个短小皮瓣；眶前骨下缘具 2 个皮瓣，前者尖长，后者宽大，眼上棘具 1 个尖长黑色皮瓣；前鳃盖骨边缘具 3 条羽状皮须；上下颌、眼前棘、眼后棘、眶下棱、顶棘、颈棘、眼球、鳃盖骨、颊部、体侧及鳍上无明显皮瓣。背鳍长且大，起始于鳃孔上角上方，硬棘与软条有鳍膜相连，硬棘部鳍膜凹入而近基底，硬棘部基底长于软条部基底，第 6~8 硬棘最长，最后 2 硬棘最短；臀鳍起始于背鳍第 1 或第 2 软条下方，鳍长度较背鳍软条短，鳍条后方延伸至背鳍前半部；胸鳍宽长，下侧位，无鳍条分离，长度超过尾鳍基部，鳍条皆不分支；腹鳍延长且大，胸位；尾鳍圆形。鳞颇小，圆鳞。头部、胸部鳞片细小；吻前部、上下颌、眶前骨、眼间隔、颈部、头部腹面无鳞；顶枕部鳞片微小；胸鳍、腹鳍附近鳞片细小；背鳍、臀鳍、腹鳍无鳞。侧线上侧位，前端斜弧形，后端平直，末端延伸至尾鳍基部。体红色，**头侧具 10~11 条横纹，眼下方具棕色辐射状条纹，体侧具 25 条深和浅棕色横纹交替分布**；背鳍、胸鳍及腹鳍红色，具棕色斑纹横列；背鳍软条部、臀鳍及尾鳍皆白色，鳍条散布黑棕色斑点。最大全长 45.7cm。

【分布范围】分布于印度洋—太平洋海域，西起于东印度洋的科科斯群岛与西澳大利亚，东至马克萨斯群岛与奥埃诺岛（皮特凯恩岛群），北至日本南部与韩国南部，南至罗德豪维岛、新西兰北部与奥斯垂群岛。我国主要分布于东海和南海海域。

【生态习性】主要栖息于珊瑚、碎石或岩石底质的礁石水域。分布水深为 2~55m。

328. 须拟鲉

Scorpaenopsis cirrosa (Thunberg, 1793)

【英文名】weedy stingfish

【别　名】鬼石狗公、石狮子、虎鱼、石崇、石狗公、沙姜虎、石降、过沟仔、臭头格仔

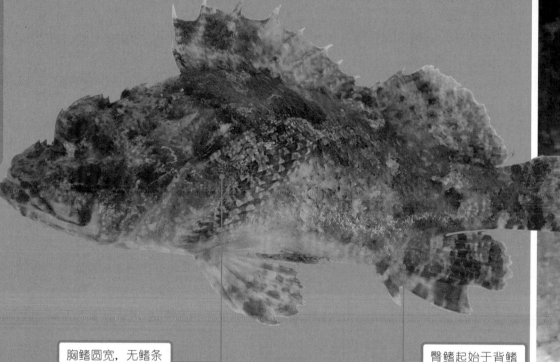

胸鳍圆宽，无鳍条分离，延伸至肛门

臀鳍起始于背鳍软条部起点下方

【形态特征】体延长，略侧扁。头中大，棘棱具明显的锯齿状，上侧位。口中大，上端位，上下颌等长。上下颌具细齿，腭骨无齿。鼻棘1个，尖锐，位于前鼻孔内侧。眶下具第1、第2、第4眶下骨，无第3、第5眶下骨；第1眶下骨宽短，具1个棱棘；第2眶下骨向后圆宽，具2个棱棘；第4眶下骨短小，与其余眶下骨游离。前鳃盖骨具5个棘；鳃盖骨具2个叉状棱，后端各具1个棘；下鳃盖骨及间鳃盖骨无棘。顶骨光滑，无顶棱，前后各具顶棘及颈棘1个。前鼻孔后缘具1个短小羽状皮瓣。上颌骨具1个宽大皮瓣及一些小皮瓣。下颌骨具2~4大小不等的羽状皮瓣。除了眼前棘、眼后棘、鼓棘、顶棘、颈棘及吻部之外，其余头部各棘、体侧及各鳍基部皆具明显皮瓣。鳞中大，栉鳞。吻部、上下颌、颊部、眼间隔、眼后头背无鳞。侧线上侧位，斜直，末端延伸至尾鳍基部。背鳍起始于鳃盖骨上棘前上方，硬棘与软条有鳍膜相连，硬棘部基底长于软条部基底，**臀鳍起始于背鳍软条部起点下方**，鳍长度较背鳍软条部短，鳍条延伸稍超过背鳍基部；**胸鳍圆宽，无鳍条分离，延伸至肛门**；腹鳍下侧位；尾鳍圆形。体色褐色或褐红色，腹侧颜色较淡，体侧与各鳍散布黑色斑点。最大全长30cm。

【分布范围】分布于西北太平洋海域。我国主要分布于东海和南海海域。

【生态习性】主要栖息于浅海珊瑚、碎石或岩石底质的礁石水域。分布水深为3~91m。

329. 大手拟鲉

Scorpaenopsis macrochir Ogilby, 1910

【英文名】flasher scorpionfish

【别　名】斑鳍石狗公

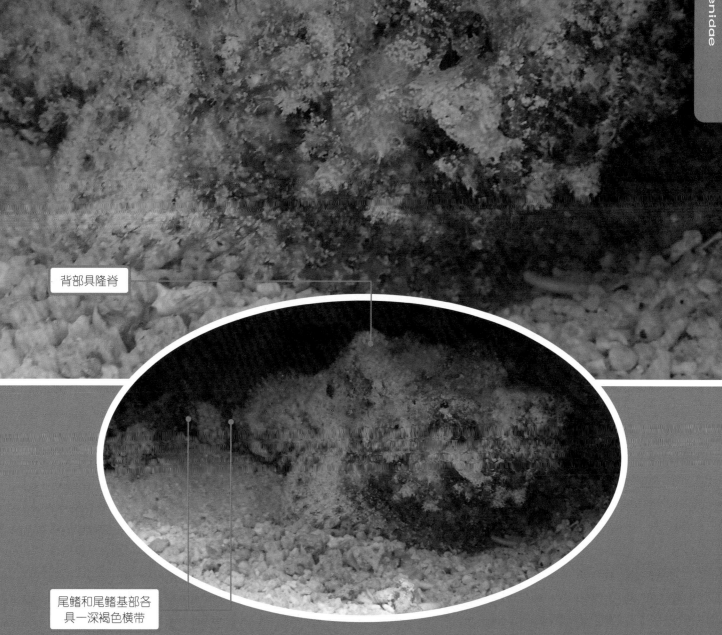

背部具隆脊

尾鳍和尾鳍基部各
具一深褐色横带

【形态特征】体延长，略侧扁。吻相对较短。眼睛比较大。背部驼峰不太明显，胸鳍内表面亚边缘黑带完整。体色随环境高度多变，**尾鳍和尾鳍基部各具一深褐色横带；背部具隆脊**。最大全长 13.6cm。

【分布范围】分布于太平洋海域，澳大利亚西北部至社会群岛，北至琉球群岛，南至密克罗尼西亚、加罗林群岛。我国主要分布于东海和南海海域。

【生态习性】主要栖息于沿岸礁坡的碎石地水域。分布水深为 1~80m。

330. 魔拟鲉

Scorpaenopsis neglecta Heckel, 1837

【英文名】yellowfin scorpionfish

【别　名】斑鳍石狗公、石狮子、虎鱼、石崇、石狗公、沙姜虎、石降、过沟仔、臭头格仔、石头鱼、硓砧鱼

接近胸鳍基部处散布小黑斑点

臀鳍起始于背鳍软条部起点下，具硬棘

【形态特征】体中长，略侧扁，前背部明显隆起。头中大，棘棱具明显的锯齿状。眼颇小，上侧位。眼间距宽。口中大，上端位，斜裂且角度极度倾斜，与水平呈 40°~50°，下颌长于上颌。鼻棘由 6~11 个棘所取代。眶下脊呈锯齿状。眶下脊具 4 个棘，角度向腹侧位，上鳃盖棘双分岔。翼耳骨棘与后颞骨棘呈锯齿状。枕骨凹陷深，前缘具一弯曲低矮的脊。眼眶下前端具一倒三角形凹陷。眼间隔无纵列皮瓣，眼上棘具触角但不明显。鳞片小，栉鳞。侧线上侧位，斜直，后半部平直，末端延伸至尾鳍基部。背鳍低矮，起始于上鳃盖棘上方，硬棘与鳍条有鳍膜相连，硬棘部基底长于软条部基底，通常第 3~4 棘最长，具硬棘；**臀鳍起始于背鳍软条部起点下，具硬棘**；胸鳍圆宽，无鳍条分离；腹鳍胸位，延伸至肛门，具硬棘；体色多变，不易辨别，胸鳍内侧斑纹可作为辨认本种的特征：鳍膜上无 1 列黑色斑点，但**接近胸鳍基部处散布小黑斑点**。最大全长 24cm。

【分布范围】分布于印度洋—太平洋海域，北起日本南部至澳大利亚西岸，印度也有分布。我国主要分布于东海和南海海域。

【生态习性】主要栖息于泥沙底或礁台之外的外环礁区。分布水深最深为 40m。

331. 玫瑰毒鲉

Synanceia verrucosa **Bloch & Schneider, 1801**

【英文名】stonefish
【别　名】肿瘤毒鲆、虎鱼、石头鱼、拗猪头、合笑、沙姜鲚仔、石头鱼

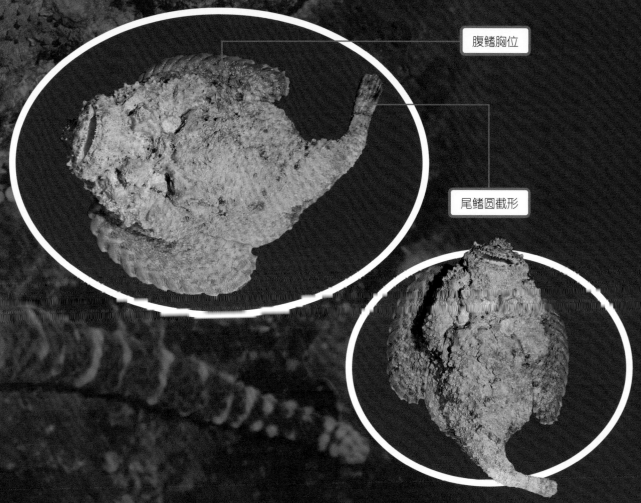

腹鳍胸位

尾鳍圆截形

【形态特征】体中长，体宽大于体高，尾部向后狭小。头宽大，扁平。口中大，上位，口裂垂直，下颌上包覆上颌前方。上下颌具细齿，锄骨及腭骨无齿。眼小，上位，眼球稍突出头背部；无鼻棘。眶下棱中部具一较大骨突。第2眶下骨宽大，向后延伸至前鳃盖骨前缘。前鳃盖骨具3个棘，隐没于皮肤下方。鳃盖骨具2个叉向棱，后端各具1个棘，隐没于皮肤下方；下鳃盖骨及间鳃盖骨无棘。侧筛骨光滑，具1个大眼前棘。额骨光滑，眶上棱高突，眼上无骨嵴，具眼上棘及眼后棘各1个。眼间隔无明显额棱，无额棘，眼间隔后方具一横棱。顶骨光滑，顶棱外斜，具顶棘。眼前下方具"U"形凹窝，眼后方各具一深窝，左右顶棱间微凹。口缘具穗状皮瓣；前鼻孔具管状皮突；吻部、头部腹侧、颊部与鳃盖散布肉瘤与皮瓣；眼上方具小皮突，下方皮突粗大；体及鳍上散布肉瘤与皮瓣。体无鳞，皮厚。侧线不明显。背鳍起始于鳃盖骨上棘前方上，硬棘与鳍条有鳍膜相连，硬棘部基底长于软条部基底，硬棘大多被皮膜覆盖，尖端露出；臀鳍起始于背鳍软条部前下方，鳍长度较背鳍软条短；胸鳍宽大，下侧位，无鳍条分离，未达臀鳍第一硬棘；**腹鳍胸位；尾鳍圆截形**。体色多变，通常与周围环境颜色相似。最大全长45.92cm。

【分布范围】分布于印度洋—太平洋海域，由红海及非洲东部至法属波利尼西亚，北至琉球群岛，南至澳大利亚。我国主要分布于东海和南海海域。

【生态习性】主要栖息于底层潮间带水域。分布水深为3~40m。

十一、鲀形目

Tetraodontiformes

332．波纹钩鳞鲀
Balistapus undulatus (Park, 1797)

【英文名】orange-lined triggerfish
【别　名】黄带炮弹、钩板机鲀、剥皮竹、包仔、狄婆

尾柄短，宽高约略等长，每边各具 6 个极强大前倾棘

体侧呈波浪纹

【形态特征】体稍延长，呈长椭圆形，**尾柄短，宽高约略等长，每边各具 6 个极强大前倾棘**，成 2 列排列。口端位，上下颌齿为具缺刻的楔形齿，白色。眼中大，侧位而高，眼前无深沟。背鳍 2 个，基底相接近，第一背鳍位于鳃孔上方，明显超出棘基部深沟甚多；背鳍及臀鳍软条弧形；腹鳍棘短，扁形，上具粒状突起；胸鳍短圆形；尾鳍圆形。除口缘唇部无鳞外，全被大型骨质鳞片。体深绿色或深褐色，具许多斜向后下方的橘黄线，幼鱼及雌鱼吻部及体侧均有，但雄鱼吻部的弧线消失，**体侧呈波浪纹**。第一背鳍深绿色或深褐色；其他各鳍为橘色；尾柄具一大圆黑斑。最大全长 30cm。

【分布范围】分布于印度洋—太平洋海域，西起红海、非洲东岸，东至土阿莫土群岛、马克萨斯群岛及莱恩群岛，北至日本南部，南至大堡礁及新喀里多尼亚。我国主要分布于东海和南海海域。

【生态习性】主要栖息于珊瑚繁生的较深潟湖区及面海礁区水域。分布水深为 2~50m。

333. 褐拟鳞鲀

Balistoides viridescens (Bloch & Schneider, 1801)

【英文名】titan triggerfish
【别　名】黄褐炮弹、剥皮鱼、褐拟板机鲀、剥皮竹、包仔、黄边炮弹、坦克炮弹

第二背鳍、臀鳍与尾鳍黄褐色，鳍缘具一深绿色宽带

尾柄鳞片具小棘列

【形态特征】体稍延长，呈长椭圆形，尾柄短。口端位，齿白色，具缺刻。眼前具一深沟。除口缘唇部无鳞外，全被骨质鳞片；颊部几全被鳞，除口角后具一无鳞的水平皱褶；鳃裂后具大型骨质鳞片；**尾柄鳞片具小棘列**，向前延伸不越过背鳍软条后半部。背鳍2个，基底相接近，第一背鳍位于鳃孔上方，突出甚多；背鳍及臀鳍软条截平；尾鳍圆形。成鱼体蓝褐色，每一鳞片具一深蓝色斑点；有一深绿色带自眶间隔连接两眼，并向下延伸经鳃裂至胸鳍基部；颊部黄褐色；上唇与口角深绿色；背鳍棘膜具深绿色条纹与斑点；**第二背鳍、臀鳍与尾鳍黄褐色，鳍缘具一深绿色宽带**；胸鳍黄褐色。最大全长75cm。

【分布范围】分布于印度洋—太平洋海域，西起非洲东岸，东至土阿莫土群岛，北至日本南部，南至大堡礁及新喀里多尼亚。我国主要分布于东海和南海海域。

【生态习性】主要栖息于珊瑚繁生的潟湖区及面海礁区水域。分布水深为1~50m。

334. 黑边角鳞鲀

Melichthys vidua **(Richardson, 1845)**

【英文名】pinktail triggerfish

【别　名】粉红尾炮弹、角板机鲀、剥皮竹、包仔、红尾炮弹

背鳍与臀鳍软条
部白色，具黑边

尾柄鳞片无小棘列

【形态特征】体稍延长，呈长椭圆形，尾柄短。口端位，齿白色，无缺刻，至少最前齿为门牙状。眼前具一深沟。除口缘唇部无鳞外，全被骨质鳞片；颊部亦全被鳞；鳃裂后具大型骨质鳞片；**尾柄鳞片无小棘列**。背鳍2个，基底相接近，第一背鳍位于鳃孔上方；背鳍及臀鳍软条截平，前端较后端高，向后渐减；尾鳍截平。体深褐色或黑色；**背鳍与臀鳍软条部白色，具黑边**；尾鳍基部白色，后半部粉红色；胸鳍黄色。最大全长40cm。

【分布范围】分布于印度洋—太平洋海域，西起红海、非洲东岸，东至土阿莫土群岛及马克萨斯群岛，北至日本南部，南至大堡礁及新喀里多尼亚。我国主要分布于东海和南海海域。

【生态习性】主要栖息于面海礁区水域。分布水深为4~60m。

335. 红牙鳞鲀

Odonus niger (Rüppell, 1836)

【英文名】red-toothed triggerfish

【别　名】魔鬼炮弹、红牙板机鲀、剥皮竹、包仔

口稍上位，齿红色

尾鳍弯月形，上下叶延长为丝状

尾柄鳞片具小棘列

【形态特征】体稍延长，呈长椭圆形，尾柄短。**口稍上位，齿红色**，上颌具 1 对极长的犬齿。眼前具一深沟。背鳍 2 个，基底相接近，第一背鳍位于鳃孔上方；背鳍及臀鳍软条前端较长，向后渐短；**尾鳍弯月形，上下叶延长为丝状**。除口缘唇部无鳞外，全被骨质鳞片；颊部亦全被鳞；鳃裂后具大型骨质鳞片；**尾柄鳞片具小棘列**。体色一致为蓝黑色；头部颜色较浅，带少许绿色；吻缘蓝色，有蓝纹自吻部延伸至眼部。最大全长 50cm。

【分布范围】分布于印度洋—太平洋海域，西起红海、非洲东岸，东至社会群岛及马克萨斯群岛，北至日本南部，南至大堡礁及新喀里多尼亚。我国主要分布于东海和南海海域。

【生态习性】主要栖息于受洋流冲刷的面海礁区水域。分布水深为 5~40m。

336. 黑副鳞鲀

Pseudobalistes fuscus (Bloch & Schneider, 1801)

【英文名】yellow-spotted triggerfish
【别　名】黄点炮弹、黑副板机鲀、严鲀、包仔、狄婆

各鳍深褐色，具黄边

尾鳍新月形，
上下叶或延长

【形态特征】体稍延长，呈长椭圆形，尾柄短。口端位，齿白色，齿上缘皆具缺刻。眼前鼻孔下具一楔形深沟。背鳍2个，基底相接近，第一背鳍位于鳃孔上方，背鳍及臀鳍软条部为圆形，前部较后部高，向后递减；**尾鳍新月形，上下叶或延长。**吻前半部无鳞片，后半部覆有比体鳞小的鳞片；颊部具数条水平的浅沟；鳃裂后具大型骨质鳞片；尾柄无小棘列。体色一致为深褐色；鳞片上具暗黄斑。**各鳍深褐色，具黄边。**最大全长55cm。

【分布范围】分布于印度洋—太平洋海域，西起红海、非洲东岸，东至社会群岛，北至日本南部，南至大堡礁及新喀里多尼亚。我国主要分布于东海和南海海域。

【生态习性】主要栖息于干净的浅潟湖区及面海礁区水域。分布水深为30~50m。

337. 叉斑锉鳞鲀

Rhinecanthus aculeatus (Linnaeus, 1758)

【英文名】white-banded triggerfish
【别　名】黑纹炮弹、尖板机鲀、包仔、狄婆

尾柄具 3 列小棘

黑斑延伸至臀鳍基具数条窄黑带，彼此以白色带相隔

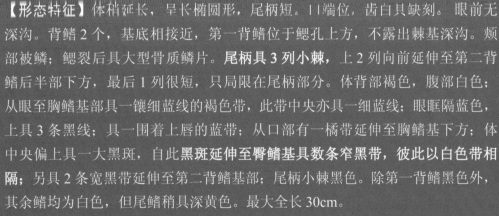

【形态特征】体稍延长，呈长椭圆形，尾柄短。口端位，齿白具缺刻。眼前无深沟。背鳍 2 个，基底相接近，第一背鳍位于鳃孔上方，不露出棘基深沟。颊部被鳞；鳃裂后具大型骨质鳞片。**尾柄具 3 列小棘**，上 2 列向前延伸至第二背鳍后半部下方，最后 1 列很短，只局限在尾柄部分。体背部褐色，腹部白色；从眼至胸鳍基部具一镶细蓝线的褐色带，此带中央亦具一细蓝线；眼眶隔蓝色，上具 3 条黑线；具一围着上唇的蓝带；从口部有一橘带延伸至胸鳍基下方；体中央偏上具一大黑斑，**自此黑斑延伸至臀鳍基具数条窄黑带，彼此以白色带相隔**；另具 2 条宽黑带延伸至第二背鳍基部；尾柄小棘黑色。除第一背鳍黑色外，其余鳍均为白色，但尾鳍稍具深黄色。最大全长 30cm。
【分布范围】分布于印度洋—太平洋海域，西起红海、非洲东岸，东至土阿莫土群岛及马克萨斯群岛，北至日本南部，南至罗德豪维岛。我国主要分布于东海和南海海域。
【生态习性】主要栖息于浅的潟湖区及亚潮带礁区水域。分布水深为 0~50m。

338. 黑带锉鳞鲀

Rhinecanthus rectangulus (Bloch & Schneider, 1801)

【英文名】wedge-tail triggerfish

【别 名】斜带板机鲀、楔尾炮弹、剥皮竹、包仔、狄婆

尾柄具 4~5 列小棘

具一黑带从眼睛越过鳃裂至胸鳍基部，再向后偏折变宽至肛门及臀鳍基部的前半部

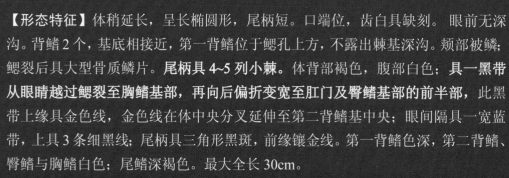

尾鳍深棕色，后缘具一宽白带

【形态特征】体稍延长，呈长椭圆形，尾柄短。口端位，齿白具缺刻。眼前无深沟。背鳍 2 个，基底相接近，第一背鳍位于鳃孔上方，不露出棘基深沟。颊部被鳞；鳃裂后具大型骨质鳞片。**尾柄具 4~5 列小棘**。体背部褐色，腹部白色；**具一黑带从眼睛越过鳃裂至胸鳍基部，再向后偏折变宽至肛门及臀鳍基部的前半部**，此黑带上缘具金色线，金色线在体中央分叉延伸至第二背鳍基中央；眼间隔具一宽蓝带，上具 3 条细黑线；尾柄具三角形黑斑，前缘镶金线。第一背鳍色深，第二背鳍、臀鳍与胸鳍白色；尾鳍深褐色。最大全长 30cm。

【分布范围】分布于印度洋—太平洋海域，西起红海、非洲东岸，东至马克萨斯群岛，北至日本南部，南至罗德豪维岛。我国主要分布于东海和南海海域。

【生态习性】主要栖息于浅礁区水域。分布水深为 10~20m。

339. 黄鳍多棘鳞鲀

Sufflamen chrysopterum (Bloch & Schneider, 1801)

【英文名】halfmoon triggerfish
【别　名】咖啡炮弹、金鳍鼓气板机鲀、剥皮竹、包仔、达仔

颊部具一短白线

【形态特征】体稍延长，呈长椭圆形，尾柄短。口端位，齿白具缺刻。眼前具一深沟。背鳍2个，基底相接近，第一背鳍位于鳃孔上方；背鳍及臀鳍软条截平；尾鳍弧形。颊部被鳞，鳃裂后具大型骨质鳞片。尾柄鳞片具小棘列，且向前延伸至身体中央，第一背鳍下方。体褐色；喉与腹部浅蓝色，颊部具一短白线。第一背鳍褐色；第二背鳍、臀鳍与胸鳍淡红色而透明；尾鳍深棕色，后缘具一宽白带。最大全长30cm。

【分布范围】分布于印度洋—西太平洋海域，西起非洲东岸，东至萨摩亚，北至日本南部，南至罗德豪维岛。我国主要分布于东海和南海海域。

【生态习性】主要栖息于浅潟湖区及面海礁区水域。分布水深为1~30m。

340. 缰纹多棘鳞鲀

Sufflamen fraenatum (Latreille, 1804)

【英文名】masked triggerfish
【别　名】假面炮弹、黄纹板机鲀、剥皮竹、包仔、狄婆

雄鱼在口角处具一白带
向后延伸至胸鳍基前方

【形态特征】体稍延长，呈长椭圆形，尾柄短。口端位，齿白具缺刻。眼前具一深沟。颊部被鳞；鳃裂后具大型骨质鳞片。尾柄鳞片具小棘列，且向前延伸至身体中央，第一背鳍下方。背鳍2个，基底相接近，第一背鳍位于鳃孔上方，第1棘粗大，第2棘则细长，第3棘明显；背鳍及臀鳍软条截平；尾鳍弧形。体深褐色；**雄鱼在口角处具白带向后延伸至胸鳍基前方**，雌鱼无此色带；除胸鳍褐色外，余鳍皆为深褐色。最大全长38cm。

【分布范围】分布于印度洋—太平洋海域，西起非洲东岸，东至土阿莫土群岛及马克萨斯群岛，北至日本南部，南至罗德豪维岛。我国主要分布于东海和南海海域。

【生态习性】主要栖息于沙岩混合的面海礁区。分布水深为8~186m。

341. 金边黄鳞鲀

Xanthichthys auromarginatus (Bennett, 1832)

【英文名】gilded triggerfish

【别　名】金边炮弹、黄板机鲀、剥皮竹

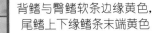

背鳍与臀鳍软条边缘黄色，尾鳍上下缘鳍条末端黄色

【形态特征】体稍延长，呈长椭圆形，尾柄短。口稍上位，下颌稍突出；齿上缘皆具缺刻。眼前鼻孔下具一楔形深沟；颊部具5条浅沟，不明显，沟内亦无色素。背鳍2个，基底相接近，第一背鳍位于鳃孔上方，不伸出棘沟；尾鳍截平或弯月形，上下鳍条稍延长。鳃裂后无大型骨质鳞片；胸鳍后每一鳞片中央皆具一水平隆脊。体色深灰褐色且带蓝色，颊部深蓝色。各鳍褐色，**背鳍与臀鳍软条边缘黄色，尾鳍上下缘鳍条末端黄色**。最大全长30cm。

【分布范围】分布于印度洋—西太平洋海域，西起非洲东岸，东至夏威夷群岛，北至日本南部，南至新喀里多尼亚。我国主要分布于东海和南海海域。

【生态习性】主要栖息于受洋流冲刷的面海礁区斜坡水域。分布水深为8~150m。

342. 黑带黄鳞鲀

Xanthichthys caerleolineatus **Randall, Matsuura & Zama, 1978**

【英文名】outrigger triggerfish
【别　名】黑带炮弹、黑带板机鲀、剥皮竹

鳞鲀科 Balistidae

体背侧黄褐色，腹侧银白色，二者之间具一上淡蓝色下淡褐色之纵带区隔

【形态特征】体稍延长，呈长椭圆形，尾柄短。口稍上位，下颌稍突出；齿上缘皆具缺刻。眼前鼻孔下具一楔形深沟；颊部具 6 条浅沟，不明显，沟内亦无色素。背鳍 2 个，基底相接近，第一背鳍位于鳃孔上方，不伸出棘沟；尾鳍截平或弯月形，上下鳍条稍延长。鳃裂后无大型骨质鳞片；胸鳍后每一鳞片中央皆具一水平隆脊。**体背侧黄褐色，腹侧银白色，二者之间具一上淡蓝色下淡褐色之纵带区隔**；颊部灰褐色至黄褐色。背鳍鳍膜黑色；尾鳍橘红色，上下缘鳍条色深，末缘白色；余鳍白色。最大全长 35cm。

【分布范围】分布于印度洋—西太平洋海域，西起西印度洋，东至土阿莫土群岛，北至日本南部。我国主要分布于东海和南海海域。

【生态习性】主要栖息于深的面海礁石区水域。分布水深为 15~200m。

343. 网纹短刺鲀

***Chilomycterus reticulatus* (Linnaeus, 1758)**

【英文名】spotfin burrfish

【别　名】刺规、气瓜仔、番刺规

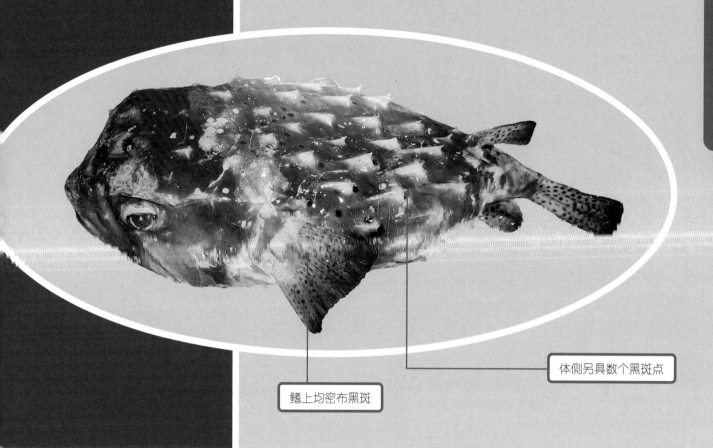

体侧另具数个黑斑点

鳍上均密布黑斑

【形态特征】体短圆筒形，头和体前部宽圆。尾柄锥状，后部侧扁。口中大，前位；上下颌各具 1 个喙状大齿板，无中央缝。吻宽短，背缘微凹。眼中大。无鼻孔，鼻瓣呈盘状，位于眼前上方。背鳍 1 个，位于体后部，肛门上方；臀鳍与其同形；胸鳍宽短，上侧鳍条较长；尾鳍圆形。体上棘甚坚硬，平伏于体表，稍露出皮外；吻部、眼上缘、头顶及颊部光滑无棘；尾柄背部具 1 个或 2 个棘。体背侧灰褐色，腹面白色；头部眼下方及鳃孔前方各具一黑褐色横带，**体侧另具数个黑斑点。** 各鳍灰褐色，**鳍上均密布黑斑。** 最大全长 30cm。

【分布范围】分布于全世界各热带海域，但呈区块分布。我国主要分布于东海和南海海域。

【生态习性】主要栖息于热带海洋性底层水域。分布水深为 20~100m。

344. 密斑刺鲀

Diodon hystrix Linnaeus, 1758

【英文名】spot-fin porcupinefish
【别　名】刺规、气珧仔、来麻规、番刺规

尾柄亦具小棘

背部及侧面具许多深黑色卵圆形斑点

【形态特征】体短圆筒形，头和体前部宽圆。尾柄锥状，后部侧扁。吻宽短，背缘微凹。口中大，前位；上下颌各具 1 个喙状大齿板，无中央缝。眼中大。鼻孔每侧 2 个，鼻瓣呈卵圆状突起。背鳍 1 个，位于体后部，肛门上方；臀鳍与其同形；胸鳍宽短，上侧鳍条较长；尾鳍圆形。头及体上棘甚坚硬而长；**尾柄亦具小棘**；眼下缘下方无指向腹面的小棘。体背侧灰褐色，腹面白色，**背部及侧面具许多深黑色卵圆形斑点**，体腹面在眼下方具一褐色弧带；背鳍、胸鳍、臀鳍及尾鳍皆具圆形黑斑。最大全长 91cm。

【分布范围】分布于全世界各热带海域。我国主要分布于黄海、东海和南海海域。

【生态习性】主要栖息于浅海内湾、潟湖及面海的礁区水域。分布水深为 2~50m。

345. 大斑刺鲀

Diodon liturosus Shaw, 1804

【英文名】black-blotched porcupinefish
【别　名】刺规、气瓜仔

尾柄无小棘

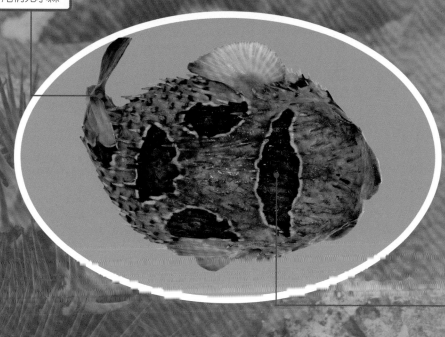

背部及侧面具一些带白色缘的深褐色斑块

【形态特征】体短圆筒形，头和体前部宽圆。尾柄锥状，后部侧扁。吻宽短，背缘微凹。口中大，前位；上下颌各具1个喙状大齿板，无中央缝。眼中大。背鳍1个，位于体后部，肛门上方；臀鳍与其同形；胸鳍宽短，上侧鳍条较长；尾鳍圆形。鼻孔每侧2个，鼻瓣呈卵圆状突起。头及体上棘甚坚硬而长；**尾柄无小棘**；眼下缘下方具一指向腹面的小棘。体背侧灰褐色，腹面白色，**背部及侧面具一些带白色缘的深褐色斑块**，另有一些黑色小斑点分布；眼下方具喉斑；背鳍、胸鳍、臀鳍及尾鳍淡黄色，无任何圆形小黑斑。最大全长65cm。

【分布范围】分布于印度洋—太平洋海域，西起非洲东岸，东至社会群岛，北至日本南部，南至澳大利亚。我国主要分布于东海和南海海域。

【生态习性】主要栖息于浅海礁石周缘或陡坡水域。分布水深为1~90m。

346. 拟态革鲀

Aluterus scriptus (Osbeck, 1765)

【英文名】scribbled leatherjacket filefish

【别　名】海扫手、乌达婆、扫帚鱼、剥皮鱼、粗皮狄、扫帚竹、达仔

体浅褐色；具许多小黑点与短水平纹

尾鳍长圆形，随成长而变长

【形态特征】体长椭圆形，侧扁而高；尾柄中长，上下缘明显双凹形。口端位，唇薄；上下颌齿楔形。吻上缘稍凹，下缘极凹。鳃孔在眼前半部下方或眼前缘下方，鳃孔几乎全落于体中线下方。背鳍2个，基底分离甚远，第一背鳍位于鳃孔上方，背鳍第1棘位于眼中央或眼前半部上方，棘弱而细长且易断，棘前缘具1列小突起，棘下方体背棘沟浅，棘膜极小；臀鳍前部皆长于后部，鳍缘截平，臀鳍基稍长于背鳍基；腹鳍膜不明显；**尾鳍长圆形，随成长而变长**。体表不甚粗糙，被小鳞，具许多小棘散布直立于整个鳞片上。**体浅褐色；具许多小黑点与短水平纹**；尾鳍色深；余鳍白色。最大全长110cm。

【分布范围】分布于世界各温带及热带海域。我国主要分布于东海和南海海域。

【生态习性】主要栖息于潟湖及面海的礁区水域。分布水深为3~120m。

347. 棘尾前孔鲀

Cantherhines dumerilii (Hollard, 1854)

【英文名】whitespotted filefish

【别　名】剥皮鱼、粗皮狄、达仔、剥皮竹

第一背鳍位于鳃孔上方

尾柄无刚毛，但每侧具 4 个由鳞片小棘特化的倒钩

【形态特征】体椭圆形，侧扁而高；尾柄短。口端位；唇厚。吻长，头高。背鳍 2 个，基底分离甚远，**第一背鳍位于鳃孔上方**，背鳍第 1 棘位于眼前半部上方，棘侧各具 1 列小棘，棘后缘具 2 列小棘，背鳍棘强壮且长，棘基后方体背沟深；腹鳍膜中等；尾鳍短而圆。鳃孔位于眼后半部或眼后缘下方，约在体中线上方。胸鳍基在体中线下方。被小鳞，鳞片的基板上具粗短低矮的小棘。**尾柄无刚毛，但每侧具 4 个由鳞片小棘特化的倒钩**。体褐色；体中央至尾柄有约十几条不明显的垂直带；唇与尾柄倒钩为白色。尾鳍深褐色，具黄缘；余鳍淡黄色。最大全长 38cm。

【分布范围】分布于印度洋—太平洋海域，西起红海、非洲东岸，东至社会群岛及土阿莫土群岛，北至日本南部，南至大堡礁。我国主要分布于东海和南海海域。

【生态习性】主要栖息于外海的珊瑚礁区水域。分布水深为 6~70m。

348. 纵带前孔鲀

Cantherhines fronticinctus (Günther, 1867)

【英文名】spectacled filefish
【别　名】剥皮鱼、剥皮竹

眼间隔具 2 条褐色横带　　尾柄无倒棘

【形态特征】体椭圆形，侧扁而高；尾柄短。口端位；唇厚。吻长，头高。鳃孔位于眼后半部或眼后缘下方，约在体中线上方；长度约等长于眼径长。背鳍 2 个，基底分离甚远，第一背鳍位于鳃孔上方，背鳍第 1 棘位于眼前半部上方，棘侧具细粒状突起；腹鳍膜中等；尾鳍长而圆。胸鳍基在体中线下方。鳞片细小，鳞片的基板上具粗短且不规则的小棘。**尾柄无倒棘**，但雄鱼尾柄具细刚毛。体灰褐色至黄褐色，散布一些黑色斑块，略排成纵行；**眼间隔具 2 条褐色横带**。尾鳍深褐色，具黑缘；余鳍色淡。最大全长 25cm。

【分布范围】分布于印度洋—西太平洋海域，西起非洲东岸，东至马绍尔群岛，北至日本南部，南至澳大利亚西北部。我国主要分布于渤海和南海海域。

【生态习性】主要栖息于面海的礁区水域。分布水深为 1~43m。

349. 细斑前孔鲀
Cantherhines pardalis (Rüppell, 1837)

【英文名】honeycomb filefish
【别　名】剥皮鱼、剥皮竹、狄婆

单角鲀科 Monacanthidae

尾柄鳞片小棘延长成丝状，使尾柄布满细刚毛

体灰褐色，布满紧密而外围为白纹的规则斑点，似网状纹

【形态特征】体椭圆形，侧扁而高；尾柄短。口端位；吻上缘线稍凹。吻长，头高。鳃孔长于眼径，位于眼中央下方，大部分位于体中线上方。背鳍2个，基底分离甚远，第一背鳍位于鳃孔上方，背鳍第1棘位于眼前半部上方，强壮且长，后侧缘下方具小棘，此背棘基后之背棘沟深；腹鳍膜中等稍大；尾鳍短而圆，颜色多变。胸鳍基全在体中线下方。体被小鳞，上具十几个紧密聚集成堆极粗壮的圆锥状小棘，**尾柄鳞片小棘延长成丝状，使尾柄布满细刚毛。体灰褐色，布满紧密而外围为白纹的规则斑点，似网状纹**；头部具许多来自体侧延伸的白纹，皆向吻端集中；腹鳍膜缘蓝色，具许多小黑点。背鳍棘膜暗黄色；尾鳍淡黄褐色而具白缘；余鳍淡黄色。最大全长25cm。

【分布范围】分布于印度洋—太平洋海域，西起红海、非洲东岸，东至马克萨斯群岛及迪西岛，北至日本南部，南至罗德豪维岛。我国主要分布于东海和南海海域。

【生态习性】主要栖息于外围礁区的斜坡处水域。分布水深为0~20m。

350. 粒突箱鲀
Ostracion cubicus Linnaeus, 1758

【英文名】yellow boxfish
【别　名】木瓜、箱河鲀、海牛港、箱仔规

体甲每一鳞片中央具一约与瞳孔
等大镶黑缘的淡蓝色斑或白斑

体甲具四棱脊

体甲具四棱脊

【形态特征】体长方形，**体甲具四棱脊**，背侧棱与腹侧棱发达，无背中棱，仅在背鳍前方有一段稍隆起；各棱脊无棘，但棱脊明显尖锐，腹面较突呈弧状。口位置稍高，唇极厚，上唇中央具明显肿块。背鳍短小位于体后部，无硬棘；臀鳍与其同形；无腹鳍；尾鳍后缘圆形。幼鱼头部及身体呈黄色而散布许多约与瞳孔等大的黑色斑；成鱼体黄褐色至灰褐色，头部散布小黑点，**体甲每一鳞片中央具一约与瞳孔等大镶黑缘的淡蓝色斑或白斑**。各鳍鲜黄色至黄绿色，或多或少散布小黑点；尾鳍较暗。最大全长 45cm。

【分布范围】分布于印度洋—太平洋海域，西起红海、非洲东岸，东至夏威夷群岛及土阿莫土群岛，北至日本南部，南至罗德豪维岛。我国主要分布于黄海、东海和南海海域。

【生态习性】主要栖息于潟湖区及半遮蔽的珊瑚礁区水域。分布水深为1～280m。

351. 白点箱鲀
Ostracion meleagris Shaw, 1796

【英文名】whitespotted boxfish
【别　名】花木瓜、箱河鲀、海牛港、木瓜

布满小黑斑或与瞳孔等大的黄斑

【形态特征】体长方形；**体甲具四棱脊**，背侧棱与腹侧棱发达，无背中棱，仅在背鳍前方有一段稍隆起；各棱脊无棘，但棱脊明显尖锐，其中背侧棱较不尖锐。口位置低，唇极厚，但上唇无肿块。背鳍短小位于体后部，无硬棘；臀鳍与其同形；无腹鳍；尾鳍后缘圆形。腹面则平坦，不成弧状。幼鱼体褐色，满布黄色小斑；成鱼体色变化多，由蓝褐色、黑褐色至黄褐色皆有，且**布满小黑斑或与瞳孔等大的黄斑**，此黄斑在尾柄处或连成线状。各鳍条色深，与体同色，鳍膜则透明。最大全长 25cm。

【分布范围】分布于印度洋—太平洋海域，西起非洲东岸，东至美洲，北至夏威夷群岛及日本南部，南至新喀里多尼亚及土阿莫土群岛。我国主要分布于南海海域。

【生态习性】主要栖息于澄清的潟湖区及面海的珊瑚礁区水域。分布水深为 1~30m。

352. 纹腹叉鼻鲀

Arothron hispidus (Linnaeus, 1758)

【英文名】white-spotted puffer
【别　名】白点河鲀、乌规、花规、绵规、规仔、刺规

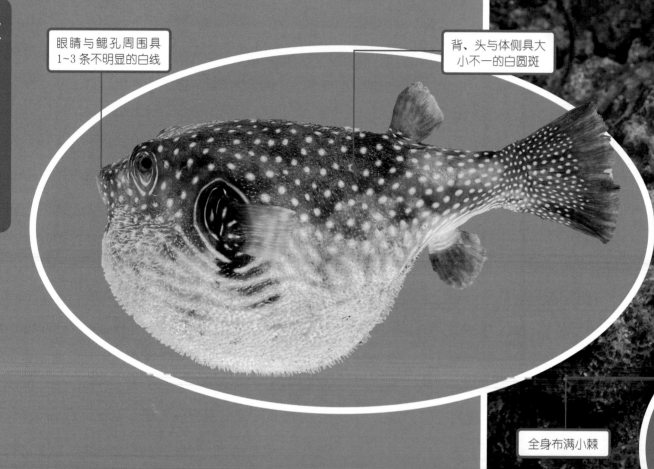

眼睛与鳃孔周围具
1~3 条不明显的白线

背、头与体侧具大
小不一的白圆斑

全身布满小棘

【形态特征】体长椭圆形，体头部粗圆，尾柄侧扁。体侧下缘无纵行皮褶。
口小，端位；上下颌各具 2 个喙状大齿板。吻短，钝圆。眼中大，侧上位。
无鼻孔，两侧各具 1 个叉状鼻突起。体背腹面，除眼周围与尾柄后部外，
全身布满小棘。鳃膜黑色。背鳍尖，位于体后部；臀鳍与其同形；无腹鳍；
胸鳍宽短，后缘呈圆弧形；尾鳍宽大，呈圆弧形。**背、头与体侧具大小
不一的白圆斑**，喉部圆斑大，尾柄圆斑小；腹部底面具许多平行的深褐
色细纹；**眼睛与鳃孔周围具 1~3 条不明显的白线**；背鳍基与胸鳍基黑色；
除胸鳍黄褐色外，各鳍棕色。最大全长 50cm。

【分布范围】分布于印度洋—太平洋海域，西起红海、非洲东岸，东至
美国加利福尼亚、巴拿马，北至夏威夷群岛及日本南部，南至罗德豪维
岛及拉帕岛。我国主要分布于东海和南海海域。

【生态习性】主要栖息于潟湖和礁区斜坡或礁台水域，亦有被发现于河
口水域。分布水深为 1~50m。

353. 辐纹叉鼻鲀

Arothron mappa (Lesson, 1831)

【英文名】map puffer

【别　名】条纹规仔、规仔

体侧下方与腹部布满白
圆点或不规则短条纹

【形态特征】体长椭圆形，体头部粗圆，尾柄侧扁，口小，端位，上下颌各具 2 个喙状大齿板。吻短，钝圆。眼中大，侧上位。体侧下缘无纵行皮褶。无鼻孔，两侧各具 1 个叉状鼻突起。除吻上部、胸鳍基前方与尾柄后方外，**全身布满小棘**。背鳍圆形至略尖形，位于体后部；臀鳍与其同形；无腹鳍；胸鳍宽短，后缘呈圆弧形；尾鳍宽大，呈圆弧形。背部褐色，腹部白色；**体侧下方与腹部布满白圆点或不规则短条纹**，体侧圆点大于瞳孔，但较不明显，腹部白点较延长且明显，体侧下方白点间隔约与白点同宽；除尾鳍褐色外，余鳍白色。最大全长 65cm。

【分布范围】分布于印度洋—西太平洋海域，西起非洲东岸，东至萨摩亚，北至日本，南至新喀里多尼亚。我国主要分布于东海和南海海域。

【生态习性】主要栖息于潟湖、海藻床的礁区水域。分布水深为 4~30m。

354. 黑斑叉鼻鲀

Arothron nigropunctatus (Bloch & Schneider, 1801)

【英文名】blackspotted puffer
【别　名】狗头、污点河鲀、规仔、刺规

吻与鳃孔黑色

背部具小黑点，愈往侧边
黑点愈大，腹部黑点稀少

【形态特征】体长椭圆形，体头部粗圆，尾柄侧扁。口小，端位；上下颌各具2个喙状大齿板。吻短，钝圆。体侧下缘无纵行皮褶。眼中大，侧上位。无鼻孔，两侧各具1个叉状鼻突起。除吻端、鳃孔周围与尾柄外，全身布满小棘。背鳍圆形至略尖形，位于体后部；臀鳍与其同形；无腹鳍；胸鳍宽短，后缘呈圆弧形；尾鳍宽大，呈圆弧形。体背部褐色，腹部白色，体具不大于瞳孔的黑点；**吻与鳃孔黑色**；肛门上具一黑斑；胸鳍基黑色。各鳍浅灰色或白色，无小黑点；但尾鳍色深，鳍缘白色。此种体色变化很大；幼鱼背部黑色，腹部深棕色；**背部具小黑点，愈往侧边黑点愈大，腹部黑点稀少**；各鳍白色，但尾鳍色深。最大全长33cm。

【分布范围】分布于印度洋—太平洋海域，西起红海、非洲东岸，东至社会群岛，北至日本南部，南至澳大利亚。我国主要分布于东海和南海海域。

【生态习性】主要栖息于珊瑚礁区水域。分布水深为3~25 m。

355. 星斑叉鼻鲀
Arothron stellatus (Bloch & Schneider, 1801)

【英文名】stellate puffer
【别　名】模样河鲀、规仔、刺规、乌规

胸鳍基上下方
各具一黑斑

体具小黑点，体侧
具许多平行黑斜纹

【形态特征】体长椭圆形，体头部粗圆，尾柄侧扁。口小，端位；上下颌各具 2 个喙状大齿板。吻短，钝圆。体侧下缘无纵行皮褶。眼中大，侧上位。无鼻孔，两侧各具 1 个叉状鼻突起。除吻端、鳃孔周围与尾柄外，全身布满小棘。背鳍圆形至略尖形，位于体后部；臀鳍与其同形；无腹鳍；胸鳍宽短，后缘呈圆弧形；尾鳍宽大，呈圆弧形。背部浅褐色或灰褐色，腹部色淡；头部、背部与体侧密布黑色小点；背鳍、臀鳍及尾鳍亦具黑点，鳍基黑点大于鳍上黑点；**胸鳍基上下方各具一黑斑**。幼鱼体褐色；**体具小黑点，体侧具许多平行黑斜纹**，愈往腹部斜纹愈宽。最大全长 120cm。

【分布范围】分布于印度洋—太平洋海域，西起红海、非洲东岸，东至土阿莫土群岛，北至日本南部，南至罗德豪维岛。我国主要分布于东海和南海海域。

【生态习性】主要栖息于澄清的潟湖区及面海的珊瑚礁区水域。分布水深为 3~58 m。

356. 横带扁背鲀
Canthigaster valentini (Bleeker, 1853)

【英文名】Valentin's sharpnose puffer
【别　名】日本婆河鲀、尖嘴规、规仔、日本婆规、刺规

吻较长而尖

体侧具许多大小不一黄褐色椭圆形或圆形斑

【形态特征】体卵圆形，侧扁而高，眼后枕骨区突出，尾柄短而高。体侧下缘平坦，无纵行皮褶，腹部中央自口部下方至肛门前方具一棱褶。**吻较长而尖**；鼻孔单一，不甚明显。背鳍近似圆刀形，位于体后部；臀鳍与其同形；无腹鳍；胸鳍宽短，上方鳍条较长，近呈方形，下方后缘稍圆形；尾鳍宽大，呈圆弧形。体上半部白色至淡黄色，下半部白色；眼四周具极不明显的放射状细蓝纹；**体侧具许多大小不一黄褐色椭圆形或圆形斑**。除尾鳍淡黄色外，余鳍基底黄色。最大全长 11cm。

【分布范围】分布于印度洋—太平洋海域，西起红海、非洲东岸，东至土阿莫土群岛，北至日本南部，南至罗德豪维岛。我国主要分布于东海和南海海域。

【生态习性】主要栖息于珊瑚礁及岩礁等浅静水域。分布水深为 1~55 m。

十二、鲼形目
Myliobatiformes

357. 鬼虹

Dasyatis lata (Garman, 1880)

【英文名】brown stingray

【别　名】鬼士虹、魟仔

体背暗褐色

【形态特征】体盘菱形，前缘斜直。口小，口宽小于吻长一半。吻端钝尖，吻长稍比眼间隔大。眼小。口底中央具显著乳突 3 个，外侧另各具细小乳突 1 个。**尾细长如鞭**；在尾刺后方的背侧面无皮褶，而腹侧面则具低窄的皮褶。幼体完全光滑。成体体背中央无纵列小棘，仅于肩带处具 1 个棘，尾部 3 个棘，尾刺前具 4 个小棘；尾刺后方则具许多大小不一的细棘，连带在皮褶上亦有些许细棘分布。**体背暗褐色**；腹面呈白色。最大全长 166cm。

尾细长如鞭

【分布范围】分布于太平洋海域。我国主要分布于东海和南海海域。

【生态习性】主要栖息于较深的海域。分布水深为1~800m。

REFERENCES

参考文献

陈大刚，张美昭，2015. 中国海洋鱼类 [M]. 青岛：中国海洋大学出版社 .

傅亮，2014. 中国南海西南中沙群岛珊瑚礁鱼类图谱 [M]. 北京：中信出版社 .

邵广昭，2024. 台湾鱼类资料库 网络电子版 [DB/OL]. [2024-04-25]. http://fishdb.sinica.edu.tw.

王腾，刘永，李纯厚，等，2022. 西沙群岛七连屿珊瑚礁鱼类图谱 [M]. 北京：中国农业出版社 .

Froese R, Pauly D, 2024. FishBase[DB/OL]. Version 2024-02. [2024-04-25]. http://www.fishbase.org.

The Biodiversity Committee of Chinese Academy of Sciences, 2023. Catalogue of Life China: 2023 Annual Checklist[DB]. Beijing.

APPENDIX

附 录

扫码查看《西沙群岛鱼类名录》

主要作者简介

王　腾

　　男，1986 年生，博士，中国水产科学研究院南海水产研究所副研究员，2016 年博士毕业于中国科学院大学水生生物研究所，江苏海洋大学联合培养硕士生导师，华南师范大学联合培养硕士生导师，西沙岛礁渔业生态系统海南省野外科学观测研究站站长，《生物多样性》杂志青年编委，主要从事海洋鱼类生态学研究，2018 年以来一直从事珊瑚礁鱼类生态学研究。

　　目前先后主持国家自然基金青年基金、面上基金、重点研发子课题、海南省自然基金、中国水产科学研究院基本业务费等项目12 项，发表论文 60 余篇，以第一或通讯作者发表论文 44 篇，其中SCI 论文 22 篇，JCR 一区论文 11 篇，以第一主编出版专著 3 部，获广东省环境保护科学技术奖科普奖 1 项（排名第一）。